MANTENIMIENTO PREVENTIVO. PLANIFICACIÓN, DISEÑO Y OPTIMIZACIÓN

FRANCISCO REY SACRISTÁN

Mantenimiento preventivo. Planificación, diseño y optimización

Autor: Francisco Rey Sacristán

Diseño de cubierta: Martín Ángel Rodríguez Molina

Maquetador: Carlos Benita Rodríguez

Editor y corrector: Jacobo Feijóo

Correctores: Jacobo Feijóo e Irene Alegría Alcácer

Edita:
© FUNDACIÓN CONFEMETAL
Príncipe de Vergara, 74 – 28006 Madrid
Tel.: 917.823.630
editorial@fundacionconfemetal.es
www.fundacionconfemetal.com

ISBN: 978-84-10315-05-1
Depósito legal: M-14283-2024

Si quiere información acerca de nuestras publicaciones, visítenos en:

www.fundacionconfemetal.com

o escríbanos a:

editorial@fundacionconfemetal.es

Síganos en:

Fundación Confemetal

@FCONFEMETAL

Fundación Confemetal

ÍNDICE

Capítulo VII

Capítulo VIII

CAPÍTULO IX

A mi esposa, hijos y nietos, con la esperanza de que esta obra sea un éxito y sirva para ayudar a otros técnicos de mantenimiento en la incertidumbre de aplicar correctamente los planes de prevención de los equipos y máquinas que tienen asignados.

SOBRE EL AUTOR

Ingeniero técnico industrial mecánico por la Escuela de Valladolid, Francisco Rey Sacristán comenzó a trabajar en la factoría de Iveco ocupando diferentes puestos de producción e ingeniería. En 1972 ingresó en la factoría de Motores de Fasa-Renault como responsable del servicio de mantenimiento, ocupando después diferentes puestos como responsable de la ingeniería de planta (mantenimiento y métodos), director de producción y otros de similar importancia.

Francisco Rey es autor de catorce libros que tratan de mantenimiento y producción industrial y ha colaborado en varias revistas técnicas con artículos de producción-TPM-mantenimiento.

Además, ha dado multitud de conferencias y seminarios sobre producción, mantenimiento y calidad, tanto en congresos nacionales como internacionales, y ha sido profesor en diferentes másteres universitarios.

PREÁMBULO

INTRODUCCIÓN

Antes de entrar en materia voy a comenzar reseñando algunas opiniones expuestas por directivos de importantes industrias españolas en años recientes:

> El responsable de mantenimiento de una empresa siderúrgica me dijo que, hace años, se plantearon muy seriamente el problema de las averías y su posible control. Vieron inmediatamente la necesidad de organizar un mantenimiento preventivo, para lo cual empezaron por preparar charlas de sensibilización sobre el tema orientadas a todos los profesionales y operarios. Continuó señalando que pusieron en marcha un sistema de conservación que permitiría controlar los futuros desperfectos, es decir, anticiparse al efecto de la avería sobre el equipo de producción. De esta forma, detectaban anomalías por desgaste natural de componentes antes de producirse el fallo. Me siguió comentando que, a continuación, establecieron programas de paradas con intervalos mínimos para que afectaran el menor tiempo posible a la producción.
>
> La dificultad con la que se encontraron fue llevar todo esto a la práctica. Comenzaron a título experimental con una sola línea, la sección de grúas, dado que se trataba de un grupo con bastantes averías y muy homogéneo. Tomaron como indicador de referencia el porcentaje del tiempo de parada, que en aquel momento era del orden del 7,5 %, y llegaron a bajarlo al 0,58 % al cabo de cuatro años.

De forma similar, el responsable de mantenimiento de una empresa de electrodomésticos me manifestó lo siguiente tiempo atrás: «Esta empresa es muy compleja, dado que existen distintos centros de transformación de plásticos, tratamiento de chapa, revestimientos, etc. Por este motivo, la especialización es muy amplia. El criterio de mantenimiento es, no obstante, el mismo para todos: un enfoque hacia la prevención. Esto ha logrado que el personal alcance un grado de profesionalización y de dominio que le sitúa en el punto óptimo de rendimiento».

Entonces me explicó que, en **primer lugar**, la empresa había establecido un mantenimiento rutinario con la colaboración del personal de producción, revisando continuamente todas las instalaciones y la maquinaria para detectar anomalías y posibles fallos. Así se realizaba una previsión del estado general del equipo y de sus necesidades inmediatas y futuras, lo que permitía elaborar un plan de corrección de fallos incipientes en el plazo más breve posible según el tipo de anomalía.

En **segundo lugar**, se planificó un mantenimiento preventivo sistemático y sencillo con periodicidad mensual, y otro programado con una revisión en profundidad de toda la maquinaria de forma anual, aprovechando las vacaciones por el cierre de la fábrica. Además, la empresa fue más allá y logró que, cuando se adquiriese una nueva máquina o instalación, esta llegase siempre con un plan de mantenimiento preventivo recomendado por el fabricante del equipo, incluyendo una dotación de piezas de recambio que, a su juicio, se considerara oportuna.

De igual manera, hace ya tiempo que el responsable de una importante industria química española decía: «La fábrica funciona las veinticuatro horas del día totalmente automatizada. La conveniencia de la parada de una industria química de proceso continuo en una fecha fijada ha sido motivo de discusiones profundas, de análisis de datos y de un estudio concienzudo de todas las posibilidades. El mantenimiento preventivo es un concepto superado en este tipo de empresas. Se utilizan, sin embargo, la inspección preventiva y la detección de anomalías con el fin de adelantarse a la avería, ya que, si esta se produjera, sería catastrófica».

Continuaba comentando que, cuando las máquinas tienen unas condiciones muy severas y no pueden parar, nunca se recurre a la sustitución cíclica de conjuntos. Las paradas, en estos casos, deben organizarse de acuerdo con las necesidades de producción, dada su importante consecuencia económica. Para empezar, se comienza por confeccionar una lista de qué es lo que se quiere hacer a través de unas exigencias de producción determinadas y de un historial de las máquinas e instalaciones tan detallado como sea posible. De acuerdo con esta lista, se desmenuzan los trabajos que se deben realizar, así como su duración aproximada, y se asignan a los profesionales más adecuados. Una vez determinados los tiempos y el personal necesario, se estudia el plan de trabajo, los repuestos, los medios, etc.

He querido comenzar este manual con opiniones reales sobre las actuaciones de responsables de mantenimiento en empresas de sectores variados para poner de relieve que, desde hace tiempo, todas las actividades de mantenimiento tienen algo en común que podemos resumir así:

- El mantenimiento preventivo ha de estar basado en una **política de detección** de anomalías y fallos ocultos antes de que se produzca la avería.
- El mantenimiento ha de programarse de forma cíclica a través de **inspecciones preventivas**, sea cual sea el tamaño y la actividad de la empresa.
- El mantenimiento ha de estar organizado **previamente a toda intervención**, ya sea de inspección, cambio cíclico o reparación de anomalías.

Pero ¿a qué me refiero exactamente con «**mantenimiento preventivo**»?

Se trata de un conjunto de acciones de ***automantenimiento*** (cuidados y revisiones diarias) y **mantenimiento programado** (inspecciones planificadas) que buscan alargar la vida útil de una máquina o equipo tanto como sea posible. La idea es detectar y reparar posibles causas de fallo antes de que desencadenen consecuencias graves, además de cuidar del estado general de la máquina para minimizar la aparición de estos fallos o suavizar su efecto.

Es indudable que existen diferentes sistemas de desarrollo del mantenimiento preventivo que dependen de la propia política de empresa. No obstante, el objetivo ha de ser siempre el mismo: llegar a una producción segura, continua y de bajo coste. En este sentido, uno de los mayores problemas que nos podemos encontrar al aplicar un plan de mantenimiento preventivo es la dificultad de lograr un resultado económico entre los costes de establecer dicho plan y los que derivarían de no hacerlo.

Además, como en otras muchas actividades, la documentación necesaria para llevar a cabo el proyecto que nos ocupa es muy importante, pero cuanto más simple sea, mejores resultados dará en su desarrollo y aplicación. Hoy en día existen interesantes programas informáticos comerciales (GMAO) que ayudarán a desarrollar este proyecto.

Un paso muy importante para conseguirlo será informar de las principales características del proyecto al personal afectado y sensibilizarlos para que colaboren en el logro de los objetivos y los resultados económicos previstos.

Así pues, los puntos clave del programa son:

- La **detección de anomalías** a través de inspecciones, las cuales pondrán de relieve las posibles condiciones desfavorables de la maquinaria e instalaciones productivas.
- La **formación** del personal afectado.

El éxito o fracaso de cualquier proyecto de implantación de un plan de mantenimiento preventivo dependerá del grado de control que sobre él se ejerza. El control diario a nivel de responsables de taller o líneas de producción es esencial: se deberán establecer reuniones semanales para analizar la cumplimentación de planes y acciones, y evaluar de forma crítica los resultados que se van obteniendo.

Un plan de mantenimiento preventivo nunca debe llegar a ser estático; las constantes optimizaciones, mejoras e introducciones de nuevas técnicas son esenciales para lograr una producción continua y más económica, que es, a fin de cuentas, el único objetivo común a todas las empresas.

POR QUÉ PONER EN MARCHA UN PROYECTO DE CONSTRUCCIÓN Y OPTIMIZACIÓN DE UN PLAN DE MANTENIMIENTO PREVENTIVO

En principio, voy a decir que existen dos motivos por los que podemos querer crear un proyecto de mantenimiento preventivo y su optimización:

- **Para mejorar**. Aunque las cosas marchan bien en la empresa, queremos adaptarnos totalmente al sistema de calidad (normas ISO) en todos los aspectos relacionados con el mantenimiento.
- **Para resolver un problema**. Cuando en la empresa las cosas no marchan bien: tenemos muchas averías y paradas en el sistema de producción, ya sea porque nuestro plan de mantenimiento preventivo no se realiza al cien por ciento o porque, directamente, no disponemos de tal plan.

La implantación de sistemas de aseguramiento de la calidad basados en las **normas ISO** se está extendiendo desde hace años a la mayoría de los sectores de actividad económica, de modo que han pasado a ser un referencial del trabajo con calidad imprescindible.

Cabe destacar que estas normas hacen cada día más énfasis en los aspectos del mantenimiento más adecuado para los equipos, dada la trascendencia que estos tienen para la obtención de productos y servicios de calidad de forma constante. Así, estos sistemas deberían dar como resultado mejoras continuas de la calidad y, por consiguiente, un aumento de la satisfacción de los clientes. La consecución de la «**calidad global**» en la empresa se convierte de este modo en un objetivo que debe estar presente en todas sus tareas y actividades, y que debe implicar a todos los empleados.

Para ello, es necesario que exista en la empresa una planificación global al respecto, incluyendo las actividades de mantenimiento sobre los medios productivos e instalaciones complementarias. Esta planificación nos va a permitir prever la calidad de nuestro producto o servicio, analizar sus posibles mejoras, establecer la organización, procedimientos y medios requeridos para obtener un determinado nivel de calidad a través de unos objetivos, y realizar un seguimiento posterior que compruebe las desviaciones.

Las normas ISO se fundamentan en la idea de que todo trabajo (tarea o actividad) se realiza mediante un **proceso** el cual tiene bien diferenciados una serie de componentes que se pueden ver en el gráfico de abajo:

- Entradas.
- Personas y recursos incluidos en el propio proceso (las 5M).
- Salidas (resultados del proceso).

PROCESOS

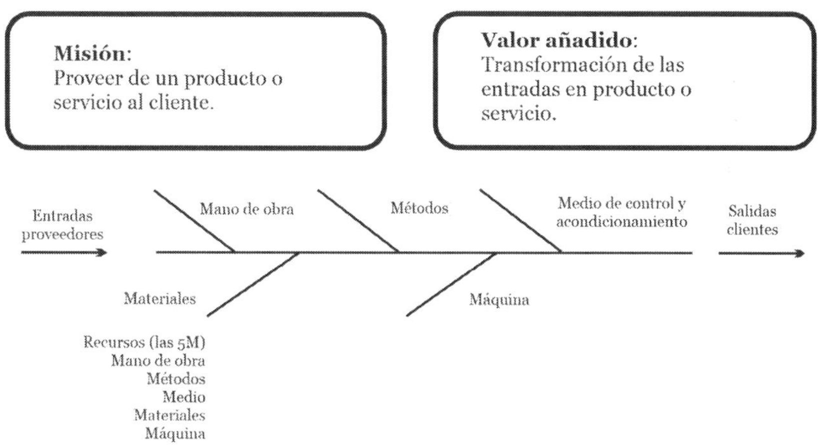

El resultado de un proceso puede ser una pieza fundida, una factura, etc. Tenemos oportunidades de realizar mediciones a lo largo de un proceso con la ayuda de ciertos «indicadores», así como en las entradas y salidas. De esta manera, estaremos gestionando y controlando todas las actividades de la empresa para obtener resultados con la máxima calidad posible.

No obstante, dada la complejidad de la mayor parte de las organizaciones, es necesario identificar los principales procesos de la compañía y dar prioridad a los «**procesos críticos**». En general, uno de ellos es el propio mantenimiento de los equipos productivos e instalaciones de la empresa, pues su estabilidad guarda una estrecha relación con los resultados de los procesos de productos y servicios (en el gráfico de abajo se muestra el proceso del mantenimiento preventivo). De este modo, los procesos principales y sus interfaces deberían estar sujetos a análisis para la mejora continua.

PROCESO DEL M/PREVENTIVO

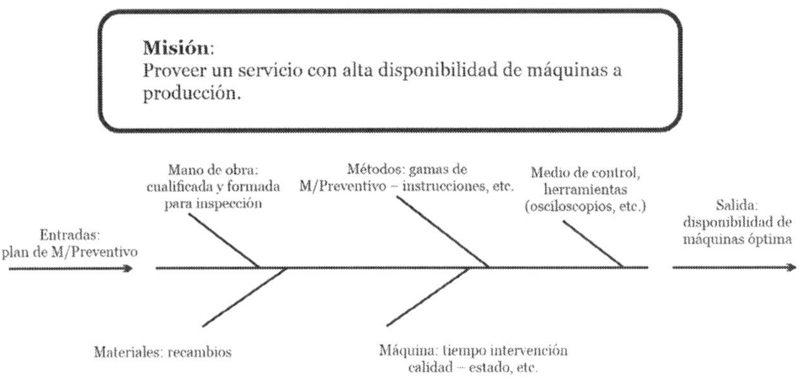

Es así como vemos la calidad del mantenimiento reflejada en el éxito con que el servicio satisface las expectativas del cliente durante la utilización del sistema de producción; es decir, a lo largo de su vida útil.

La calidad de la **gestión del mantenimiento** así pues, debe establecerse a partir de su misión: producir con una disponibilidad óptima de las instalaciones y máquinas, tanto en lo relativo al tiempo de servicio como a su rendimiento a lo largo de su vida útil, y con el mínimo coste.

La función de calidad del mantenimiento, de este modo, estará formada por un conjunto de actividades a través de las cuales se alcanzará la aptitud para el uso de las instalaciones y la maquinaria productiva.

Las normas ISO, en sus apartados correspondientes a «dirección y dominio de procesos», hacen referencia directa al mantenimiento al cuestionar lo siguiente:

> ¿Se realiza el mantenimiento de todas las instalaciones de producción según un plan establecido?

Esto significa que el mantenimiento debe estar integrado en un plan de control e inspección con un plazo preestablecido. Asimismo, la norma también define qué se entiende por **mantenimiento preventivo sistemático**:

> Todos los trabajos de conservación, inspección y mantenimiento de las instalaciones productivas con el fin de evitar fallos en la maquinaria.

Por tanto, el plan de mantenimiento preventivo comprende todas las medidas necesarias relativas a las actividades de prevención en tiempo y cantidad, y deberá ser realizado en todas las instalaciones, equipos, dispositivos y herramientas de la industria.

Además, debemos documentar la realización de todos los trabajos, incluyendo los correctivos, llevando un historial o vida de cada equipo con el fin de identificar sus puntos débiles y optimizar las tareas de prevención.

Los trabajos pendientes se ordenarán por fecha de vencimiento y deberán replanificarse o, de no ser así, se justificará su anulación.

Asimismo, hay otras cuestiones en las normas ISO que afectan al mantenimiento moderno de manera indirecta, como puede ser dar respuesta a esta pregunta:

> ¿Se conservan registros de los parámetros de producción y se levantan actas de las desviaciones, así como de los planes de acción para corregirlas?

Para poder responder afirmativamente, hemos de mantener los estándares de los procesos con rigor a través del *automantenimiento* realizado por los profesionales integrados en los procesos y, ante cualquier deriva, saber actuar o analizar para tomar medidas correctoras.

La norma aclara que los elementos de control y de regulación se considerarán como medios de prueba, por lo que se han de controlar y *etalonar* periódicamente. Si el mantenimiento se ocupa de conservar la instrumentación, este apartado le afecta en todos los sentidos.

Pero no es esta la única cuestión relevante que plantea la norma ISO, sino que hay muchas más. Por ejemplo, en su apartado relacionado con la «**calidad de los procesos**» hace la siguiente pregunta:

> ¿Están limpios los lugares de producción y convenientemente equipados y ordenados?

Esto significa que hemos de definir a un responsable del orden y la limpieza en cada puesto de trabajo y aplicar las 5S en todos los rincones de la empresa, lo cual también afecta al equipo de mantenimiento.

De forma similar, en el apartado de «**responsabilidades de la alta dirección**», la norma ISO pregunta:

> ¿Se analizan regularmente por parte de la alta dirección los costes del sistema productivo?

Es decir, que también es tarea de los directivos mantenerse implicados en los procesos de mantenimiento. Al analizar los costes y presupuestos, identifican las causas de pérdidas o despilfarros, que pueden tener su origen en averías o en una falta de calidad del equipo de producción. Este es el primer paso hacia una mejora sistemática y una futura prevención de fallos similares.

Finalmente, en el apartado relacionado con el **personal** la norma ISO nos plantea:

> ¿Dispone la empresa de un programa de formación adecuado?

Esto incluye la existencia de programas para el personal de nuevo ingreso o trasladado por movilidad, así como la necesidad de contar con instrucciones ante la llegada de un nuevo equipo o instalación.

Está claro que el equipo de mantenimiento debe de colaborar en la preparación y ejecución de estos planes de formación, además de en la gestión de una adecuada documentación técnica y procedimientos y modos de funcionamiento, con el fin de lograr el dominio de los sistemas y equipos productivos por parte de todo el personal afectado.

El servicio de mantenimiento, como es obvio, debe quedar implicado en este apartado, pues ha de prever, además, una adecuada gestión del almacén de piezas de recambio con el fin de garantizar un funcionamiento continuo de las instalaciones.

El seguimiento de todo este sistema de «**calidad del mantenimiento**» se vuelve más fácil si disponemos de programas informáticos de gestión del mantenimiento (GMAO), como comentamos con anterioridad, y de un plan de auditorías internas que pueda constatar la eficacia de la «**función mantenimiento**».

En la actualidad, el mantenimiento de los sistemas de producción y su gestión es primordial para obtener altas cotas de productividad y, por tanto, es un foco de mejora diaria.

> Las actividades de mantenimiento deben concretizarse en objetivos y resultados bien definidos, que aporten valor añadido a la función productiva.

Este es un proceso en el que también se encuentran implicados el resto de los servicios que integran la estructura productiva, por lo que se ha de extender a todos el concepto de «**mantenimiento total**».

En un entorno competitivo como el que nos rodea, estas tareas no tienen por qué ser patente exclusiva de los servicios de mantenimiento. Cuando los objetivos de las unidades de producción están orientados hacia la optimización de los procesos para maximizar la productividad, el mantenimiento toma su sentido global en la empresa dentro del contexto del **mantenimiento productivo total**.

CAPÍTULO I
EL MANTENIMIENTO Y LA FIABILIDAD

INTRODUCCIÓN

NOTAS

La **fiabilidad** es la probabilidad de actuación correcta de un dispositivo durante un tiempo determinado.

Se trata de un concepto clave en el sector industrial actual, pues en las empresas existe una creciente inquietud por la seguridad del funcionamiento de sus sistemas de producción y de los equipos y componentes que fabrican. Tal preocupación, como es lógico, ha dado lugar a la búsqueda de métodos de análisis de la fiabilidad.

Este examen de los sistemas puede realizarse de forma **cualitativa** observando los tipos de fallos que se encuentran en sus componentes, o **cuantitativa** proporcionando las probabilidades numéricas correspondientes.

Además, ambos tipos de análisis pueden efectuarse de modo inductivo o deductivo:

> El **análisis inductivo** engloba los sucesos que pueden presentarse en los elementos del sistema e incluye las consecuencias que estos provocan en otros elementos o en el conjunto. El **deductivo** en cambio, investiga cuáles son las causas que producen estos sucesos, llegando a través de ellas a otros fallos adyacentes.

Así, las consecuencias de los fallos de un sistema o equipo obligan a conocer las características de fiabilidad de cada componente y a cuantificarlas para comprobar su influencia en el conjunto.

NOTAS

Este no es un método nuevo. El matemático Erich Pieruschka expuso ya en tiempos de la Segunda Guerra Mundial que la probabilidad de éxito de un sistema o equipo es el producto de las probabilidades de éxito de cada uno de sus componentes. Esta idea condujo a mejorar el funcionamiento de cada elemento del conjunto y fue el principio del desarrollo de los métodos de fiabilidad.

Por tanto, en el entorno industrial, todos los empleados de una compañía están involucrados en la búsqueda de la fiabilidad y en la batalla por la supervivencia en el mercado. Esto significa que, cada día, su creatividad a nivel individual y colectivo debe aportar mejoras, debe permitir luchar contra el despilfarro y acercarse al «cero defectos» en los procesos (cero averías y problemas en los equipos de producción, cero *stocks*, etc.). De este modo, se agota poco a poco ese gigantesco depósito de costes de «no calidad», cuya existencia misma pone en peligro el empleo y la supervivencia de una compañía.

Para ello, se han de dar estas tres actitudes en todos los empleados:

1 Participación colectiva

Los trabajadores deberán participar en la **prevención** y en la **mejora** en todos los niveles de la organización, bajo el siguiente eslogan:

> Es responsabilidad de todos los empleados que trabajan en una compañía colaborar en la prevención y en la mejora continua de las actividades que realizan.

2 Un enfoque hacia el progreso

NOTAS

Durante mucho tiempo, para que las empresas sobreviviesen y prosperasen, había sido suficiente con que cada uno en su puesto hiciese bien su trabajo. Pues bien, esa época ya ha pasado hace años. Ahora es preciso esforzarse constantemente en **progresar** en todas las actividades y tareas, bajo el siguiente eslogan:

> Se debe realizar el trabajo de acuerdo con los estándares (de procesos, de mantenimiento, etc.) y procedimientos establecidos, pero, a la vez, siempre se ha de buscar cómo mejorarlos y optimizarlos.

3 Escucha activa

La tercera y última actitud, sin duda la más importante para una empresa que busca la excelencia, es la de **escuchar**. Es crucial vencer la desconfianza y mantener la motivación para mejorar las relaciones interpersonales y de trabajo en grupo, con el fin de dar solución a los múltiples problemas cotidianos que se presentan (averías, calidad, etc.). Así, todos participarán en la creación de un ambiente de trabajo cordial a la vez que profesional, bajo el siguiente eslogan:

> Es necesario que todos los empleados estén abiertos al diálogo y sean capaces tanto de comunicar como de aceptar observaciones sobre el desempeño propio y ajeno, con el fin de mejorar la calidad del proceso.

NOTAS

Hace ya tiempo que la nueva empresa es simplemente aquella que tiene en cuenta los cambios introducidos en su entorno, que reconoce que la simplicidad del universo del crecimiento ha sido reemplazada por la incertidumbre. Es una empresa que sabe que la eficacia ya no aparece en la organización mecanicista y *tayloriana*, sino en la movilización simple de las «inteligencias» y capacidades de todos los empleados a través de la mejora continua, que solo puede conseguirse mediante la inspección, la prevención y la *fiabilización*.

EL DESARROLLO DE LA COMPETITIVIDAD EN EL ENTORNO DE LA PREVENCIÓN Y LA MEJORA CONTINUA

Con esto en mente, será necesario establecer un plan que guíe a las empresas y a sus trabajadores en la búsqueda de la calidad. Este puede ser el camino hacia un enfoque de la **mejora continua** en el mantenimiento (véase gráfico siguiente):

- Elaborar un proyecto con una meta definida, como puede ser practicar la prevención a través de aplicar al cien por ciento los planes de mantenimiento preventivo y su constante optimización.
- Diseñar organizaciones apropiadas para enfocar la mejora continua de este proyecto.

NOTAS

(continuación...)

› Implantar dicha mejora continua a través de las siguientes acciones:

- Diagnosticar la situación actual buscando indicadores e identificando los valores óptimos y el ritmo de progreso.
- Preparar la estrategia para tratar los problemas mayores y desplegarla hasta los niveles inferiores.
- Crear grupos de *fiabilización* y de mejora.
- Formar a los grupos en herramientas y técnicas de resolución de problemas, así como en el hábito del análisis sobre las 5M del proceso (máquina, método, mano de obra, medio ambiente y materia prima) y sobre los clientes y proveedores implicados en él.
- Animar a los grupos y a los individuos a participar en la iniciativa y a aplicar los métodos y herramientas en que han sido formados.
- Controlar la situación mediante un seguimiento cíclico de los resultados.

NOTAS

LA DINÁMICA DE LA MEJORA CONTINUA EN EL MANTENIMIENTO

HACIA EL MÍNIMO COSTE

Uno de los factores que más condicionan la **rentabilidad** de una compañía es la gestión del **capital invertido.** Como indicará cualquier manual de economía de empresa:

> Rentabilidad = (margen de ventas) X (mejora de productividad del capital invertido)

NOTAS

Hoy en día, es el cliente quien determina el **precio de venta** por lo que, para obtener beneficios, no nos queda otra solución que optimizar el **precio de coste**.

Esto no es más que una respuesta a la lógica moderna del mercado, a la cual nos tenemos que someter preparando la estrategia de competitividad adecuada.

Sin embargo, la exigencia del cliente no se limita al campo económico (precio de venta) sino que se extiende al de la calidad (como se ve en el gráfico que sigue a continuación), pues también esperará encontrar en el producto:

- Las prestaciones ofrecidas.
- El máximo nivel de fiabilidad.
- El respeto a los plazos y a los precios.

Si la calidad no responde a las necesidades y requerimientos del cliente, bajarán la cifra de negocio y la cuota o penetración en el mercado. Por el contrario, si respondemos adecuadamente al nivel de calidad, pero no conseguimos contener y bajar los costes, los márgenes de beneficios se desmoronarán y el futuro de la empresa se verá amenazado.

Sin embargo, si logramos ambos objetivos, será necesario aumentar nuestras capacidades o volúmenes de producción, pero sin hacer una inversión o haciendo inversiones mínimas. Esto se consigue actuando de acuerdo con el siguiente eslogan:

NOTAS

> Se buscará la mejora de la disponibilidad de los sistemas de producción para llegar a una eficaz gestión global de la prevención.

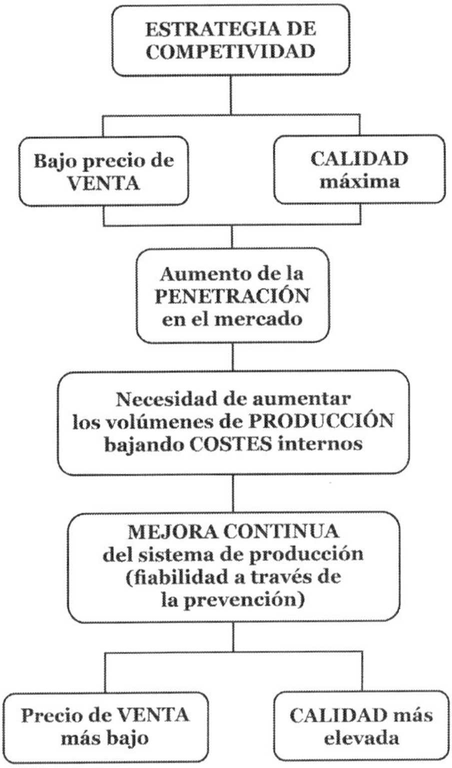

En este entorno competitivo es donde la gestión eficaz del capital invertido cobra su importancia estratégica. El aprovechamiento de estos recursos ha de ser eficiente tanto en su explotación como en su mantenimiento, a fin de desempeñar su función productiva con el mejor rendimiento y durante el mayor periodo de vida útil posible. El mantenimiento como función gerencial debe inscribirse en este contexto.

NOTAS

Además, la rentabilidad del capital invertido en los medios de producción y su disponibilidad son factores que se corresponden biunívocamente. Como puede verse en el cuadro que sigue a continuación, tanto es así que podría afirmarse que, en la mayoría de los casos, la rentabilidad del capital invertido es directamente proporcional al **índice de disponibilidad** de las instalaciones productivas. Este índice tiene un valor máximo a partir del cual no es rentable el esfuerzo por mejorarlo, pues comienzan a disminuir los beneficios obtenidos, por lo que es importante conocerlo de antemano.

Para ello, podemos calcular los valores óptimos de disponibilidad y rendimiento operacional de las instalaciones, utilizando la teoría de las curvas de aprendizaje. Llegaremos a estos valores con la implantación de un buen plan de mantenimiento preventivo y de los grupos de *fiabilización*.

Esta situación exige una excelencia en el mantenimiento y en la explotación y conducción de las líneas productivas.

EL SISTEMA INDUSTRIAL

Una línea automática de producción conducida por una unidad integrada tiene un entorno similar al que aparece en el gráfico de abajo, cuyo punto de arranque está en el apartado de especificaciones técnicas:

La **capacidad de producción** en la unidad de tiempo y la **disponibilidad** que se busca alcanzar.

NOTAS

Ambos conceptos nos llevan a la **eficacia y producción total** de un sistema industrial (equipo, máquina o línea de producción automatizada) que lograremos dotando al conjunto en cuestión de capacidades técnicas y de una fiabilidad efectiva.

La capacidad se mide por medio de una cifra en la unidad de tiempo (dato que se obtiene por condicionantes relativamente fáciles de determinar) mientras que la disponibilidad se mide en un porcentaje de tiempo cuyo cálculo necesita la búsqueda de las funciones soporte: fiabilidad, mantenibilidad y seguridad de funcionamiento. Estas funciones, junto a la propia disponibilidad, representan los criterios de ***performance*** o **comportamiento** de un sistema o equipo de producción, algo que veremos más adelante.

RELACIÓN DISPONIBILIDAD – BENEFICIO

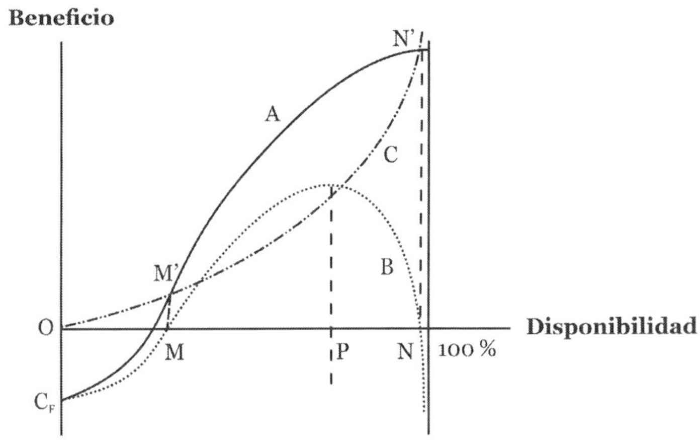

Curva A: Beneficio de la empresa en función de la disponibilidad, sin considerar el costo de mantenimiento.
Curva B: Beneficio neta a productividad constante.
Curva C: Costo de mantenimiento.

LA MEJORA DE LA EFICACIA DEL SISTEMA DE PRODUCCIÓN

NOTAS

Con todo lo reseñado hasta ahora, concluimos que hemos de buscar la máxima eficacia del sistema de producción mediante la optimización del **binomio hombre-máquina**. Podemos lograr esto por dos caminos:

1 A través de la organización de la producción

El objetivo es establecer una gestión lo más simple y reactiva posible. Esto permitirá la mejora permanente de los costes que no se correspondan con las expectativas y necesidades de los clientes.

Los principios asociados a este objetivo son:

- Optimizar los diseños de los equipos de producción aplicando la ingeniería simultánea.
- Implantar medidas para lograr un *enciclado* pieza a pieza.
- Dominar los procesos para lograr la máxima calidad del producto.
- Reducir el tiempo de fabricación.

2 A través de la organización y gestión de los recursos humanos

El objetivo es mejorar permanentemente las competencias de todo el personal implicado en el sistema de

NOTAS

producción y desarrollar sus capacidades de iniciativa, creatividad y trabajo en equipo.

Los principios asociados a este objetivo son:

- Desarrollar la prevención mediante la integración del mantenimiento en la producción (*automantenimiento*) y la optimización de las gamas de mantenimiento preventivo.
- Trabajar en unidades integradas de producción, implantando en ellas la mejora continua a través de los grupos de *fiabilización*.
- Gestionar las competencias y el desarrollo de los planes de formación asociados.
- Instaurar un modelo de comunicación ascendente–descendente y facilitar la visualización del progreso.

En cualquiera de los dos casos, se tomarán las siguientes medidas:

- Se implantará la **ingeniería simultánea** (logística industrial) para optimizar diseños y procedimientos en nuevos sistemas de producción. Esto facilitará un arranque eficaz en la producción en serie, capitalizando las experiencias.
- Se establecerán los **grupos de *fiabilización*** para eliminar todo tipo de disfuncionamiento, en busca de las «cero paradas».

NOTAS

(continuación...)

- Se fomentará la **mejora continua** en el entorno de la producción y el mantenimiento, persiguiendo una meta a través de un objetivo central: el rendimiento operacional del sistema de producción.
- Se promulgará el **mantenimiento preventivo** optimizando las gamas y tareas e involucrando en el *automantenimiento* a los operadores de fabricación, en busca de «cero averías», «cero fallos» y «cero defectos de calidad».
- Se instaurará la **gestión de competencias** en todos los niveles de la organización de la producción y se establecerán los procedimientos necesarios para optimizar la explotación, conducción y mantenimiento del sistema.
- Se facilitará la **ayuda al diagnóstico** para mejorar las capacidades de los operadores de fabricación y los profesionales y técnicos de mantenimiento.

CONCEPTOS GENERALES ACTUALES DEL MANTENIMIENTO INDUSTRIAL

Resumiendo lo dicho hasta ahora, todo proceso industrial tiene por meta emplear el capital mínimo en instalaciones, maquinaria y mano de obra para que, obteniendo la calidad y cantidad deseadas, puedan conseguirse los mayores beneficios dentro de un aspecto social y legal no especulativo.

El nivel superior de **productividad** de este modo, se consigue con un empleo más racional, eficaz y económico

NOTAS

de la planta industrial y del personal que la integra. Está claro que, entre los factores que intervienen en el logro de este objetivo, está el de conservar la maquinaria e instalaciones en perfectas condiciones de funcionamiento y con una organización y repartición de tareas adecuada. Esto es lo que llamamos **mantenimiento** en su sentido más amplio. Es decir:

> El **mantenimiento industrial** es el conjunto de técnicas que aseguran la correcta utilización de edificios e instalaciones y el continuo funcionamiento de la maquinaria productiva.

A su vez, será necesario garantizar que tal funcionamiento no solo es constante, sino también coherente. Esto se conoce como «seguridad de funcionamiento continuo de los sistemas de producción»:

> La **seguridad de funcionamiento continuo** es el conjunto de medidas, normas, medios y actuaciones que garantizan que el plan de producción se desarrollará tal y como estaba previsto; es decir, dentro de los riesgos técnicos que se habían tomado (fiabilidad, disponibilidad, calidad, tiempo de ciclo, etc.).

De la suma de estas definiciones, además, nace un nuevo concepto clave: el mantenimiento total de una línea de producción o de un proceso productivo. A saber:

NOTAS

> El **mantenimiento total** es el conjunto de disposiciones técnicas, medios y actuaciones que aseguran que las máquinas e instalaciones pueden desarrollar el trabajo que tienen asignado en un determinado plan de producción en constante evolución, y todo gracias a la aplicación de la mejora continua.

Las actividades de mantenimiento deben orientarse, por tanto, a reducir al mínimo posible la indisponibilidad de las instalaciones y a eliminar sus disfuncionamientos, pues estos, aunque sean breves, distorsionan la continuidad del proceso productivo y la calidad de los productos.

La disponibilidad y la fiabilidad constituyen dos índices básicos para medir la eficacia del mantenimiento, pero para que este pueda calificarse de eficiente, es preciso, además, que los costes involucrados sean lo más reducidos posible.

EVOLUCIÓN DE LA ORGANIZACIÓN DEL MANTENIMIENTO

ETAPAS EN LA PRODUCCIÓN INDUSTRIAL

A lo largo del desarrollo industrial, toda empresa productiva ha evolucionado, si ha pretendido mantenerse en vanguardia, de acuerdo con las siguientes etapas:

ENTORNO DE UNA LÍNEA DE PRODUCCIÓN

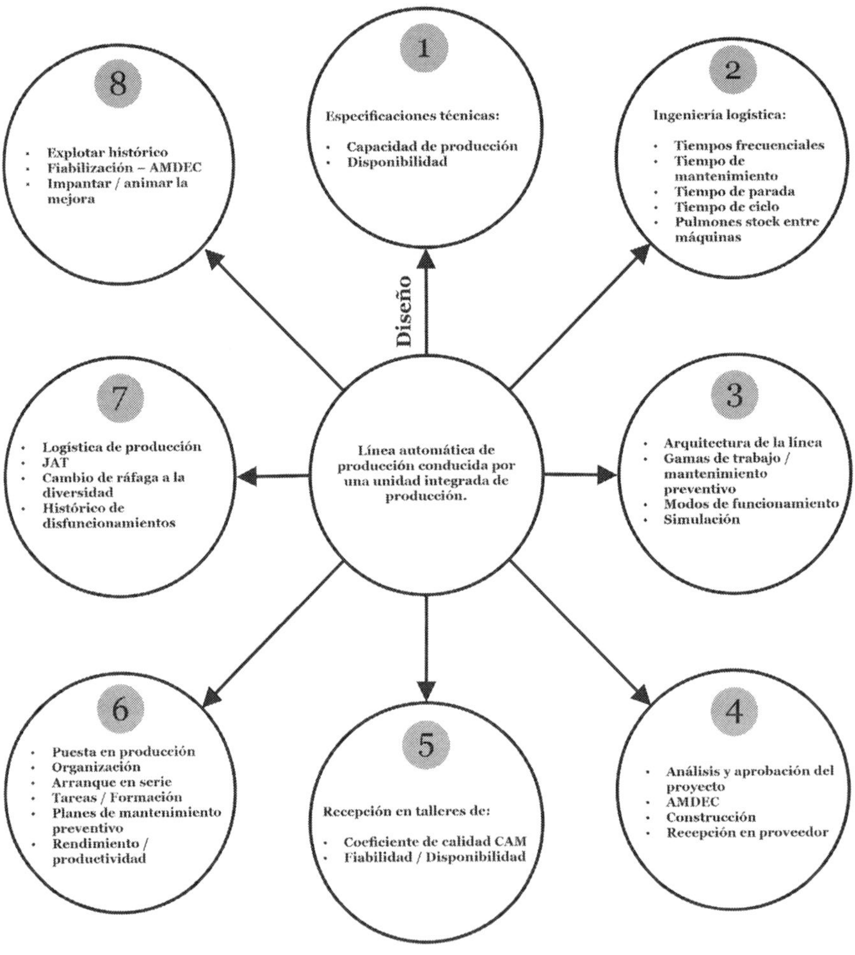

NOTAS

Primera etapa: cantidad

En esta etapa, que se extendió hasta los primeros años de la década de los setenta, era prioritario producir la máxima cantidad de productos a bajo coste. Se desarrollaron los métodos de trabajo, pero la calidad importaba menos. Se utilizaba mano de obra no artesanal y se desarrollaron técnicas sociales y políticas salariales. Los medios de producción carecían de importancia frente a la mano de obra.

Sin embargo, para toda consideración sobre inversión en equipos de producción, hemos de comenzar por hacernos la siguiente pregunta: **¿qué es lo que compramos al invertir en equipos de producción?**

- Técnica compleja y de calidad.
- Capacidad de producción.
- Alto grado de utilización (disponibilidad).

Una buena inversión debería tener en cuenta los tres factores a la vez. Sin embargo, en esta primera etapa solamente se pensaba en la «**capacidad de producción**. Se consideraba que este era el factor esencial que constituía la base práctica y fundamental para el éxito de la tarea encomendada al taller de fabricación (cantidad de producto fabricado).

Segunda etapa: calidad

Esta etapa, que llegó hasta finales de la década de los ochenta, se caracterizó por el desarrollo de técnicas para el control y la prevención de la calidad, así como por un cambio de conciencia hacia una voluntad de producir con «calidad». Se comenzó a extender a todas las funciones de

NOTAS

la empresa el eslogan de «la calidad es tarea de todos», de modo que ofrecer un buen producto se convertía ahora el eje prioritario en la empresa.

Así, los equipos comenzaron a renovarse y a crecer de acuerdo con las necesidades de producir con calidad. Como paso previo al proyecto y como forma científica de trazar la imagen del nuevo equipo de producción, en esta etapa se comenzaba ya a establecer la totalidad de prestaciones y características intrínsecas que se deben reunir para ofrecer una producción con la calidad establecida. Para ello, se diseñaron métodos de control de calidad de equipos de producción y se elevó su grado tecnológico.

Tercera etapa: equipos de producción

Esta etapa, que comenzó en la década de los noventa, se extiende hasta nuestros días con el lema de «producir al mínimo coste con la máxima calidad»; o lo que es lo mismo, obtener la **máxima productividad**.

La importancia de los sistemas de producción aumenta en cuanto a nivel de inversión, flexibilidad y sofisticación o complejidad, por lo que ahora es necesario utilizarlos en las mejores condiciones desde el momento de su inversión e implantación en los talleres de producción.

En esta etapa, sumándose a la importancia de la capacidad de producción y las técnicas y tecnologías complejas aplicadas para obtener la calidad exigida, se hace necesario aunar los esfuerzos de las diferentes funciones y actividades relacionadas con la producción. Así pues, la mayor contribución a la productividad que se puede hacer ahora desde el punto de vista del inversor es convertir cada inversión en una parte integral del sistema productivo. Esto no solo consigue metas teóricas de productividad, sino también un alto grado de utilización y fiabilidad de los equipos, o lo que es lo mismo, bajos costes de mantenimiento y de utilización.

NOTAS

En suma, resulta obvia la importancia e influencia del mantenimiento en esta etapa: al adquirir un nuevo equipo, no solo hemos de pensar en invertir, producir con calidad y utilizarlo con una avanzada tecnología en su primer periodo de vida, sino que también debemos aspirar a su utilización máxima durante el tiempo que dure. Y, para alargar la vida útil de estos equipos, es necesario un mantenimiento, que cuesta cada día más y que debe garantizar la máxima calidad y fiabilidad en sus intervenciones y análisis de incidencias.

Así, el objetivo final será disponer de sistemas de producción:

- Con pocas averías e incidencias.
- Cuyas averías se reparen y solucionen fácilmente, si surgen.
- Que puedan mantener un nivel constante de calidad.

EVOLUCIÓN DEL MANTENIMIENTO

En las dos primeras etapas antes enumeradas, los servicios de mantenimiento pasaban inadvertidos cuando «las cosas marchaban bien», pero eran tachados de ineficaces y costosos en otras situaciones. Sin embargo, el mantenimiento ha tenido también su evolución a través de tres etapas muy marcadas, que coinciden en cierta medida con las etapas del desarrollo industrial ya enumeradas:

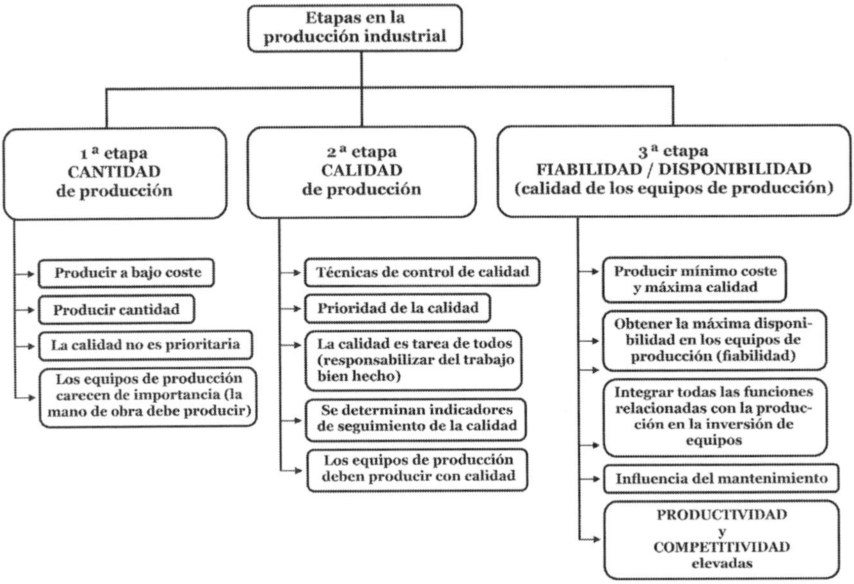

Primera etapa: mantenimiento por rotura

Hasta la década de los sesenta, la organización y planificación del mantenimiento eran mínimas (mecánica y engrase), pues la industria no estaba muy mecanizada y las paradas de los equipos productivos no tenían demasiada importancia, al tratarse de maquinaria sencilla, fiable y fácil de reparar.

Segunda etapa: mantenimiento productivo (PM)

NOTAS

Sin embargo, la creciente automatización de los procesos productivos y su complejo mantenimiento hizo que, a partir de los años setenta, en EE. UU. Se introdujese el concepto de **mantenimiento productivo (PM)** en el seno de General Electric Co. Este concepto expresaba que el objetivo del mantenimiento no debía ser ya únicamente el de reparar los equipos, sino que tenía que planificarse y mejorar su productividad mediante acciones de mejora adecuadas. De esta manera, el PM engloba el mantenimiento correctivo, el preventivo, el predictivo y la mejora.

Este **mantenimiento preventivo** al que nos estamos refiriendo consistía en revisiones periódicas de las instalaciones, que buscaban anticiparse a las posibles averías.

Se trataba, por tanto, de una serie de actuaciones sistemáticas en las que se paraban las máquinas y se observaban para reparar o sustituir los elementos sometidos a desgaste.

El elevado coste de estas revisiones (de mano de obra, de tiempo de parada, etc.) hizo que el mantenimiento preventivo fuese reemplazado, allí donde fue posible, por el **mantenimiento predictivo**. En este sistema, las intervenciones sobre los equipos productivos no dependen de un programa preestablecido, sino de las condiciones de funcionamiento de dichos equipos: ellos mismos anuncian que alguna de sus partes está llegando a un punto en el que va a ser necesaria una intervención que podemos planificar.

El mantenimiento predictivo consiste, por tanto, en un conjunto de técnicas y métodos que, aplicados sobre las máquinas y equipos, permiten conocer su estado para poder así intervenir antes de que se produzca el fallo. Para que esto sea posible, debemos establecer una serie de paráme-

NOTAS

tros medibles cuya variación refleje el deterioro de aquellos componentes que pueden producir fallos o averías en los sistemas.

Tercera etapa: mantenimiento productivo total (TPM)

A partir de la década de los ochenta, se introduce el PM en Japón, no sin antes haberle dotado del toque característico japonés: mientras que en la mayoría de las empresas americanas el mantenimiento y la producción permanecían separados, los japoneses consiguieron que todos los operadores participasen en el mantenimiento de los equipos de producción.

Partiendo del concepto americano del PM, que habían adoptado en la segunda etapa y que separaba al personal de mantenimiento del de producción, los japoneses evolucionaron hacia el mantenimiento y la mejora de los equipos con la implicación de toda la organización. Prepararemos la planificación y construcción de un **plan de mantenimiento preventivo (PMP)** en este contexto, como veremos más adelante.

TIPOS DE MANTENIMIENTO

Partiendo del principio de que toda nueva máquina o instalación está dotada de las características ideales para el trabajo que deba desarrollar, la labor del equipo de mantenimiento incluye todas las actividades necesarias para asegurar la **continuidad** de tales condiciones.

Estas **características de origen** supuestamente ideales, se modifican con el trabajo debido a desgastes, mala utilización, etc., por lo que el servicio de mantenimiento se encargará de restaurar los equipos que hayan perdido alguna de ellas.

NOTAS

Si observamos el aspecto rentable de una máquina, equipo o instalación, concluimos que obtendríamos su máximo rendimiento si trabajara ininterrumpidamente durante las horas asignadas a diario durante todos los días laborables del año. Y, como la actividad de una empresa es el resultado de un conjunto de aportaciones que tienen su procedencia en los equipos, mano de obra, afectados de impuestos, etc., vemos que la pérdida de producción provocada por una avería vendrá sobrecargada por sus inevitables repercusiones económicas.

De aquí se deducen las primeras condiciones que debemos exigir a la **función de mantenimiento**:

> Evitar averías y asegurar que los trabajos de mantenimiento no absorben el tiempo de producción de las máquinas e instalaciones, o en todo caso, que lo hacen en la mínima proporción posible.

En este sentido, existen diversas deficiencias que siempre debemos evitar:

- Realizar las reparaciones con urgencia y en malas condiciones (falta de documentación, de repuestos, etc.).
- Utilizar al personal disponible aunque este no sea el más adecuado.

NOTAS

(continuación...)

- Hacer reparaciones provisionales y, por tanto, sin la debida garantía.
- Tener tiempos de intervención largos debido a una falta de preparación y planificación.

Hemos de intentar paliar estos efectos negativos a través de una serie de medidas de tipo general, de entre las que podemos destacar las siguientes:

- Establecer gamas de trabajo estandarizadas para las acciones que tienen una cierta repetitividad.
- Crear diagramas de proceso para el diagnóstico y facilitar las intervenciones.
- Disponer de documentación adecuada (gamas estándar, esquemas, etc.) para que pueda ser consultada de inmediato cuando se produzca la parada por avería.
- Buscar la ayuda y participación de los operarios de fabricación, quienes podrán suministrar datos valiosos que ayuden a encontrar la causa de la avería o anomalía.
- Sensibilizar a los conductores de las instalaciones y a sus mandos para que intervengan en cuanto observen una anomalía en el funcionamiento de los sistemas que atienden (ruidos, calentamientos, vibraciones, defectos de calidad, etc.). O, en caso de que ellos no puedan intervenir, se les animará a avisar a los profesionales de mantenimiento.

NOTAS

La **continuidad** se consigue inspeccionando y reparando de forma planificada antes de que los desgastes puedan producir averías. Este es el llamado **mantenimiento preventivo** como adelantábamos en el apartado anterior. Su misión consiste en detectar fallos potenciales que pueden conducir a un desperfecto antes de que este ocurra.

Para anticiparnos al fallo, hemos de inspeccionar los equipos cíclicamente, a través de un programa desarrollado en función del tiempo o de las horas de funcionamiento, producción alcanzada, kilómetros recorridos, etc. En la inspección, el sistema obliga a intervenir de manera simple sobre el equipo sin que sea necesaria la parada; en una revisión más profunda, en cambio, con frecuencia se tendrá que parar el equipo durante el tiempo de intervención.

Ahora bien, a pesar de aplicarse este tipo de mantenimiento, no se podrán evitar averías imprevistas producidas, ya sea, por deficiencias no aparentes (y, por tanto, no detectadas en inspecciones preventivas), por posibles fallos o negligencias del personal, por falta de preparación, instrucciones o formación, etc. Cuando esto ocurre, el servicio de mantenimiento ha de intervenir en una reparación de emergencia: este tipo de actividad recibe el nombre de «**mantenimiento de rotura**» o «**correctivo**», y difícilmente puede ser planificado en una primera intervención.

Además, tanto si se trata de una actuación preventiva como de rotura, la reparación puede efectuarse o bien de modo que el equipo afectado recupere las características originales, o bien introduciendo determinadas modificaciones con el fin de aumentar la eficacia de la intervención, alargando así la vida útil del equipo. Esta segunda opción constituye un tercer tipo de actividad llamada «**mantenimiento de mejora**».

NOTAS

Las modificaciones relacionadas con la mejora propuesta deben controlarse bajo un proceso similar a este sobre un impreso adecuado:

- Redactar un proyecto de la modificación propuesta con su correspondiente presupuesto y un balance de lo que se va a ganar o evitar en costes, incluyendo indisponibilidad, paradas, etc.
- Identificar el tiempo de indisponibilidad previsto del equipo que se quiere modificar.
- Calcular la rentabilidad prevista de la modificación.
- Obtener la aprobación del responsable en vista de los datos precedentes.
- Controlar si el resultado alcanzado era el previsto, comparando el coste real de la modificación con el presupuestado, con el fin de evitar que aumenten los costes de mantenimiento sin ninguna contrapartida que lo justifique.

Como es esperable, puede haber diferentes modos de realizar los trabajos dentro del mantenimiento: desde hacer la reparación tan pronto se inicie un desgaste y antes del peligro de parada o problema de calidad, hasta esperar a que la anormalidad traiga consigo la parada final del equipo o repercuta en la calidad del producto. Ambos extremos son antieconómicos y, por tanto, en cada caso deben establecerse unos límites o tolerancias de desgaste que nos ayuden a determinar cómo y cuándo debemos intervenir (predecir-prevenir).

En este sentido, un concepto clave en los planes prevención es el de «**mantenimiento predictivo**. Su objetivo es predecir el fallo, interviniendo como consecuencia de una inspección cíclica y sistemática para así lograr un diagnóstico basado en unos síntomas y antes de que el deterioro aparezca o se convierta en un problema con repercusiones importantes.

NOTAS

Así, conocer el estado de los equipos productivos no tendrá como base la inspección directa sobre ellos, sino el estudio de los datos que esta información suministra. Por tanto, la organización del mantenimiento predictivo o condicional conlleva:

- Crear un programa y un método de inspección identificando los órganos o componentes que se deban inspeccionar.
- Determinar, para cada uno de estos órganos, los valores límite de la variable o característica que se mida en la inspección (por ejemplo: nivel de vibración, espesor del material, etc.).
- Determinar la frecuencia de inspección.
- El registro de datos, seleccionando los instrumentos más adecuados para cada una de las características, variables o parámetros que se busque controlar.

A modo de resumen, los conceptos básicos de las operaciones de mantenimiento aceptados hoy en día y que destacan las normas francesas AFNOR serían:

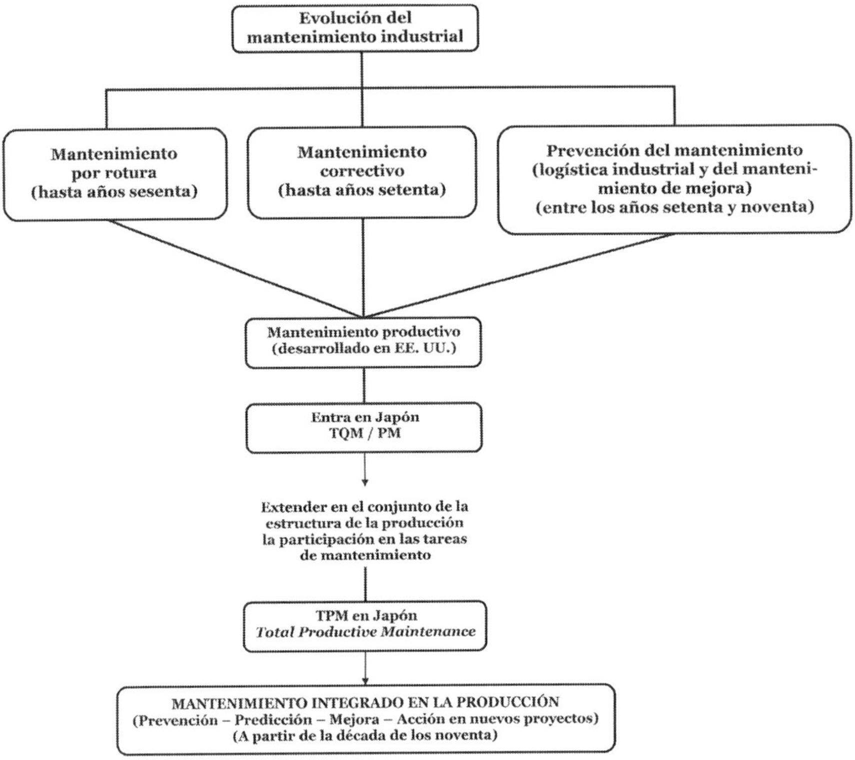

NIVELES DE INTERVENCIÓN

Hoy en día, desde un punto de vista organizativo, es necesario estructurar la función de mantenimiento en varios niveles de intervención que impliquen a los operadores del proceso productivo. A continuación vamos a reseñar cinco de estos niveles, que, si bien son muy similares, tienen matices de cierta importancia. Así los señala la **norma AFNOR NFX 60-010**:

PRIMER NIVEL

NOTAS

En la actualidad, este nivel se integra en las técnicas de *automantenimiento*. Es asumido por los **operarios de fabricación** que explotan directamente los equipos productivos, quienes, además de su propio rol de fabricante, también asumen las siguientes tareas:

- Asegurar los cambios y reglajes de útiles y herramientas de las máquinas, así como la primera intervención ante una incidencia o parada.
- En caso de persistir la incidencia, informar a los especialistas de mantenimiento y ayudarles en el diagnóstico y reparación.
- Vigilar el comportamiento de las máquinas de acuerdo con las instrucciones del fabricante y de los métodos de trabajo. Esto permite actuar o avisar a mantenimiento ante cualquier anomalía para planificar una intervención fuera del tiempo productivo.
- Asegurar también el primer nivel del mantenimiento preventivo (véase el gráfico de más abajo), que consiste en limpiezas, engrases, controles de diferentes parámetros de funcionamiento, etc.

SEGUNDO NIVEL

Hoy, este nivel también puede considerarse integrado en la producción. A él pertenecen los **especialistas electromecánicos e hidroneumáticos** que intervienen a petición del primer nivel, según la naturaleza y diagnóstico de la incidencia.

NOTAS

Para asegurar el funcionamiento continuo de las máquinas, estos profesionales se pueden integrar en las líneas y ligados a la dinámica de la producción, por lo que sus intervenciones y diagnósticos serán muy rápidos. Si no pueden efectuar ellos mismos la reparación, establecen un diagnóstico que sea lo más preciso posible y avisan al taller central del servicio de mantenimiento. Además, también aseguran el mantenimiento preventivo programado de segundo nivel (de nuevo, como se indica en el siguiente gráfico).

TERCER NIVEL

Está constituido por **grandes profesionales del mantenimiento** cuyas funciones son:

- El mantenimiento condicional.
- El mantenimiento programado y preventivo de tercer nivel.
- La mejora de la mantenibilidad y la propuesta de mejoras y modificaciones de equipos y máquinas (puesta a nivel técnico).
- La reparación de averías complejas.

Para asegurar sus tareas, deben estar bien informados por los operadores de primer y segundo nivel, de ahí la importancia de la comunicación y el trabajo en equipo.

Actualmente, en las empresas más avanzadas, estos tres niveles están integrados en la función fabricación con un sistema de producción en mantenimiento productivo total (TPM).

NOTAS

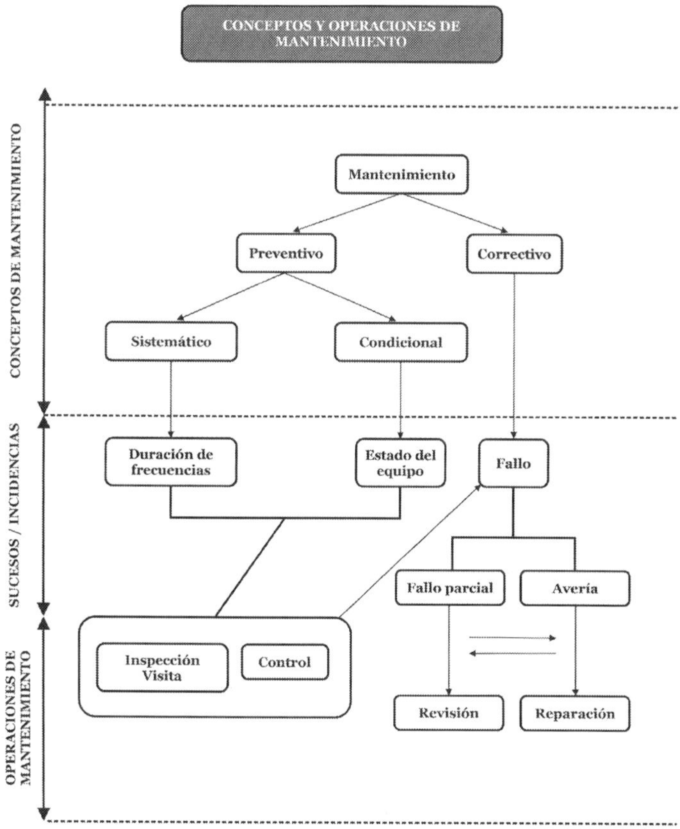

CUARTO NIVEL

Puede considerarse como la ingeniería del mantenimiento: está formado por los **técnicos de mantenimiento** que, como especialistas, participan en las diferentes fases del ciclo de vida de un sistema de producción. Es decir, desde su proyecto, con la aceptación de nuevos materiales, equipos y tecnologías, hasta la puesta en marcha y comienzo de la producción en serie. De esta manera, aseguran, junto con los constructores de las máquinas, equipos e instalacio-

NOTAS

nes, las mejores condiciones de fiabilidad, disponibilidad y mantenibilidad y, por tanto, un funcionamiento continuo.

QUINTO NIVEL: MANTENIMIENTO CONTRATADO

Desde hace años se está extendiendo también la aplicación del **mantenimiento contratado**. Si bien la opinión general entre los responsables de fabricación y mantenimiento es que la gestión tecnológica de los sistemas de producción debe realizarse en la propia empresa con el fin de evitar perder en ella el «saber hacer» (*know how*) en todos los actores de la producción, esto no excluye la necesidad de desarrollar adecuadamente este nivel de intervención.

En efecto, hay un justo equilibrio que se debe considerar:

En ocasiones, cabrá llamar al **exterior** a los fabricantes de los equipos, para el arranque y seguimiento inicial de automatismos, equipos CNC, autómatas, robots, informática industrial aplicada y sus programas, mantenimiento de equipos y máquinas muy especiales.

En paralelo, en el **interior** de los talleres, ha de extenderse la voluntad de prepararse y formarse para asumir las tareas de los primeros tipos de intervención del mantenimiento a nivel de operarios conductores de líneas de producción y especialistas integrados en ellas. También se impulsará una elevación de conocimientos técnicos constante en los niveles tercero y cuarto, para poder resolver todo tipo de incidencias y situaciones que se den en las máquinas de una línea de producción y en las automatizaciones de sus enlaces.

NOTAS

En el **anexo 3** me extenderé más en este quinto nivel de intervención.

PLAN DE MANTENIMIENTO PREVENTIVO SISTEMÁTICO A TRAVÉS DEL *AUTOMANTENIMIENTO* Y EL MANTENIMIENTO PROGRAMADO

Como cualquier otro proceso dentro del ámbito industrial, las acciones de mantenimiento y de prevención también se pueden y deben sistematizar:

> El **mantenimiento preventivo sistemático** consiste en un conjunto de operaciones que se realizan sobre las instalaciones, la maquinaria y los equipos de producción antes de que haya ocurrido un fallo. Su objetivo es evitar que tenga lugar una avería en pleno requerimiento de la producción o del servicio que se presta.

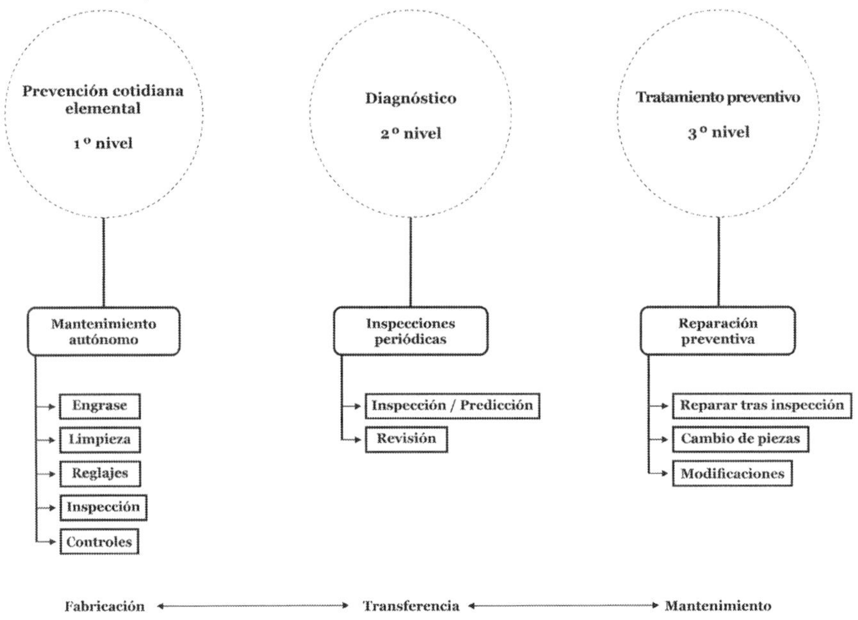

Este tipo de mantenimiento incluye operaciones de inspección y de control programadas de forma sistemática, así como acciones de cambio cíclico de piezas y conjuntos o de reconstrucción y reparación de elementos, también de manera planificada.

El mantenimiento preventivo ideal sería aquel que, por un conocimiento completo de la «vida» de todas y cada una de las piezas que sufren desgastes, nos permitiese confeccionar un programa de reposición de aquellas. De esta forma, cada pieza sería repuesta por una nueva antes de su desgaste total o rotura y, así, las averías tenderían a desaparecer.

Sin embargo, tal sistema es utópico, porque la «vida» de las piezas es incierta y está sujeta a muchos factores que no se pueden prever o cuantificar. Es posible conocer, en el mejor de los casos, su distribución de probabilidad (incertidumbre objetiva), pero, por lo general, no podemos hacer más que una previsión subjetiva de dicha distribución.

NOTAS

Con esto en mente, es necesario estudiar y elaborar un sistema de mantenimiento preventivo de **inspecciones o revisiones** y de **reparaciones** identificando las tareas que se deban realizar con los equipos en marcha o parados, así como su nivel de dificultad en la intervención.

El mantenimiento preventivo debe partir de una buena **ingeniería de la fiabilidad** que permita hacer correctas estimaciones de la vida de los componentes y piezas, de tal forma que no nos arriesguemos a tener una avería catastrófica en plena producción, pero tampoco cambiemos piezas en excelente estado de funcionamiento. Por ello, es importante disponer de un **sistema de recogida de información** sobre todas las intervenciones de mantenimiento, para así obtener un buen historial de cada equipo y buscar el equilibrio entre los costes del mantenimiento preventivo y lo que este nos aporta.

CREAR UN PROYECTO PARA CONSTRUIR, OPTIMIZAR Y EJECUTAR UN PLAN DE MANTENIMIENTO PREVENTIVO (PMP)

El mantenimiento es un proceso que se practica y aprende sobre el terreno e involucra a todos los empleados de la compañía, con el fin de mejorar el efecto de la «curva de la bañera» (que represento más abajo) desde que un sistema industrial arranca para producir en serie. Por ello, resulta necesario preparar una **política de mantenimiento** adaptada a la compañía en cuestión.

NOTAS

En este sentido el mantenimiento, afecta a:

1

La producción y el mantenimiento

Con el *automantenimiento* y el mantenimiento programado, integrando las tareas que deban realizar los operadores y eliminando todo tipo de pérdidas desde el arranque en serie de un equipo industrial.

2

La ingeniería

Preparando a los equipos integrados en un nuevo proyecto de industrialización para conseguir un mantenimiento preventivo eficaz y sencillo. Esto permite a los operadores de fabricación asumir en el mínimo tiempo el mantenimiento de dichos equipos y la práctica de la prevención.

3

Los proveedores de los equipos

Construyendo máquinas fiables que se ajusten a las premisas y exigencias de mantenimiento, producción e ingeniería, para así lograr un mantenimiento autónomo eficaz y sencillo, preparando recepciones con prácticas de detección de anomalías.

Todo ello nos conduce a:

NOTAS

- › Cero paradas.
- › Cero defectos.
- › Cero desviaciones del tiempo de ciclo.

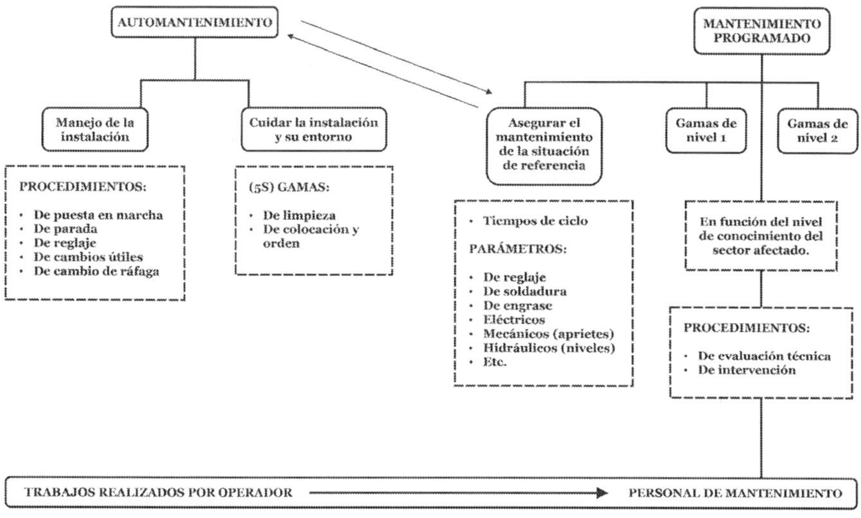

Para el desarrollo de esta estrategia es imprescindible la implicación del **comité de dirección** de la compañía, que permitirá generalizar y sistematizar el plan. El *management* o gestión eficaz de los trabajadores será un valioso instrumento para el desarrollo de esta actividad y el logro de los objetivos sobre el sistema de producción, por lo que es necesario construir un «**plan director**» de unos dos o tres años, según la dimensión de la compañía, como veremos más adelante.

NOTAS

Recordando lo que ya señalé en el preámbulo, hay dos motivos por los que una empresa puede necesitar un proyecto de mantenimiento preventivo y su optimización: para mejorar un sistema que ya marcha bien o para solucionar uno que no lo hace (abundantes averías, etc.).

En cualquiera de los dos casos, estos pueden ser los pasos que dar para conseguirlo:

1

Poner en marcha una sensibilización hacia la prevención en toda la organización de la producción y el mantenimiento, como se indica en el siguiente gráfico.

2

Establecer en toda la organización una práctica de detección de anomalías, con el fin de crear el hábito de la prevención.

3

Construir el propio plan de mantenimiento preventivo a partir de unos históricos de los equipos y máquinas. Esto permitirá que los operadores de producción y los profesionales de mantenimiento creen las gamas y estándares para su ejecución.

4

Formar a los operadores y profesionales en los estándares y gamas a través de unas prácticas sobre máquina o en un taller de habilidades.

NOTAS

5

Crear la estrategia para preparar el mantenimiento preventivo en un nuevo proyecto, capitalizando experiencias y practicando la mejora continua y el control de costes como puede verse en este gráfico:

EL AUTOMANTENIMIENTO IMPLICA TODAS LAS FUNCIONES DE LA ORGANIZACIÓN

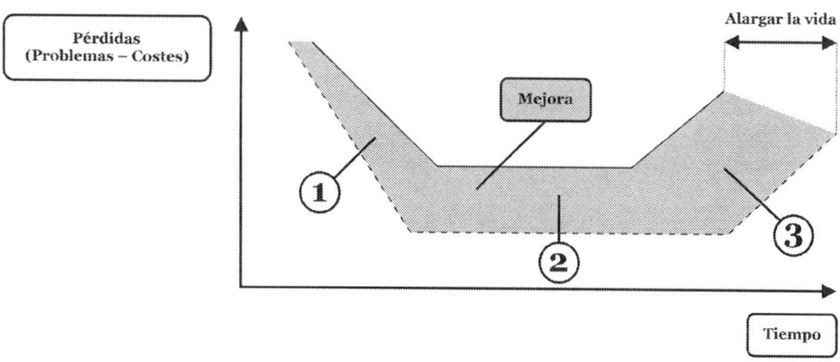

1. Los grupos de eliminación de pérdidas y de fiabilización con la participación de ingeniería – calidad – fabricación – mantenimiento y proveedores eliminan problemas en el arranque en serie, flexibilizando y capitalizando experiencias.

2. Fabricación y mantenimiento aplican el mantenimiento preventivo con rigor desde la etapa 1 (automantenimiento y mantenimiento programado) para alargar el tiempo de buen funcionamiento del equipo.

3. Fabricación / mantenimiento y métodos / ingeniería efectúan pequeñas mejoras y modificaciones para alargar la vida de los equipos.

NOTAS

EL EDIFICIO DEL MANTENIMIENTO PREVENTIVO COMO PROYECTO DE EMPRESA SOBRE EL SISTEMA DE PRODUCCIÓN

Con todo lo dicho en este capítulo, podemos entender el proyecto de impulso y optimización de un plan de mantenimiento preventivo como si se tratase de la **construcción de un edificio**. En este sentido:

El **tejado** está formado por la **política de dirección** de la compañía, a través de la creación y presentación de un plan director, con estrategias y objetivos concretos. Este apartado debe complementarse con un plan de comunicación y sensibilización que llegue a toda la organización relacionada con la producción y el mantenimiento.

Los **pilares** por su parte, son los siguientes:

1

Primer pilar

Planificar la actividad del mantenimiento preventivo con el objetivo de disponer de un histórico de equipos y máquinas (en función de nuestras posibilidades) así como de preparar la estructura de la construcción y optimización del plan.

NOTAS

2

Segundo pilar

Construir un plan de mantenimiento preventivo y ejecutarlo a través de la inspección y detección de anomalías, con ayuda de las fichas y gamas de *automantenimiento* y mantenimiento programado.

3

Tercer pilar

Eliminar anomalías y averías a través de la *fiabilización*, la mejora y la optimización del plan de mantenimiento preventivo.

4

Cuarto pilar

Preparar el mantenimiento preventivo en nuevos proyectos de equipos, máquinas y líneas de producción.

5

Quinto pilar

Hacer efectiva la formación y gestión de competencias de los operadores de producción y profesionales de mantenimiento para ejecutar los planes de mantenimiento preventivo.

NOTAS

Por último, la **base del edificio** será el respeto de las condiciones de **seguridad** en el trabajo y del **medio ambiente** así como la necesidad de mantener vivo en la organización el proyecto del mantenimiento preventivo que estamos tratando de desarrollar a través de auditorías permanentes.

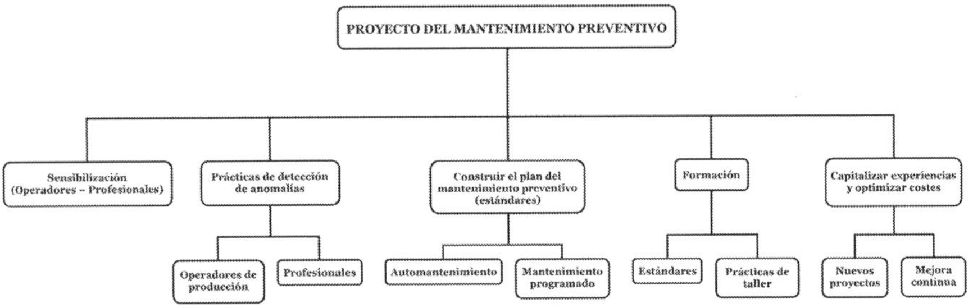

Es conveniente nombrar a miembros del comité de dirección como responsables de cada pilar (véase el ejemplo de abajo) y formar una estructura de pilotaje en toda la organización para el desarrollo de las acciones que vamos a describir.

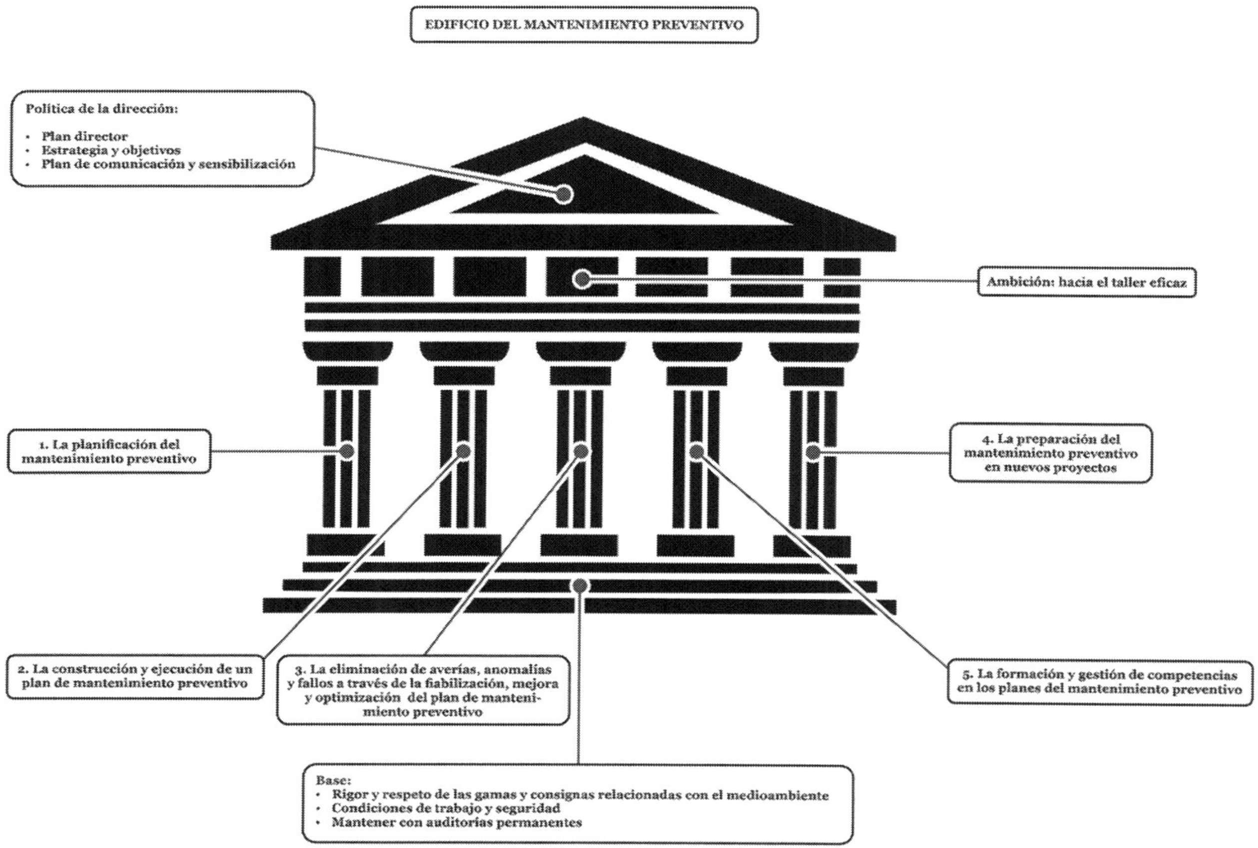
EDIFICIO DEL MANTENIMIENTO PREVENTIVO
Política de la dirección:
• Plan director
• Estrategia y objetivos
• Plan de comunicación y sensibilización
Ambición: hacia el taller eficaz
1. La planificación del mantenimiento preventivo
4. La preparación del mantenimiento preventivo en nuevos proyectos
2. La construcción y ejecución de un plan de mantenimiento preventivo
3. La eliminación de averías, anomalías y fallos a través de la fiabilización, mejora y optimización del plan de mantenimiento preventivo
5. La formación y gestión de competencias en los planes del mantenimiento preventivo
Base:
• Rigor y respeto de las gamas y consignas relacionadas con el medioambiente
• Condiciones de trabajo y seguridad
• Mantener con auditorías permanentes

CAPÍTULO II
TEJADO DEL EDIFICIO: LA POLÍTICA DE LA DIRECCIÓN Y LA SENSIBILIZACIÓN HACIA LA PREVENCIÓN

INTRODUCCIÓN

NOTAS

Vamos a comenzar por presentar el edificio del mantenimiento preventivo por el tejado: la necesidad de **sensibilizar hacia la prevención** a todos los empleados relacionados con el sistema de producción, así como de presentar la **política de dirección** con la práctica y realización de los planes de mantenimiento preventivo.

POLÍTICA Y ESTRATEGIA DESDE LA DIRECCIÓN

La política de la dirección debe contener, como mínimo, los siguientes elementos:

1 Visión o ambición

Este es el mensaje más importante que debe transmitir y desplegar la dirección. Su meta final debe orientarse a construir una fábrica más eficaz con la mejor calidad y productividad, que desarrolle una producción fluida en los talleres por la implantación de la prevención.

2 Una estrategia básica

Esta estrategia puede ser desarrollar la prevención para conseguir una gestión eficaz de la producción con la participación de todos, formando a toda la estructura en estas actividades y construyendo una fábrica ideal de alta productividad y rentabilidad.

NOTAS

Será fundamental seguir un «plan director» similar al de abajo, que las diferentes áreas o departamentos de la compañía deberán poner en marcha por líneas de producción, y que también será planificado en el tiempo.

Pilotaje con implicación transversal de los directivos para desarrollar el mantenimiento preventivo

Pilares relacionados con el edificio de mantenimiento preventivo

Pilotos designados por temas

1. Planificación del mantenimiento preventivo		Directivo A							
2. La construcción del mantenimiento preventivo			B						
3. La optimización del mantenimiento preventivo				C					
4. El mantenimiento preventivo en un nuevo proyecto					D				
La formación en los planes de mantenimiento preventivo						E			
Validación por dirección									

3 Objetivos concretos

Estos pueden ser los objetivos definidos por la dirección:

- Mantener en óptimas condiciones de forma permanente los puestos de trabajo en lo que se refiere a seguridad, limpieza y orden.

NOTAS

(continuación...)

- Ejecutar al cien por ciento todos los planes de mantenimiento preventivo mediante inspecciones cotidianas y periódicas de los equipos y eliminando todo tipo de anomalía, alcanzando el «cero averías».
- Alcanzar el «cero accidentes» respetando las consignas de seguridad.

4 Una producción fluida

Para conseguirla, será necesario:

- Establecer líneas y procesos de alta productividad.
- Instaurar una inspección autónoma eficaz.
- Reducir defectos de calidad en los procesos.
- Mejorar las condiciones de trabajo y medio ambiente.
- Mejorar las habilidades y experiencias en la conducción y el mantenimiento de las líneas de producción, elaborando estándares adecuados para tal fin.

5 Inspecciones eficaces

Tras las inspecciones, es necesario tomar medidas contra las fuentes de problemas. Además, los planes de inspección deben ser sencillos y fáciles de ejecutar (sin necesidad de equipos o herramientas especiales) y reunir las siguientes características:

NOTAS

- Que se puedan realizar, a ser posible, con las máquinas en marcha.
- En caso de que sea necesario parar la máquina, que se puedan llevar a cabo durante la jornada de trabajo.
- Que sea posible visualizar las inspecciones.

6 Voluntad de construir una fábrica agradable para todos

En este sentido, el objetivo es lograr:

- Una fábrica en la que los equipos son fáciles de conducir y mantener, no son peligrosos en las intervenciones, son fiables y las inspecciones son sencillas.
- Un entorno en el que los empleados demuestran habilidades, cooperan con sus compañeros y forman grupos para el análisis de anomalías, fallos y averías.
- Un ambiente en el que se reconocen los buenos resultados, en el que se forma, entrena y se cualifica, y donde se visualizan las actividades y logros alcanzados con un seguimiento periódico.

NOTAS

7 Identificación de la situación presente

Como medida de sensibilización se pueden presentar fotografías de determinadas áreas en las que aparezcan problemas o averías catastróficas por la falta de realización de los planes de mantenimiento preventivo.

Es importante insistir en que las imágenes facilitan mucho esta labor, como pude comprobar cuando llegó hasta mí una fotografía de una caldera de vapor que había explotado en una fábrica de quesos, provocando la muerte de un empleado. Esa fotografía fue de gran ayuda para hacer el proyecto de rehabilitación de la sala y su nueva caldera.

Se ha de presentar la mayor cantidad posible de datos que ayuden a entender mejor la situación y el porqué de la necesidad de la acción que se vaya a emprender.

SENSIBILIZACIÓN HACIA LA PREVENCIÓN

Si lo que deseamos es implicar a todos los profesionales de fabricación y mantenimiento, podemos preparar una estrategia de sensibilización similar a la que vamos a describir a continuación, basada en:

NOTAS

1. Un **plan de comunicación e información** extendido a todos los empleados, en el que se incluya en un apartado especial la estrategia de la dirección, con unos objetivos desplegados desde el comité de dirección de la compañía.
2. Un **plan de detección de anomalías** en el que participen todos los niveles de la compañía.

LA SENSIBILIZACIÓN HACIA LA PRÁCTICA COTIDIANA DE LA DETECCIÓN DE ANOMALÍAS A TRAVÉS DE UN PLAN DE COMUNICACIÓN E INFORMACIÓN

Para preparar y sensibilizar a la organización en la práctica de la detección de anomalías es necesario expresar claramente qué queremos desarrollar y alcanzar con la prevención. Es decir, hay que **informar** a los empleados de cuáles son los objetivos y por qué es importante conseguirlos. El impulso de esta información estará garantizado por:

- El **comité de dirección** de la empresa, acompañado por la persona designada como piloto del plan. Normalmente, esta será el responsable del servicio de mantenimiento, apoyado por la estructura de técnicos de la oficina de métodos de mantenimiento.
- **Animadores técnicos especializados** que formarán parte de la célula de pilotaje que se formalizará en las acciones de «prácticas de detección de anomalías».

NOTAS

En suma, se trata de lograr los siguientes objetivos en una sesión de dos a cuatro horas:

1

Facilitar la información general del plan director, la política, la estrategia y los objetivos que se quieren alcanzar a todos los mandos y técnicos de la compañía. Esto se hará con ayuda, por ejemplo, de un manual preparado al efecto, que posteriormente se extenderá a toda la organización, tal y como veremos a continuación con la presentación de un caso real que nos puede servir de modelo.

2

Buscar la adhesión de la nueva estrategia de prevención entre los mandos y técnicos o animadores.

3

Identificar la manera de transmitir la política y la estrategia a todos los niveles y áreas de la empresa para dar una visión general, con ayuda del manual antes mencionado.

NOTAS

4

Complementar el plan de comunicación de la estrategia a todos los niveles de la organización con ayuda de pósteres o trípticos de bolsillo, etc. Es imprescindible comunicar el plan a todos los empleados y recoger sus opiniones, puesto que la adhesión al proyecto de forma compartida se sitúa por encima de cualquier otra consideración.

MODELO DE PLAN DE SENSIBILIZACIÓN GENERAL HACIA LA PREVENCIÓN

A continuación, voy a desarrollar, explicar y comentar un modelo que nos servirá de ejemplo. Se apoya en una aplicación real y su contenido se recogió en un manual de bolsillo que se entregó a todos los empleados de la compañía que estaban involucrados con el sistema de producción:

La prevención es un factor de economía

Como todos podemos observar en nuestro entorno familiar, social y empresarial, nos encontramos en un momento económico en el que se ha vuelto prioritario disminuir nuestros gastos hasta lo «justo necesario». Así pues, hemos de orientar nuestros esfuerzos a **eliminar gastos** que se deban a despilfarros. En el marco de nuestro hogar, con el paso de los años, nos hemos visto obligados a cambiar nuestros hábitos y comportamientos: la reflexión sobre la economía se traduce en gestos simples y cotidianos, como apagar la luz de una habitación si no se necesita o adaptar su potencia, incorporando lámparas de bajo consumo.

Pero también tenemos gran cantidad de comportamientos de intervención directa muy similares a los que se podría

NOTAS

esperar de un plan de mantenimiento empresarial. Seguro que muchos estamos llenos de ideas para tratar de economizar o evitar otros problemas mayores y costosos como, por ejemplo, purgar radiadores que no dan calor, engrasar cerraduras que chirrían, cambiar juntas de grifos que gotean, cambiar lámparas fundidas, arreglar enchufes con algún problema, cambiar filtros en el aspirador, limpiar filtros de lavadoras, etc.

Todos nosotros efectuamos operaciones de mantenimiento en nuestras propias instalaciones y electrodomésticos, con el fin de evitar llamar a profesionales, cuya intervención siempre va a ser más costosa además de implicar largas horas de espera. Solamente necesitamos un poco de intuición, ingenio y habilidad para desarrollar nuestra imaginación y aplicar directamente nuestras ideas. Estamos practicando así la **detección de anomalías** y su **resolución inmediata**.

Hacia un nuevo comportamiento en nuestro puesto de trabajo

En nuestro puesto de trabajo podemos y debemos hacer algo similar, pues con el paso del tiempo vamos conociendo el buen o mal funcionamiento de los equipos, máquinas e instalaciones. Seguro que tenemos ideas para tratar de evitar paradas, así como para corregir problemas de averías o de calidad.

La realización del mantenimiento preventivo

En nuestro coche revisamos con cierta frecuencia los niveles de aceite, del refrigerante, del circuito de frenos, etc., así como la presión de los neumáticos y el buen funcionamiento de todas lámparas. En esos casos estamos

NOTAS

realizando un mantenimiento a nivel elemental, es decir, un ***automantenimiento*** algo que nos da la posibilidad de detectar anomalías.

Asimismo, cada cierto número de kilómetros, cambiamos el aceite y las bujías, tensamos las correas, reglamos la puesta a punto del encendido, etc. Con ello, estamos llevando a cabo nosotros mismos el **mantenimiento programado**. Además, también atendemos al coche si, antes de llegar a los kilómetros señalados por el plan, detectamos alguna anomalía en su consumo de aceite, observamos un mal arranque, etc.

Ambos tipos de mantenimiento del coche conforman su **plan de mantenimiento preventivo (PMP)** que garantiza una buena disposición permanente del vehículo con el mínimo coste y sin paradas imprevistas.

De la misma forma, hemos de tomar acciones en nuestro puesto de trabajo para cuidar de nuestras máquinas, como controlar frecuentemente los niveles de aceite en los equipos de engrase y del sistema hidráulico, vigilar las presiones de *bridaje* y del sistema de engrase, comprobar el funcionamiento correcto de lámparas de señalización en pupitres, escuchar ruidos anormales para darles solución antes de que deriven en un problema grave, limpiar apoyos y *bridajes* de piezas, etc.

Además, con programas previamente establecidos, debemos parar las máquinas para realizar tareas más complejas como la revisión del estado de husillos, embragues, carros, platos, protecciones, detectores, etc., cambiando algunos, periódicamente, según su estado.

NOTAS

Todo esto nos permite garantizar el buen funcionamiento de las máquinas a través de las actividades de detección de anomalías.

La realización del mantenimiento correctivo

Si se nos funde una lámpara o un fusible de un electrodoméstico, lo normal es que realicemos la reparación nosotros mismos para evitar llamar a un técnico especializado, lo cual implicaría no poder utilizar el electrodoméstico durante horas y asumir un elevado coste de intervención y de desplazamiento.

De la misma manera, podemos, con nuestros conocimientos, habilidades y experiencias, resolver ciertas anomalías detectadas, paradas e, incluso, averías por rotura de una broca, de una brida, detector, lámpara, etc. Así, estaríamos realizando el **mantenimiento correctivo** de primer nivel sin tener que esperar a un especialista o profesional con el equipo parado, lo cual podría llegar a afectar a otras máquinas del proceso.

Sin embargo, si la causa de la parada de la máquina o instalación es de más difícil diagnóstico, no hemos de dudar en acudir al profesional lo antes posible. Colaboraremos con él y le daremos toda la información posible con el fin de facilitarle la tarea con un tiempo mínimo de parada, incluyendo observaciones que puedan ayudar en el diagnóstico de la causa de la parada y sugerencias de mejora o modificación, que estudiarán los técnicos o agentes de métodos según proceda.

Solo así, **trabajando en equipo** podemos caminar hacia la meta u objetivo central de nuestra estrategia de la prevención. Esto es, **llegar al «cero»** en:

NOTAS

- Averías.
- Accidentes.
- Defectos de calidad.
- Degradación del tiempo de ciclo.
- Paradas de otro tipo.

El estado de los equipos y máquinas

Lo primero que debemos hacer es elaborar un dosier del estado de los equipos y máquinas, reflexionando sobre todos los problemas que tienen y que son la causa de que no se encuentren en su **estado de referencia** o de buen funcionamiento.

Este apartado se cubre con la práctica generalizada de detección de anomalías, que planificaremos para toda la organización (incluyendo, cuando proceda, a los proveedores). Posteriormente, realizaremos una encuesta a operadores de producción y profesionales de mantenimiento, con el fin de recabar información de los problemas que se presentan en las máquinas y equipos y con qué frecuencia aproximada se dan.

Paralelamente, si no somos capaces de mantener los parámetros o estándares de calidad de nuestros equipos, debemos solicitar ayuda a los profesionales, técnicos y agentes de métodos para que nos ayuden a poner a **nivel técnico** dichos equipos, e incluso a mejorarlos con sugerencias y con los grupos de *fiabilización*.

CAMPAÑAS ESPECÍFICAS SOBRE LA PREVENCIÓN

NOTAS

En ocasiones, resulta útil afrontar la sensibilización con una estrategia basada en una **campaña específica**. He visto ejemplos de campañas centradas en la aplicación rigurosa de un plan de mantenimiento preventivo sobre robots en una industria con más de trescientos cincuenta robots instalados. El problema era que, en ese momento, dichos equipos estaban abandonados sin realizar sobre ellos ningún tipo de tarea preventiva.

Además de invitar a seguir el plan de mantenimiento mediante un póster que se ponía bien visible por toda la empresa, la campaña comprendía también la mejora de las gamas de prevención a través de **sugerencias** en base a la experiencia, así como un plan de **auditorías** elementales en todos los puestos con implantación de robots, que constataran el nivel de aplicación y sus contrariedades. En estas auditorías, se puntuaban una serie de conceptos para recompensar a los tres mejores operadores auditados, y la dirección les entregaba un premio en una sesión especial preparada al efecto.

La necesidad de mejorar nuestras competencias y habilidades

No nos puede quedar ninguna duda de que este proceso requiere una forma de comportarse en el puesto de trabajo, sea cual sea nuestra responsabilidad y función, y exige nuestra participación para:

NOTAS

- Mantener los estándares de calidad y estados de referencia de las máquinas e instalaciones, evitando que se degraden.
- Mejorar permanentemente los resultados, eliminando y minimizando las paradas.

De la misma manera que en nuestro hogar, prevenir en las empresas se basa en el «**saber hacer**» del individuo sobre el terreno; es decir, sobre su puesto de trabajo. En este sentido, se hace necesario aplicar nuestro potencial de:

- Iniciativa.
- Reflexión y sentido común.
- Interés por las tareas y rigor en su consecución.
- Deseo interno de lograr mejores resultados.

Estas prácticas, que nos revalorizan y nos motivan hacia un aumento de nuestros conocimientos y competencias, se deben impulsar a través de unos adecuados **planes de formación**. Veremos esto más adelante.

PRÁCTICAS DE DETECCIÓN DE ANOMALÍAS CON IDENTIFICACIÓN POR ETIQUETAS

A menudo, las máquinas y equipos de producción presentan una serie de fallos que provienen de anomalías a las cuales no prestamos ninguna atención. Es necesario suprimir sus causas para cortar la alimentación continua de fallos.

NOTAS

En general, es habitual que se den las siguientes **negligencias** en las máquinas y su entorno:

- Están muy sucias, con polvo y con fugas de aceite y taladrinas.
- Sus motores tienen los ventiladores llenos de mezcla de polvo y grasa, lo que puede provocar que se calienten.
- Los finales de carrera de posicionamiento de unidades están cubiertos de viruta, polvo, etc., o inundados de taladrina o aceites de corte.
- No se reemplazan las correas de transmisión rotas o deterioradas e impregnadas de vapores de aceite o taladrina, y la máquina continúa trabajando con una o dos en lugar de tres.
- Se escuchan ruidos y se observan vibraciones o rayas sobre guías.
- Los accesos están cerrados con grandes protecciones, por lo que las máquinas no se desmontan para limpiar e inspeccionar su interior y realizar controles rutinarios.
- Los cables eléctricos y latiguillos hidráulicos no se recogen adecuadamente, por lo que pueden acaban deteriorándose por fricciones.

Para corregir esto, hemos de conseguir que los operadores de producción y profesionales de mantenimiento desarrollen las siguientes **actitudes**:

NOTAS

> - La capacidad de distinguir lo que es «normal» de lo que es «anormal», es decir, de determinar las condiciones de buen funcionamiento de un equipo.
> - El respeto estricto de las consignas y controles que se deban realizar.
> - La habilidad de tomar medidas rápida y correctamente para paliar o eliminar ellos mismos las anomalías, o para dar alertas antes de provocarse el fallo o avería.

Para que el operador se familiarice con los equipos, debe tomar conciencia del proceso tal y como muestro a continuación, cambiando hacia un nuevo comportamiento en la conducción de los equipos que tiene asignados.

OBJETIVOS DEL CAMBIO DE COMPORTAMIENTOS

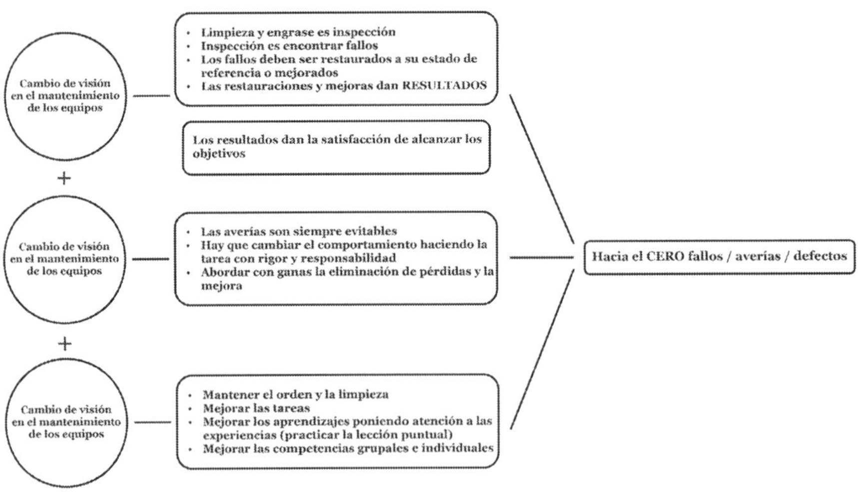

NOTAS

Asimismo, hemos de conseguir que los trabajadores aprendan que una avería no puede producirse más que por las cinco causas siguientes:

- **No respetar estados de referencia:** es decir, no respetar los estándares necesarios para el funcionamiento de las máquinas, dando lugar a degradaciones forzadas (por ejemplo, falta de aceite, falta de reaprietes, falta de limpieza, etc.).
- **No respetar las consignas de utilización del equipo:** por ejemplo, los modos operatorios, las condiciones nominales o los parámetros de utilización (caudal, presión, tensión, etc.).
- **Fallos de estudio, diseño y construcción del equipo:** por ejemplo, una falta de fiabilidad en los componentes.
- **Fallos humanos:** por lo general, producidos por falta de competencias o de formación, por maniobras inadecuadas o por reparaciones mal efectuadas.
- **Negligencias en las actuaciones:** ocurren al llevar a cabo de forma errónea la restauración de los estados degradados (no efectuar los reglajes en condiciones óptimas, hacer una elección incorrecta de piezas de recambio, etc.).

En la sesión en sala es conveniente sensibilizarnos, además, en el encadenamiento de problemas que se puede ocasionar si las anomalías se dejan sin identificar ni corregir. Hemos de esforzarnos en visionar que el «cero averías» es posible de alcanzar, así como en comprender el **mecanismo de una avería**.

NOTAS

En este sentido, cabe destacar que es posible encontrar dos tipos de averías:

- **Por degradación de la función** (desgaste, deformación, fuga, fisura, corrosión). Suelen ser anomalías ocultas que podemos esforzarnos en detectar y corregir para así evitar que se transformen en averías visibles más o menos graves.
- **Por desaparición o falta de la función** (rotura, etc.). Pueden deberse a una falta de robustez por mala concepción, construcción o utilización. Por tanto, para evitarlas, es necesario que los operadores se formen.

NECESIDAD DE UNA ESTRATEGIA DE DETECCIÓN DE ANOMALÍAS

La estrategia de la «**práctica cotidiana de detección de anomalías**» es una necesidad básica a la que a menudo no se da la suficiente importancia. Sin embargo, es lo que nos permite orientar a los talleres hacia las siguientes metas:

- Mejorar el ambiente de trabajo, eliminando anomalías debidas a fugas, salpicados, contaminación, etc.
- Reducir las pérdidas causadas por averías, evitando que aparezcan.
- Facilitar las condiciones ideales para aumentar la vida útil de las máquinas.

NOTAS

(continuación...)

- Mejorar los estándares de mantenimiento preventivo y ejecutarlos con rigor.
- Utilizar elementos de control visual, como etiquetas de identificación de la anomalía, señales, paneles de seguimiento y de información, etc.
- Reducir las causas potenciales de accidentes.
- Aumentar la sensibilización hacia el cuidado y conservación de las máquinas y demás activos de la compañía.

Este hábito nos estimula a pensar cuál debería ser el **estado de referencia** de un equipo. La práctica consiste en:

- Conocer el buen funcionamiento de un equipo.
- Inspeccionarlo para identificar anomalías.
- Adherir una etiqueta sobre cada anomalía detectada.
- Planificar en una reunión las tareas necesarias y quién las va a realizar, para resolver las anomalías más complejas.
- Corregir la anomalía cuanto antes y de manera autónoma, retirando la etiqueta una vez resuelta. No hacerlo tiene unas consecuencias que pueden verse en la pirámide de Heinrich que indico abajo.

NOTAS

Desde este punto de vista, podemos observar dos tipos de anomalías:

1. **Estáticas** (suciedad, holguras, muescas por golpes sobre guías, fugas, etc.), que se pueden detectar con la máquina parada.
2. **Dinámicas** (vibraciones, ruidos, presiones, temperaturas, etc.), que podemos detectar con la máquina en marcha.

Asimismo, los estados de la máquina observados solo pueden ser los siguientes:

- **Normal** que tiende a una degradación natural, la cual podemos evitar a través de un mantenimiento preventivo eficaz.
- **Anormal** que tiende a una degradación forzada, lo que obliga a intervenir para corregir la anomalía y retornar cuanto antes al estado normal. Indica la necesidad de una reparación y optimización del plan de mantenimiento preventivo existente.

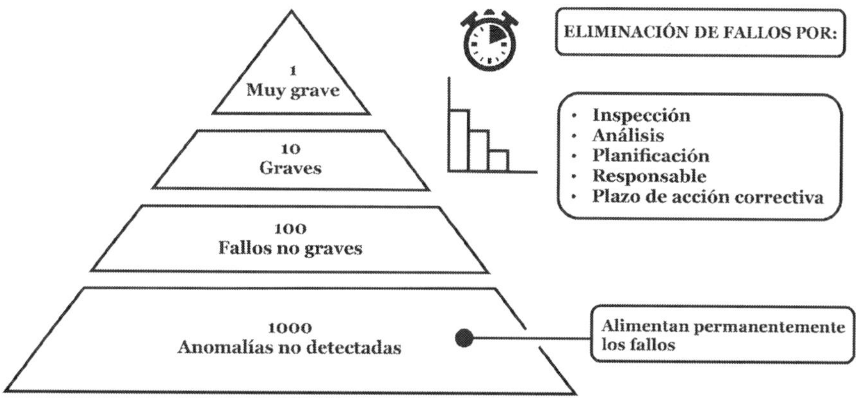

EL EFECTO DE LA PIRÁMIDE DE HEINRICH

REALIZACIÓN DE UNA PRÁCTICA DE DETECCIÓN DE ANOMALÍAS

LAS TRES REGLAS DE ORO DE PRIMER NIVEL PARA AYUDAR A LA PREVENCIÓN EN UNA PRÁCTICA DE DETECCIÓN DE ANOMALÍAS

El polvo, el calor, la humedad, las taladrinas, los ambientes corrosivos, los residuos de productos químicos, los vapores, las vibraciones, etc., son factores que pueden afectar al buen funcionamiento y a la duración de un equipo de producción, especialmente si no observamos sus causas, no practicamos la prevención y no pensamos cómo afrontarlos para darles solución de forma definitiva.

NOTAS

En la mayoría de los casos de inspección preventiva y de prácticas de detección de anomalías, las instrucciones deberán incluir, entre otras, las **tres reglas de oro de primer nivel**:

Primera regla: manténgase limpio

La **suciedad** es una de las causas principales de averías en los equipos de producción, sobre todo en equipos eléctricos y partes móviles. Puede dar lugar a pérdidas de velocidad, quemado de motores por aumento de temperatura, gripados, mala calidad, etc. Si se combina con aceites o taladrinas en grandes cantidades, puede incluso ocasionar atascamientos en zonas de desplazamiento, corrosiones, falta de calidad en operaciones de rectificado, etc.

Segunda regla: manténgase seco

Todos los equipos de producción, en general, trabajan mejor en un **ambiente seco** para evitar corrosiones sobre componentes mecánicos, oxidación de componentes eléctricos, etc., si bien hemos de prestar atención a las aspiraciones del polvo que se pueda ocasionar.

Un **alto grado de humedad** permanente en el propio ambiente del equipo por taladrinas o aceites, entre otros, puede dar lugar a cortocircuitos en algún componente eléctrico, oxidaciones en elementos mecánicos de precisión, etc. En muchas ocasiones, el grado de hermetismo en el diseño de componentes no es lo suficientemente alto, de modo que la única solución es evitar salpicados y otras entradas de líquido en las piezas de los equipos.

Tercera regla: manténgase hermético y libre de fricciones

NOTAS

Hoy en día, debido al empleo de altas velocidades de husillos, la mayoría de los componentes de un equipo están sometidos a **desgastes por fricciones**. Esto da lugar a holguras y, por tanto, a posibles vibraciones o desequilibrios, entradas de taladrina en componentes de riesgo (*piñonería*, etc.) y aflojamientos de elementos vitales de conexión (hidráulica, eléctrica, etc.).

En la inspección rutinaria hemos de estar atentos a estos deterioros y pérdidas de hermeticidad, con el fin de realizar reaprietes, ajustes, cambios de juntas rotativas de manera planificada, controles de estanqueidad, de niveles de aceite de engrase, de vibraciones y temperaturas, etc.

Asimismo, debemos tener en cuenta que un alto porcentaje de averías eléctricas y electrónicas son en realidad de origen mecánico y no tienen relación alguna con la capacidad o las cualidades eléctricas del componente.

Algunos ejemplos de este tipo de problemas son: conexiones flojas debidas a vibraciones mecánicas; desperfectos en cables y sus protecciones debidas a roces o fricciones de algún componente mecánico; suciedad o humedad adherida sobre algún elemento eléctrico o electrónico del circuito, en forma de virutas, polvo abrasivo, taladrinas, goteo de aceites, etc.

NOTAS

ORGANIZACIÓN DE UNA PRÁCTICA EN GRUPO PARA LA DETECCIÓN DE ANOMALÍAS POR IDENTIFICACIÓN CON ETIQUETAS

Para organizar una **práctica de detección de anomalías** debemos dar los siguientes pasos:

- **Elección** de la máquina.
- **Preparación** de la máquina en cuanto a:
  - Consignas de seguridad;
  - Material y productos de limpieza;
  - Etiquetas suficientes para los componentes del grupo (un mínimo de doce de cada color para cada componente).
- **Formación** en sala para preparar la práctica: una hora.
- **Observación** de la máquina en marcha: media hora.
- **Búsqueda y detección de anomalías** y anotación sobre etiquetas, colgando una copia sobre el punto identificado: entre una hora y una hora y media.
- **Clasificación** en sala de las etiquetas y análisis de los problemas potenciales: dos horas y media.
- **Elaboración** de una síntesis de la práctica para identificar quién va a efectuar el seguimiento de las acciones sobre las anomalías y evitar que se repitan.

Los medios materiales necesarios para realizar la práctica pueden ser los siguientes:

NOTAS

1. **Prendas de vestir y de seguridad**:
   - Chaqueta y pantalón (o mono) con bolsillos.
   - Calzados de seguridad.
   - Guantes y gafas de seguridad.
   - Trapos y productos de limpieza.
2. **Herramientas**:
   - Una caja de herramientas manuales disponible para el grupo al pie de máquina.
3. **Medios técnicos**:
   - Proyector de diapositivas en la sala.
   - Tablero trípode con papeles.
4. **Material de oficina**:
   - Folios.
   - Rotuladores negro, rojo y azul en buen estado.
   - Bolígrafos para todos los componentes del grupo.
   - Unos cuantos paquetes de notas adhesivas.
   - Una barra de pegamento de papel y celo.
   - Cinta adhesiva y chinchetas.

NOTAS

Algunas recomendaciones para los animadores de las prácticas de detección de anomalías

1

Primera

En la fase de formación en sala, se aconseja utilizar una exposición metodológica común en toda la compañía. También se aclararán las consignas de seguridad antes de salir al taller para observar la máquina.

2

Segunda

En la fase de observación del equipo en marcha se situará a todos los participantes del grupo en el exterior del perímetro de la máquina, vigilando la evolución de cada uno de ellos. Además, se les invitará a realizar fotos del «antes» sobre aspectos o anomalías muy destacadas (salpicados de líquidos, virutas, fugas, malos accesos, etc.).

3

Tercera

Tras parar la máquina se reagrupará a todos los participantes para comprobar que están equipados con medios de seguridad y etiquetas. Se esperará a que el encargado de mantenimiento asegure que la máquina está en disposición de observarse, ya parada, sin ningún tipo de riesgo en su manipulación, y se realizarán también fotos de interés del «antes».

NOTAS

4

Cuarta

Antes de poner nuevamente en funcionamiento la máquina conviene asegurarse de retirar las etiquetas de las partes móviles, situándolas en un croquis sobre un tablero apropiado al pie de la máquina.

5

Quinta

No se debe perder de vista que el objetivo es sensibilizar hacia la prevención y la autonomía a todos los participantes, con el fin de evitar fallos potenciales de las máquinas a través del hábito del *automantenimiento* y el mantenimiento programado.

6

Sexta

Durante la práctica es recomendable ir preguntando a los componentes del grupo si creen que tal o cual situación son normales o anormales, para fomentar su capacidad crítica.

NOTAS

7

Séptima

Siempre se dejará a los participantes redactar sus propias etiquetas de manera libre y con sus propios criterios, que solamente se podrán cambiar en el trabajo en sala.

8

Octava

En la fase de clasificación de etiquetas en sala también se les dejará hacerla según sus propios criterios, si bien se les puede ayudar si existen dificultades.

9

Novena

Se mantendrá el espíritu de trabajo en equipo y se evitará que cualquier participante se descuelgue por ir demasiado lento o rápido.

DESARROLLO DE LA PRÁCTICA

NOTAS

Selección de la máquina

Es conveniente realizar la acción sobre una máquina, instalación o equipo que nos permita **aprender** es decir, que se encuentre en estado y aspecto **degradado**.

Los factores más importantes que se deben considerar para realizar una práctica sobre una máquina piloto son:

- Que permita mostrar cambios importantes que nos motiven a repetir la experiencia.
- Que sea relativamente fácil mejorar el aspecto y estado de la máquina.
- Que obtengamos un respaldo de la organización para realizar la actividad.

Preparación de lo necesario

Lo primero que necesitamos hacer es preparar un **plan de seguridad de las personas** informando a los participantes sobre los riesgos y precauciones. Lo recomendable es que sea el responsable de mantenimiento quien dirija esta acción.

Además, es conveniente organizar un **entrenamiento previo** a través de una charla aclaratoria de la práctica o un vídeo de apoyo. También será necesario preparar un tablero que nos permita realizar la gestión visual de toda la práctica antes de comenzar.

NOTAS

A continuación, se debe planificar y distribuir el trabajo entre los participantes. También se prepararán los materiales y documentos necesarios para desarrollar la acción, de entre los que destacan las **etiquetas**:

El color verde (negro en esta imagen) identificaría las anomalías simples que pueden y deben ser corregidas por los operadores de producción. Una etiqueta roja (la gris de este ejemplo), en cambio, señala anomalías con más dificultad de resolución, que deben ser corregidas por los profesionales de mantenimiento.

Cada etiqueta deberá ser con doble papel autocopiativo (papel normal y papel fuerte), pues el original nos permitirá trabajar posteriormente en sala.

Paralelamente, a lo largo de la actividad, conviene hacer una serie de fotografías del «antes» de los elementos con peor aspecto, que servirán de comparación para observar el «después».

NOTAS

Por último, si se va a realizar una **jornada de las «5S»** es necesario preparar *in situ* (al pie de máquina) los elementos y herramientas de limpieza necesarios. Se explicará la forma de utilizar los productos químicos de limpieza, tanto para la seguridad de las personas como de las máquinas.

Identificación de anomalías

Tras observar la máquina en marcha durante unos treinta minutos ya podemos iniciar la **identificación de anomalías** y procederemos a describirlas sobre las etiquetas correspondientes, colocando una copia de estas al lado de las anomalías detectadas como se observa en las fotografías de abajo.

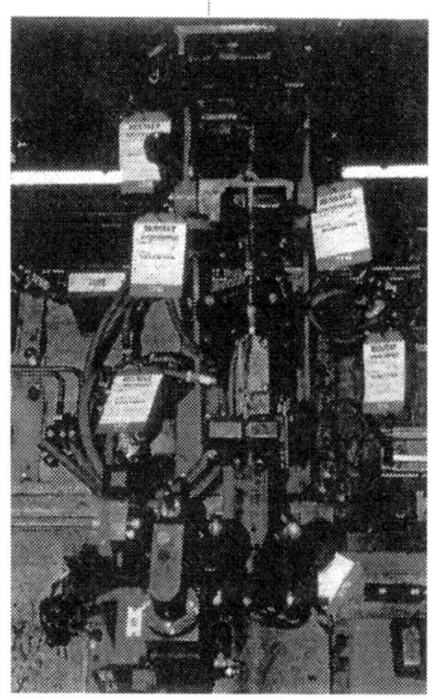

La persona que ha identificado la anomalía se guardará el cuerpo superior de la etiqueta original en el bolsillo.

Como, al finalizar la práctica, es necesario poner en marcha la máquina, es conveniente realizar un croquis de los

NOTAS

elementos móviles que van a impedir mantener colocadas las etiquetas.

En todo caso, se recomienda que el piloto o animador de la práctica controle la situación con ayuda de tabla similar a la que adjunto a continuación, dando a cada etiqueta el número que presente cada participante.

Línea								Máquina		
N.º etiqueta	Fecha denuncia	Equipo/Puesto	Índice de urgencia	Contenido de la etiqueta	Plan de acción	Resultado bueno o malo	2.º plan de acción	Resultado bueno o malo	Piloto	Plazo

Trabajo en sala

Cada participante extraerá de su bolsillo la copia de la etiqueta que colocó sobre la máquina para así leerla y explicarle al grupo la anomalía detectada, aclarando también por qué la identificó de un determinado color. Si el grupo lo considera oportuno, puede discutirle el color y, por mayoría, lograr cambiarlo. Este cambio se verá reflejado sobre la etiqueta mediante una cruz del color modificado.

Las etiquetas se clasifican en familias, siguiendo principalmente dos criterios: **tecnología** y **localización**:

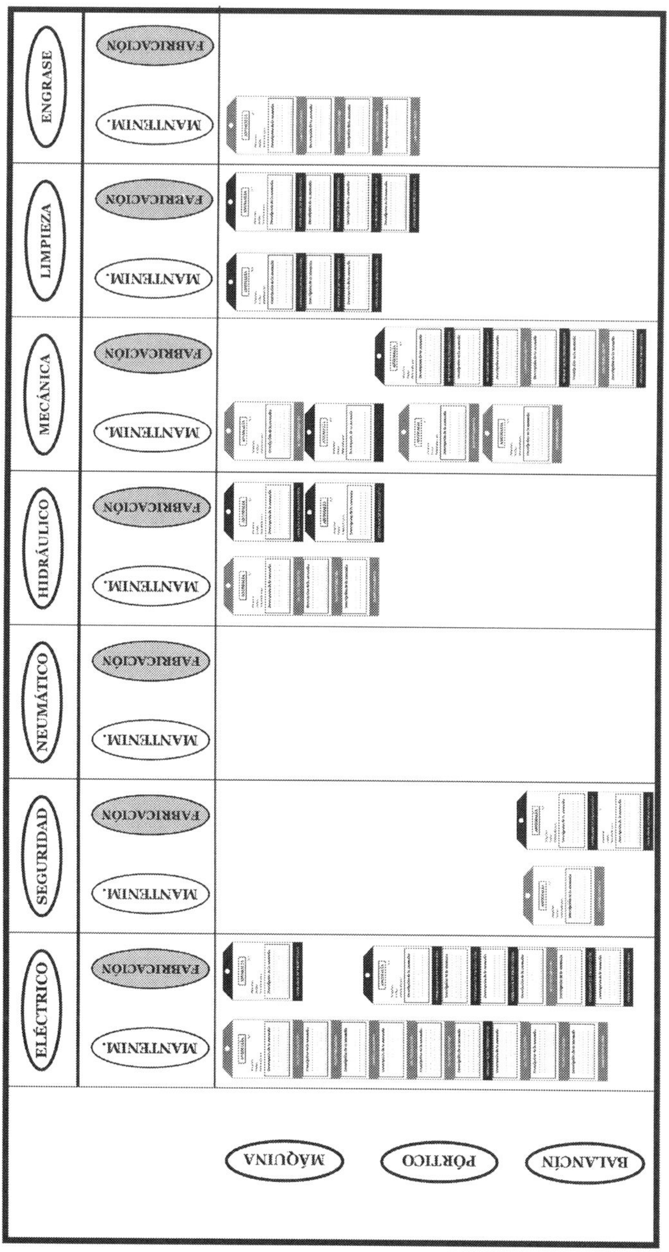
ENGRASE
LIMPIEZA
MECÁNICA
HIDRÁULICO
NEUMÁTICO
SEGURIDAD
ELÉCTRICO
MANTENIM.
FABRICACIÓN
MÁQUINA
PÓRTICO
BALANCÍN

NOTAS

NOTAS

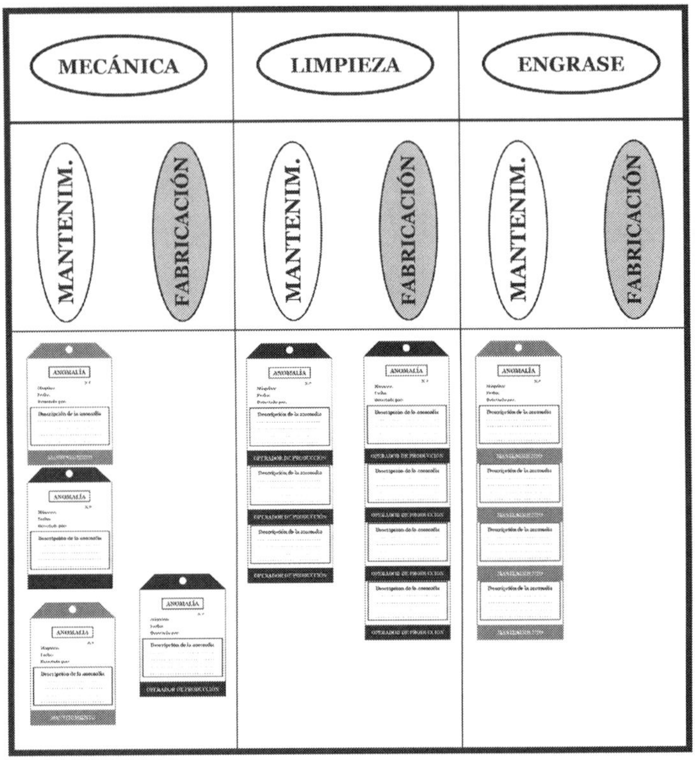

Además, como se observa más abajo, también podemos clasificar las etiquetas en cuanto al **plazo de realización** teniendo en cuenta la urgencia de la intervención:

- Si la intervención es **urgente** o **inmediata** se señalará con una «→».
- Si es **semanal** se señalará con una «S».
- Si es **mensual** se señalará con una «M».
- Si es **trimestral** se señalará con una «T».

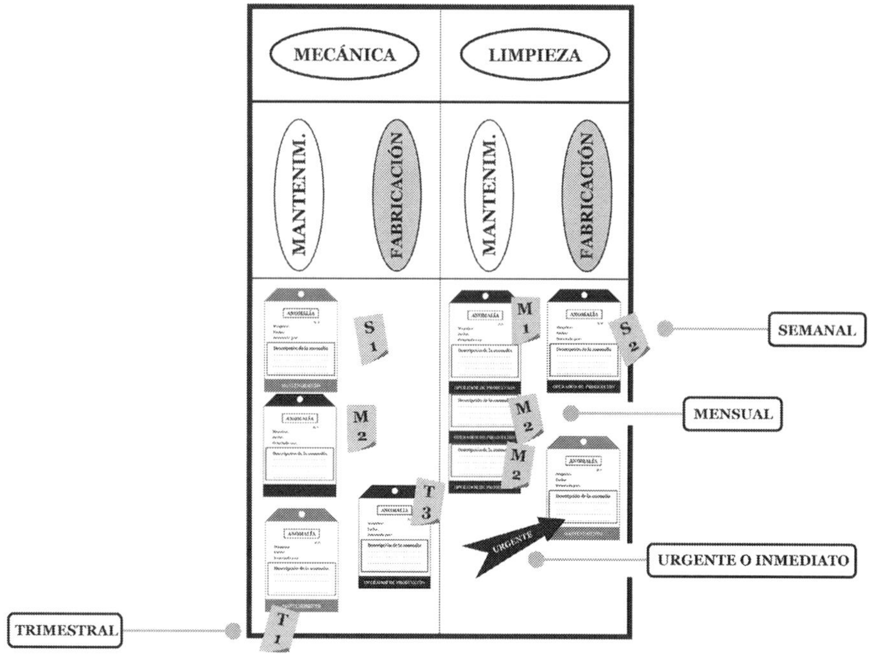

Por último, podemos hacer un **resumen** de las anomalías detectadas y de quién las va a resolver, de tal manera que pueda presentarse en el tablero a pie de máquina hasta la resolución total de las etiquetas:

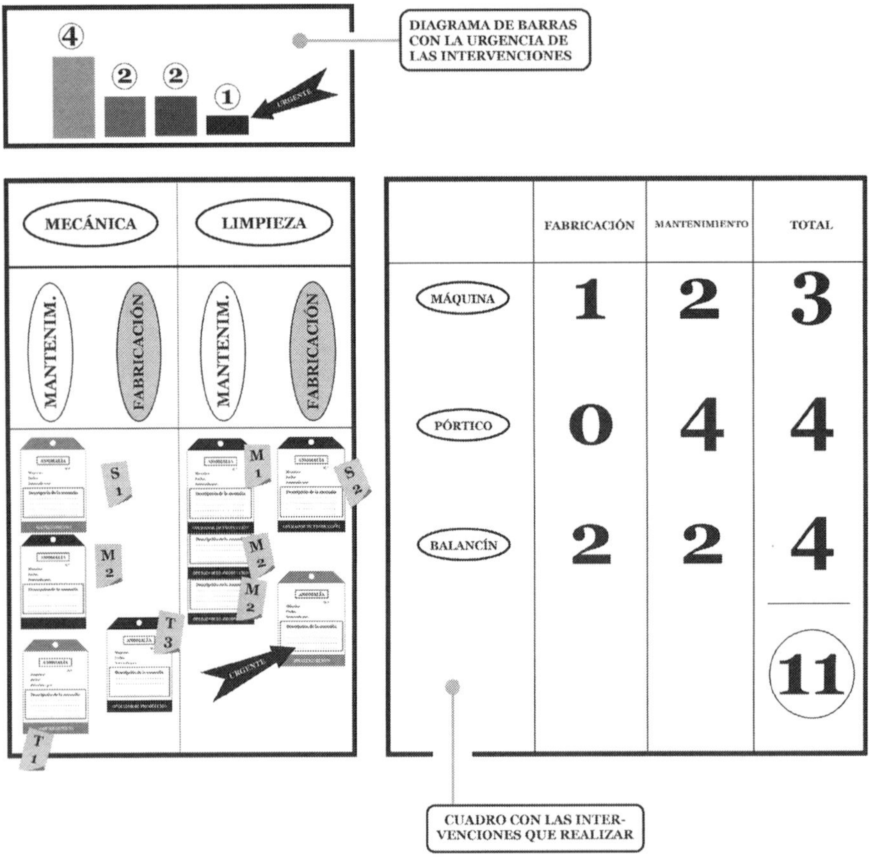

EJEMPLOS DE CHEQUEOS Y TAREAS QUE REALIZAR EN LAS ACTIVIDADES DE INSPECCIÓN Y DETECCIÓN DE ANOMALÍAS COTIDIANAS

A continuación describiremos, a modo de resumen, una serie ejemplos de chequeos y tareas que especialmente apropiadas para elaborar gamas y estándares de inspección:

MECÁNICA

NOTAS

- Verificar el estado superficial de las guías de deslizamiento.
- Detectar ruidos y holguras y colaborar en su corrección.
- Observar posibles holguras de bridas, mecanismos de transferencia, etc., aprovechando los cambios de útiles y herramientas.
- Observar el estado y cambiar, si procede, el pequeño utillaje de desgaste como casquillos guía, garras, bridas, etc.
- Verificar acoplamientos, juegos de rodamientos y todo tipo de fijaciones y ejes de transmisión.
- Asegurarse de que todas las fijaciones con tornillos están correctamente ensambladas y posicionadas, si procediese, y de que no hay tornillos flojos o rotos.

HERRAMIENTAS Y ÚTILES DE CONTROL

- Efectuar reglajes y preparaciones de útiles y herramientas.
- Realizar cambios de herramientas y utillaje a los frecuenciales establecidos.
- Conservar en buen estado los portaherramientas.
- Revisar el estado de palpadores y calibres, efectuando etalonados cuando proceda.

NOTAS

CIRCUITOS HIDRÁULICOS

- Verificar diariamente el nivel de aceite y rellenar los depósitos, si procediera, comprobando las causas y controlando consumos.
- Comprobar las presiones de todo el sistema hidráulico.
- Observar ruidos o calentamientos excesivos en la bomba del grupo hidráulico.
- Localizar fugas en todo el circuito (cilindros, válvulas, distribuidores, tuberías, etc.) y corregirlas, si es posible, o comunicar las anomalías a los profesionales de mantenimiento.
- Verificar la existencia de posibles vibraciones en la red o golpes de ariete y avisar a los profesionales de mantenimiento si es necesario.
- Reapretar los racores de unión y comprobar la buena fijación de los soportes de tuberías.

CIRCUITOS DE ENGRASE

- Verificar los niveles de aceite de engrase y rellenar los depósitos si fuera necesario.
- Comprobar las presiones de engrase sobre vasos lubricadores o atomizadores, reductoras, etc.
- Localizar fugas y corregirlas, si fuera posible.
- Asegurar la llegada de lubricante a todos los puntos de destino o aplicación.
- Observar fugas por uniones de tuberías, comprobando las fijaciones y corrigiéndolas, si fuese posible.

CIRCUITOS ELÉCTRICOS

NOTAS

- Mantener las puertas de los armarios cerradas.
- Quitar la tensión al finalizar la jornada, utilizando el seccionador general situado sobre el armario eléctrico.
- Comprobar las lámparas de señalización y cambiarlas si fuese necesario (test de lámparas).
- Observar el estado y posicionamiento correcto de los detectores y finales de carrera, limpiando y reglando si fuera necesario.
- Verificar el estado de las juntas de estanqueidad de los dispositivos eléctricos y cambiarlas si estuviesen deterioradas.
- Avisar a los servicios de mantenimiento si se observa cualquier anomalía en el ciclo de trabajo que no se pueda subsanar de inmediato.
- Verificar el estado general de las canalizaciones eléctricas de todo el circuito, así como el de las bandejas *portacables*.
- Hacer una limpieza exterior de los motores eléctricos y una revisión del estado de los ventiladores, comprobando consumo, ruidos extraños, calentamientos, etc.
- Mantener limpias y en buen estado las protecciones visuales de autómatas, lámparas de señalización, etc.

NOTAS

CIRCUITOS NEUMÁTICOS

- Verificar el estado general de las redes del circuito, los cilindros y los distribuidores, además de corregir las fugas, si existiesen, y reapretar los racores.
- Al final de la jornada de trabajo, cerrar la llave de paso general de aire comprimido.
- Realizar la purga de filtros semiautomáticos y manuales de los equipos de acondicionamiento.
- Comprobar diariamente el nivel de aceite en vaso del equipo acondicionador de aire.
- Limpiar los silenciadores de escape.
- Observar presiones en manómetros, reglando si fuera necesario.
- Comprobar el estado de los componentes del circuito neumático.

EQUIPOS DE MANUTENCIÓN Y DE ALIMENTACIÓN

- Verificar el estado general de los rodillos transportadores, comprobando holguras y ruidos extraños.
- Confirmar el funcionamiento uniforme de los mecanismos dosificadores.
- Revisar y corregir, si procediese, holguras y desgastes en las cadenas y cintas transportadoras.
- Observar ruidos y calentamientos anormales en el motor y los reductores.

NOTAS

(continuación...)

- Comprobar el nivel de aceite y la tensión de cadena.
- Verificar y realizar, si procede, la lubricación de piñones y cadenas de transmisión.

LIMPIEZA GENERAL

- Realizar una limpieza detallada de útiles de control, posicionamiento de piezas, *bridajes*, pasos de *transferización*, etc.
- Mantener el entorno de los puestos de trabajo y de las máquinas en perfectas condiciones de orden y limpieza, evitando todo tipo de salpicaduras de refrigerantes y virutas.
- Conservar en buen estado las protecciones fijas, móviles, de tipo fuelle, etc., y cambiarlas o repararlas si procede.

CAPÍTULO III
PRIMER PILAR: LA PLANIFICACIÓN DEL MANTENIMIENTO PREVENTIVO

INTRODUCCIÓN

NOTAS

Las averías y paradas son, en parte, difíciles de evitar aun en industrias con un mantenimiento preventivo y predictivo eficaz. Para una mejor acción se necesita, en primer lugar, un buen equipo de profesionales de reparación, así como otro equipo de mejora y *fiabilización* de máquinas e instalaciones productivas. Pero no debemos olvidar que, hoy en día, también es fundamental contar con **conductores de las instalaciones productivas** con un dominio total de los equipos, cuyo objetivo será identificar los fallos en primer nivel, diagnosticarlos y darles solución.

Además, en todos los casos, es conveniente disponer de un **histórico** que nos ayude a construir, de la forma más rápida posible, el mantenimiento preventivo más idóneo, como comentaremos a continuación.

HISTÓRICO DE LOS EQUIPOS Y MÁQUINAS: EL IMPACTO DE LA TECNOLOGÍA

La gestión de activos se ha beneficiado de la llegada de información a través de internet, aplicaciones informáticas, programas específicos, etc. Además, cada día está más extendida la cooperación por parte de los fabricantes de equipos y máquinas, presionados por los clientes o utilizadores de sus productos.

Así pues, hoy en día las organizaciones tienen a su disposición gran cantidad de datos sobre fallos y averías que, si bien no pueden ser exactos al cien por ciento, sí son de gran ayuda en nuestra tarea de elaborar un plan de mantenimiento preventivo idóneo para cada equipo, máquina o instalación.

NOTAS

No obstante, veremos que, si no disponemos de **históricos fiables**, seguiremos teniendo dificultades para construir estos planes en las plantas de producción.

ORGANIZACIÓN TÉCNICO-ADMINISTRATIVA

Nuestro objetivo es llevar a efecto un mantenimiento por averías y relacionarlo con la producción, así como informar de los trabajos efectuados y calcular los costes de reparación y de repercusión en la parada de los sistemas de producción. La información que obtengamos de todas estas actividades deberá formar un banco de datos e históricos de las máquinas.

En conjunto, todo esto es imprescindible para estudiar la evolución del mantenimiento preventivo. Para lograrlo, necesitaremos ayudarnos de una serie de **documentos** con seguimiento diario, manual o informático. Cada responsable de mantenimiento sabrá aprovechar al máximo estos documentos, pudiendo incluir otros auxiliares o eliminar algunos de ellos, según las dimensiones del servicio en concreto y los objetivos que se deseen alcanzar. De estos documentos básicos no nos vamos a ocupar en este manual.

NOTAS

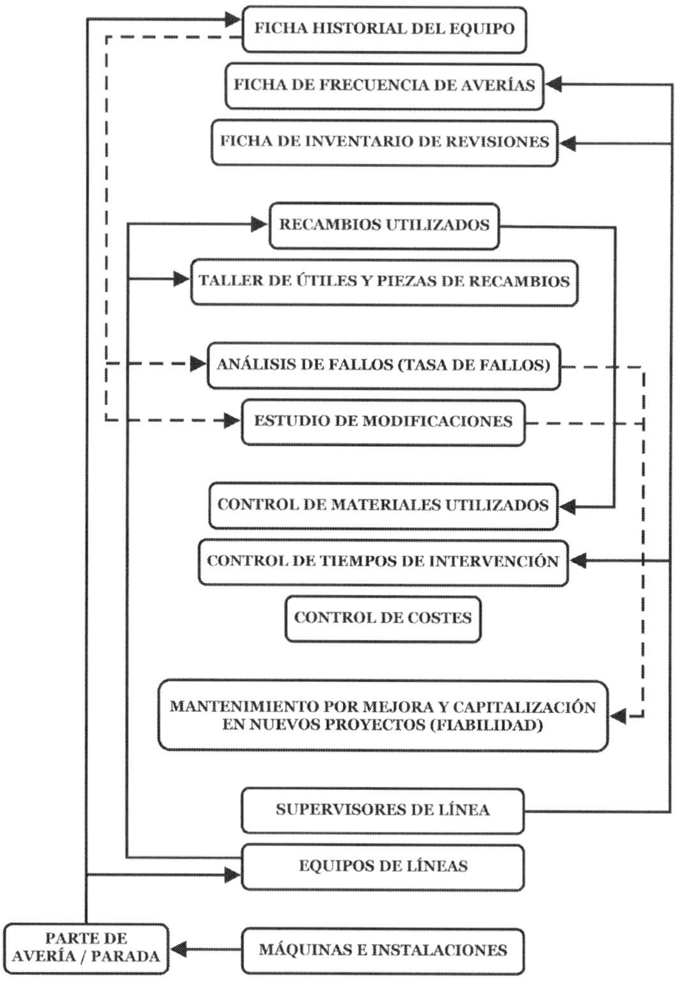
FICHA HISTORIAL DEL EQUIPO
FICHA DE FRECUENCIA DE AVERÍAS
FICHA DE INVENTARIO DE REVISIONES
RECAMBIOS UTILIZADOS
TALLER DE ÚTILES Y PIEZAS DE RECAMBIOS
ANÁLISIS DE FALLOS (TASA DE FALLOS)
ESTUDIO DE MODIFICACIONES
CONTROL DE MATERIALES UTILIZADOS
CONTROL DE TIEMPOS DE INTERVENCIÓN
CONTROL DE COSTES
MANTENIMIENTO POR MEJORA Y CAPITALIZACIÓN EN NUEVOS PROYECTOS (FIABILIDAD)
SUPERVISORES DE LÍNEA
EQUIPOS DE LÍNEAS
PARTE DE AVERÍA / PARADA
MÁQUINAS E INSTALACIONES

NOTAS

GESTIÓN DEL MANTENIMIENTO CORRECTIVO

Aquí podemos observar dos actuaciones básicas ante una detección de fallo o avería:

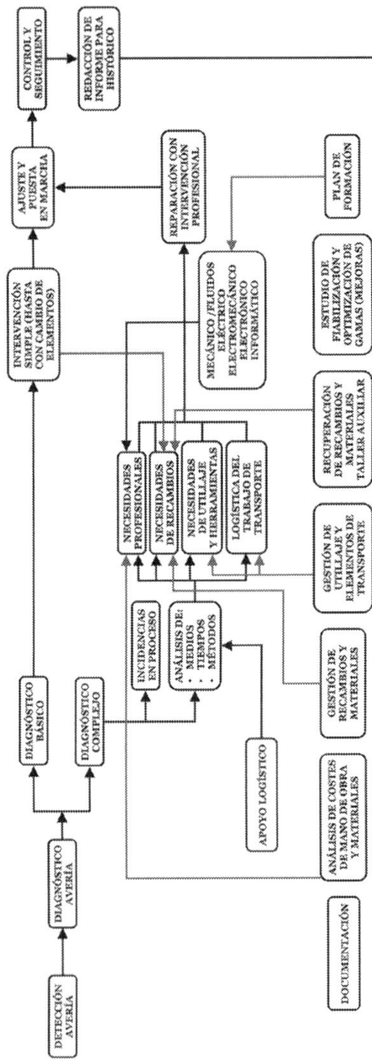

NOTAS

1

Diagnóstico básico de la avería

Normalmente lo lleva a cabo el operador de producción a través de una intervención simple, que puede llegar hasta un posible cambio de elementos. Suele requerir, por lo general, algún tipo de ajuste y puesta en marcha. Al terminar, se debe efectuar un informe para el histórico con el fin de realizar estudios de *fiabilización* y optimización de gamas de mantenimiento preventivo.

2

Diagnóstico complejo de la avería

Lo realiza un profesional de mantenimiento, quien, tras la intervención y puesta en marcha del equipo o máquina, deberá elaborar también un informe para el histórico, con el objetivo de dar visibilidad a los problemas y optimizar los planes de mantenimiento preventivo.

SUMINISTRO DE REPUESTOS

Hay casos en los que la reparación puede consistir en un simple ajuste o puesta a punto de algún componente o conjunto de la máquina afectada, sin necesidad de sustituir dicho elemento. Pero, en la mayoría de los ocasiones, tanto si la reparación es por rotura o desgaste como si es preventiva y predictiva, ha de reemplazarse el elemento averiado por uno nuevo, aunque el primero pueda ser recuperado o reconstruido.

NOTAS

En el reverso de la ficha de histórico de averías se puede llevar todo el histórico de consumo de recambios por mantenimiento correctivo de cada equipo afectado.

PLANIFICACIÓN DEL MANTENIMIENTO PREVENTIVO

ELABORACIÓN DE PLANES INDIVIDUALIZADOS

Si trabajamos con rigor en las actividades descritas estaremos preparados para conocer la «vida» de las piezas, componentes o conjuntos que conforman un sistema de producción, a pesar de que, en general, esta será incierta. Como adelantaba en el capítulo anterior, en la mayoría de los casos tan solo podemos aspirar a hacer una previsión subjetiva de su distribución de probabilidad-incertidumbre.

Para facilitar esta tarea, hemos de completar un historial y plasmarlo en una ficha, la cual puede estar integrada en un sistema GMAO (*Gestión del Mantenimiento Asistido por Ordenador*).

En esta ficha figurarán los datos técnicos y económicos de las diferentes intervenciones realizadas para reparar averías o intervenir sobre las anomalías detectadas tras inspecciones de mantenimiento preventivo o predictivo en cada máquina o equipo, así como los recambios que se han ido utilizando en todas las intervenciones.

De este modo, la vida de una pieza en horas de funcionamiento (esto es, su distribución de probabilidad) adoptará una de las tres formas características reflejadas a continuación:

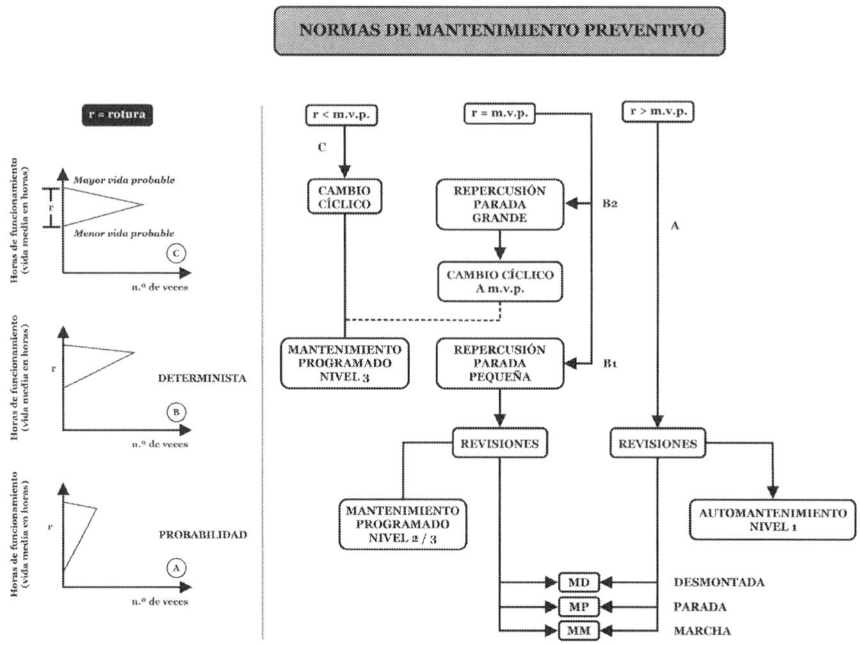

Según cada caso, actuaremos de la siguiente manera:

1 CASO A

El recorrido de la variable es muy pequeño, es decir, el fallo o rotura puede darse entre valores muy próximos entre la mayor y menor vida probable.

La ventaja que podemos obtener dejando que la pieza sobrepase su «menor vida probable» es muy pequeña frente al posible deterioro total al llegar el fallo. Nos interesa, por tanto, asignarle un tiempo de «vida» preestablecido y sustituirla cíclicamente. La forma de calcular esta vida dependerá de si nos encontramos en condiciones de incer-

NOTAS

tidumbre objetiva o subjetiva, ya que en este último caso el coeficiente de seguridad será mayor.

En ocasiones, incluso disponemos de buena información del fabricante del equipo en cuanto a la duración de los elementos o componentes, por lo que es fácil proceder a la sustitución cíclica. De no ser así, podemos utilizar las herramientas del mantenimiento predictivo para asegurar el ciclo de cambio tras su implantación y primeros controles.

2 CASO B

El recorrido de las variables debe ya tenerse en consideración si lo comparamos con la «menor vida probable». Es decir, la ventaja que podemos obtener si la sobrepasamos es grande, de modo que se pueden presentar dos casos:

1. Que la rotura de la pieza no ocasione daños adicionales.
2. Que la rotura de la pieza ocasione daños adicionales de consideración.

En el **primer caso**, no se debe establecer un ciclo de sustitución como en C, pero sí uno de revisión menor que la «menor vida probable», y una «vida» igual o menor que «la mayor vida probable», al menos para el cálculo de los *stocks* de repuestos.

En el **segundo caso**, sí debemos establecer un ciclo de sustitución de la pieza con un riguroso control de su predicción, siempre que esto sea posible.

NOTAS

Respecto a la incertidumbre, sigue siendo válida la observación hecha en el caso A.

3 CASO C

El recorrido de la variable es tan grande que cualquier previsión de la «vida» de la pieza resultaría inútil. En este caso, es necesario efectuar una vigilancia continuada sobre la actuación de dicha pieza por medio de revisiones muy frecuentes integradas dentro de las actividades que hemos denominado *automantenimiento*.

Con todo esto, llegamos a la conclusión de que nuestro **sistema de mantenimiento preventivo** ha de basarse en:

- **Cambios preventivos de piezas**:
  - Cíclicos (casos C y B-2).
  - Detectados por las revisiones (reparación).
- **Revisiones** clasificadas en cuanto al **tiempo**:
  - A largo plazo o aperiódicas.
  - Cíclicas (caso B-1).
  - Rutinarias (caso A).
- Y clasificadas también en cuanto al **modo**:
  - Con la máquina en marcha (MM).
  - Con la máquina parada (MP).
  - Desmontando (D).

Sobre estas líneas, estudiaremos y elaboraremos un sistema de mantenimiento preventivo de **revisiones** y **reparaciones**.

NOTAS

Tanto en el caso de sustituciones cíclicas como en el de revisiones y reparaciones programadas no previstas, las fases de intervención, ajuste o puesta en marcha y control son parecidas a las del mantenimiento correctivo.

El mantenimiento preventivo sistemático debe tener su base en una importante y bien organizada **logística** de apoyo para asegurar los medios y herramientas necesarios en las diferentes tareas programadas, por lo que es conveniente una buena planificación (véase el gráfico inferior).

De igual manera, este mantenimiento debería partir también de una buena **ingeniería de la fiabilidad**, que haga estimaciones correctas de la vida de los componentes y piezas. Esto facilitará, como adelantaba en capítulos anteriores, que no nos arriesguemos a tener una avería catastrófica en plena producción, pero tampoco que cambiemos piezas en excelente estado de funcionamiento.

Por ello, volvemos a resaltar la importancia de un **sistema de recogida de información** sobre todas las intervenciones de mantenimiento que permita obtener un buen historial de cada máquina o equipo.

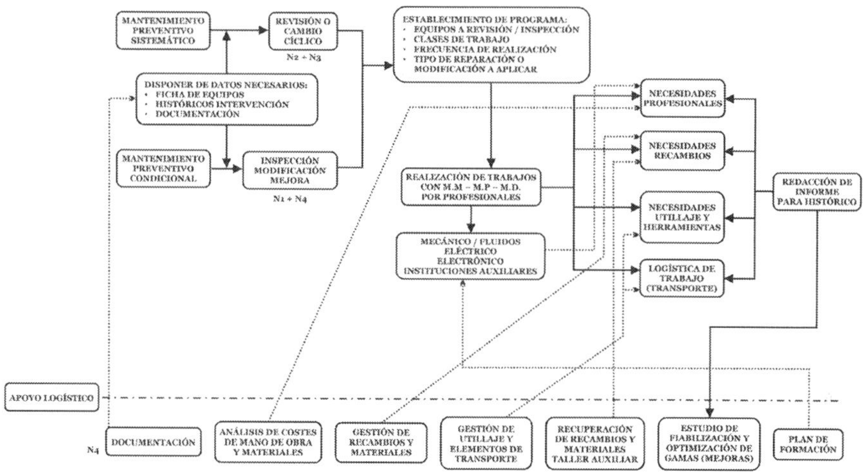

PREPARACIÓN DE UN PLAN DE MANTENIMIENTO PREVENTIVO (PMP) SOBRE EQUIPOS EXISTENTES

Con lo expuesto hasta ahora, concluimos que la gestión del mantenimiento preventivo desarrollado a través del *automantenimiento* y el mantenimiento programado está basada en la elaboración de un **plan de mantenimiento preventivo único** para cada equipo o instalación existente:

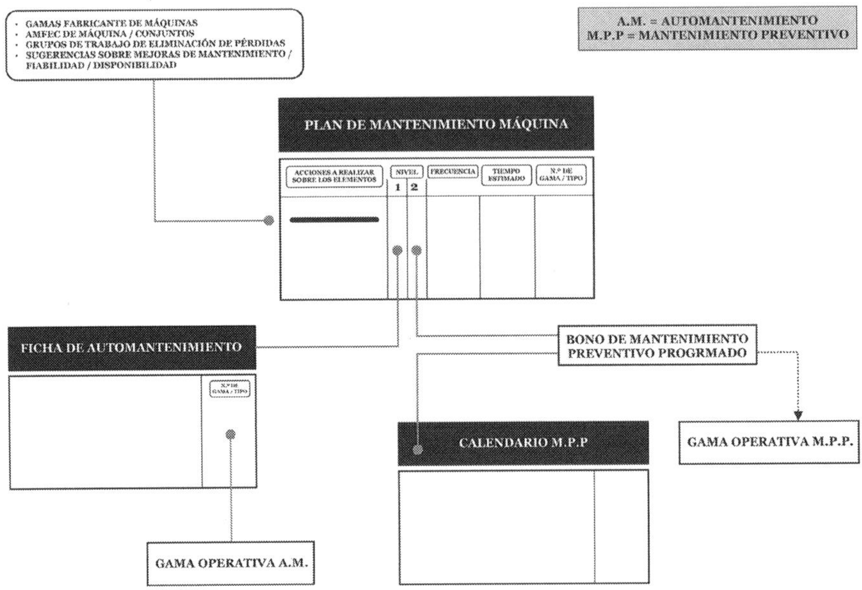

Este plan de mantenimiento se compone de:

- Una **lista exhaustiva** de todas las **acciones** necesarias que realizar en una máquina o instalación para mantenerla en su **estado de origen o de referencia**, en términos de limpieza, control, visitas de inspección, engrase, intervenciones de profesionales de mantenimiento, etc.
- Una **duración** prevista para realizar las tareas.
- Una **frecuencia** o periodicidad.
- Un **estado** de la máquina (en marcha o parada).
- Unos **valores límite** de ciertos parámetros, si estos existen en la acción.

NOTAS

(continuación...)

- Los **utillajes** necesarios para realizar la inspección.
- La **cantidad y referencia** de piezas de recambio necesarias, cuando el cambio es cíclico.
- Las **gamas y fichas** de las operaciones que realizar.
- Un seguimiento de **quién** las va a realizar (operador de fabricación o profesional de mantenimiento).

Abajo se muestra como ejemplo la hoja 2/5 de un plan de mantenimiento preventivo correspondiente a un robot ABB-6400 extraído de un sistema GMAO.

Este plan ofrece una visión global y concreta de todas las acciones previstas para una instalación determinada, a la vez que nos facilita hacer los enlaces esenciales entre los diferentes órganos o componentes de una máquina que deben cumplir con la misma función técnica. Así pues, es un documento que nos permite considerar a una máquina como un conjunto de funciones que deben cumplir una misión dada y no como un conjunto de componentes, por lo que se planifican acciones de diferentes especialidades con las mismas funciones y con la misma frecuencia.

Planta de...								(Logotipo de la compañía)		
Subconjunto	**Elemento**	**Acciones que realizar**	**Duración (min)**	**Periodicidad**	**Estado de las máquinas**	**Referencias piezas de recambio**	**Valores límite**	**Utillaje necesario**	**Gama n°**	**Técnico**
BAIE (cofre)	Lámparas señalización	Comprobar estado de lámparas de señalización	1 min	2 S	M.M.	Lámpara tipo		Visual	Ro-01	
BAIE (resistencia de frenado)	Ventiladores	Verificar funcionamiento correcto de ventiladores de las resistencias de frenado	1 min	1 S	M.M.			Visual	Ro-02	
Manipulador	Conducciones flexibles	Comprobar estado y sujeción de cables	2 min	4 S	M.P.			Visual	Ro-03	
Fecha de elaboración: 05/03/2024					Fecha de la última modificación: 16/03/2024					

Sistemas y estudios del mantenimiento preventivo

NOTAS

Estos son los datos y sistemas de documentación de los que debemos disponer cuando estamos poniendo en marcha un plan de mantenimiento preventivo:

1 Inventario de los equipos existentes

Su objetivo es conocer el número y las características y funciones de los edificios, la maquinaria y las instalaciones. Sea cual sea el equipo que se analice, la cantidad de datos que se podrían recoger es prácticamente ilimitada, por lo que es necesario hacer una selección de los que más interesan desde el punto de vista de su mantenimiento. En general, este documento recibe el nombre de «**ficha de vida**» de un equipo o máquina.

Hemos de emplear exclusivamente el método de ficha individual. Además, la identificación de cada equipo exige una **numeración o codificación** que, en general, debe coincidir con la de su ficha de características, si bien su posición en el fichero general de maquinaria puede determinarse tanto por su numeración correlativa como por la agrupación de equipos idénticos (tornos, fresadoras, etc.), o por su emplazamiento dentro de las líneas de producción.

En el gráfico de abajo se muestra un ejemplo de ficha de máquina correspondiente a una aplicación GMAO comercial.

2 Histórico de incidencias y paradas

Como segundo dato, hemos de disponer de todo el **historial de averías y paradas** que la máquina o instalación

NOTAS

ha tenido desde su implantación en fábrica, con su consiguiente **estudio de costes**, tanto en el apartado de mano de obra como en el de materiales utilizados.

3 Documentación técnica

Por último, necesitamos la documentación técnica más completa posible en lo que a **instrucciones de mantenimiento** se refiere. Estas vienen dictadas por el propio fabricante del equipo y se refuerzan con la experiencia, a través de normas de revisión o instrucciones de explotación internas.

Un ejemplo de un buen dosier de documentación de una máquina contendrá los siguientes apartados:

- Descripción detallada del equipo.
- Composición detallada y conexiones de todo tipo.
- Procedimientos relativos al funcionamiento del equipo:
  - Puesta en servicio.
  - Modos de marcha en automático a partir del pupitre general.
  - Modo de marcha en manual.
  - Ciclo de fabricación detallado.
  - Parada del equipo.
  - Consignas de utilización y seguridad.
- Procedimientos relativos a los sistemas:
  - Hidráulico.
  - Neumático.
  - Eléctrico-electrónico.
  - Engrase.

(continuación...)

- Otros procedimientos (cambios de útiles y herramientas, etc.).
- Lista de acciones preventivas:
  - Acciones de rutina.
  - Acciones de vigilancia.
  - Acciones sistemáticas.
- Lista de acciones curativas:
  - Ayuda al diagnóstico.
  - Precauciones que tomar en las intervenciones.
- Comprobación de fallos y problemas de calidad.
  - Intervenciones recomendadas ante fallos.
- Listado de posibles averías e incidentes y su tratamiento.
- Gamas de mantenimiento preventivo.
- Instrucciones para controlar e identificar piezas no conformes.

NOTAS

NOTAS

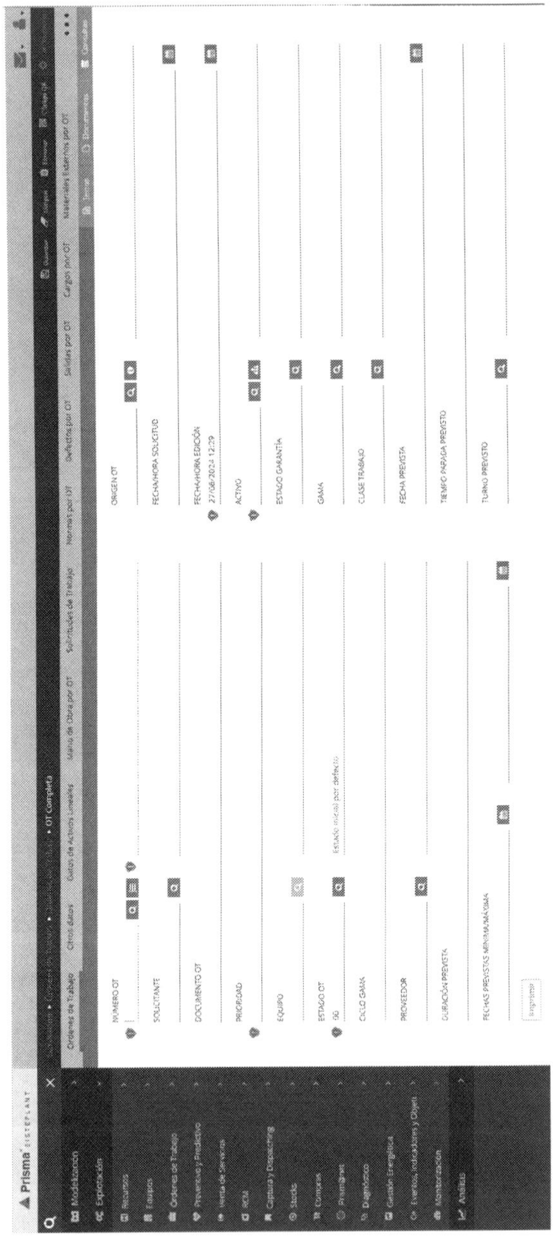

Foto cedida por cortesía y con autorización de Sisteplant (https://www.sisteplant.com)

NOTAS

COMPONENTES PARA LA CONSTRUCCIÓN DE UN PLAN DE MANTENIMIENTO PREVENTIVO

CONSTRUIR Y DETERMINAR LO QUE HAY QUE HACER

Así pues, una vez se den las condiciones básicas para que la producción pueda asumir y aplicar el mantenimiento sistemático de los equipos que explota (aplicación del *automantenimiento*), estaremos preparados para formar un grupo de trabajo entre mantenimiento, fabricación y métodos, y definir los contenidos técnicos precisos de un plan de mantenimiento preventivo.

A partir de este plan, se preparan las **fichas** y **gamas** del *automantenimiento* y del mantenimiento programado, con el fin de:

- Asegurar la conservación del estado de referencia de los equipos y la gestión de su evolución a corto plazo.
- Organizar la posibilidad de planificar la disposición de los equipos para aplicar eficazmente los programas de mantenimiento.

LAS GAMAS Y FICHAS DE MANTENIMIENTO

Podemos decir que una **gama** es la descripción paso a paso que necesitamos para realizar una **acción preventiva**. Muestra la forma de realizar esta acción de manera

NOTAS

cronológica e incluye los utillajes específicos necesarios, los valores de referencia, las consignas de seguridad, etc. (véase ejemplo en el gráfico III-12).

El detalle de su contenido se adapta a la cualificación profesional del personal que realizará las acciones, pudiendo llegar a esquemas, textos, fotos, etc.

GAMA DE MANTENIMIENTO PREVENTIVO	LÍNEA: MULTIPACK System MÁQUINA: ABB TIPO IRB S4-6400	N. º DE GAMA: R0-03 FECHA: 05/24

ELEMENTO / ÓRGANO /FUNCIÓN CABLES DE UTILLAJE / PINZA	NATURALEZA DE LA OPERACIÓN: COMPROBAR ESTADO Y SUJECIÓN DE CABLES DE UTILLAJE / PINZA	Frecuencia: 4 semanas

RESPETAR LAS CONSIGNAS DE SEGURIDAD

N. º	OPERACIÓN	PRODUCTO	UTILLAJE NECESARIO
1	REVISIÓN GENERAL DE CONDUCCIÓN MÓVIL DE CABLES DE ALIMENTACIÓN DE PINZA. OBSERVAR ROZADURAS EN CABLES, ESTADO DE FIJACIONES, ROTURA DE LA CONDUCCIÓN, FUGAS DE AIRE, ETC.		

ESQUEMA O FOTO ACLARATORIA

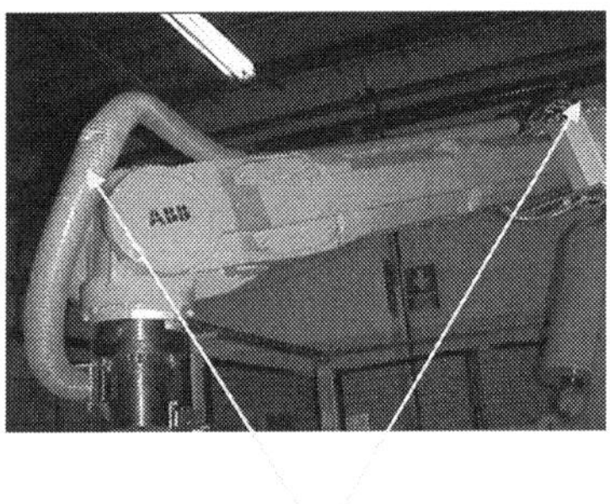

CONDUCCIONES – CABLES

RECURSOS NECESARIOS	FABRICACIÓN [X] MANTENIMIENTO [ ]	OTROS RECURSOS
TIEMPO PREVISTO ESTIMADO: 2 MIN	OBSERVACIONES: MÁQUINA PARADA	

NOTAS

Una **ficha de *automantenimiento***, por otra parte, es un soporte de trabajo (bono u orden de trabajo) que sirve de guía al operador de producción para realizar su nivel de intervención del mantenimiento elemental.

Constituye un reagrupamiento de acciones de *automantenimiento* que tienen la misma frecuencia (en general, diaria o semanal), extraídas del plan de mantenimiento preventivo, como podemos ver en el ejemplo que sigue a continuación:

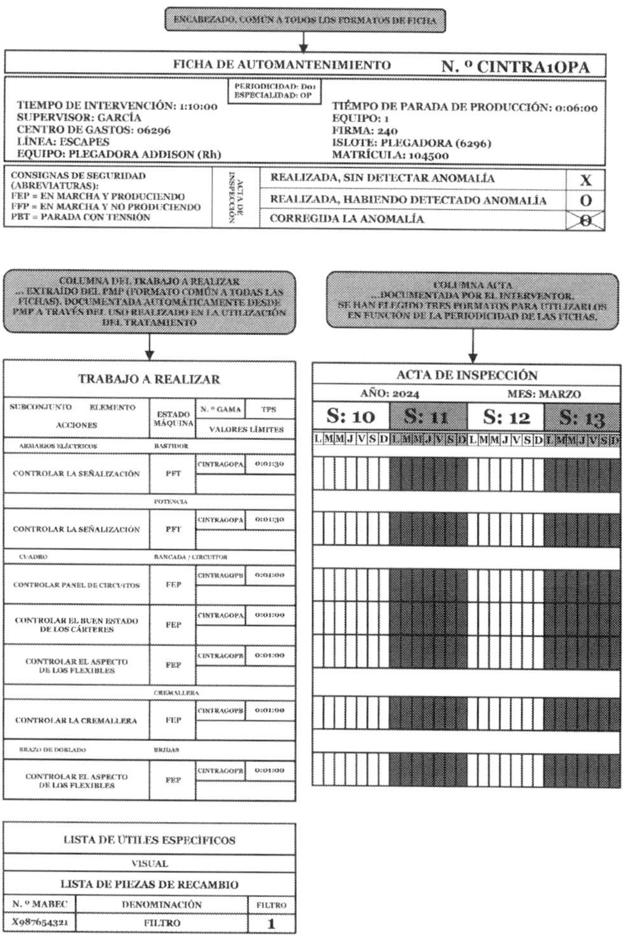

NOTAS

De manera similar, una **ficha de mantenimiento programado** es un soporte de trabajo que sirve de ayuda al profesional encargado de hacer las tareas relacionadas con este tipo de mantenimiento. Está constituida por un grupo de acciones de la misma frecuencia extraídas del plan de mantenimiento preventivo de una máquina. El reagrupamiento se debe hacer para obtener una buena planificación en el tiempo disponible de cada máquina (véanse los ejemplos siguientes).

ORDEN DE TRABAJO

N.º OT: 22879 **ESTADO: 0 (NO LANZADA)** **OT PADRE: 0**

FECHA PREVISTA: 20/03/24 FRECUENCIA: 17 S CONTADOR INTERVALO: 3.14 PRIORIDAD: 5

EQUIPO: 403991 **TB-K 2 OP20 ME-TRANSFER FRESADO+PLT** **NIVEL: 2**

SISTEMA: CARKXX MECANIZADO CARTER DE CILINDROS
ZONA: CARTK4 FUNCIÓN: 0755CART
LÍNEA MECANIZADO MANTENIMIENTO

INTERVENCIÓN: 4039912TMC **MTO. PREVENTIVO** **C. DE G.: 0755**

SUPERVISOR: 075500 – PEDRO PÉREZ HORAS PLAN.: 0.33 TURNO: 1
SOLICITUD INTER.: N.º PLAN: 1109 TIPO: 03 PREVENT. PROGRAMADO CLASE: 04

LEYENDA ESTADOS DE MÁQUINA		
	AHT	PARADA SIN TENSIÓN
	AST	PARADA CON TENSIÓN
	MEP	MARCHA EN PRODUCCIÓN
	MHP	MARCHA SIN PRODUCIR

INFORME DE REALIZACIÓN		
	X	REALIZADO SIN ANOMALÍAS
	O	REALIZADO, DETECTADA ANOMALÍA
	Ø	ANOMALÍA CORREGIDA

ACTIVIDADES PARA REALIZAR Y CONSIGNAS ESPECÍFICAS

RECURSOS NECESARIOS

RECURSO	DESCRIPCIÓN	N.º	N.º ACCIONES	HRS PLANIFICADAS	HRS REALIZADAS
0755TM	TÉCNICO DE MANTENIMIENTO	1	2	0.33	0.0

TRABAJOS QUE REALIZAR

CÓDIGO Y DESCRIPCIÓN SUBEQUIPO

ELEMENTO N.º	ACCIÓN GAMA	INFORME: X	UTILLAJE ESPECÍFICO	ESTADO	DURACIÓN
403991-P-00	P-12.1				
HUSILLO 1	REALIZAR M.P. KM o VIBRATORIO	☐			AST 0.16

NOTAS

ORDEN DE TRABAJO

N.º OT: 22879 **ESTADO: 0 (NO LANZADA)** **OT PADRE: 0**

EMPLEADOS UTILIZADOS

NÚMERO	NOMBRE	FECHA	HORA INICIO	HORA FIN	HRS REALIZ.

OBSERVACIONES:

FEEDBACK GENERAL			
	INICIO:	FIN:	VALOR CONTADOR:
FECHA:	01/01/25	01/01/25	
HORA:	0.00	0.00	0.00
TIEMPO DE PARO:			0.33
PÉRDIDA DE PRODUCCIÓN:			0.00

COSTO OT	
MATERIAL:	0.00
RECURSO:	0.00
DIVERSOS:	0.00
CORRECCIÓN:	0.00
TOTAL:	0.00

REDACTANDO UN PLAN DE MANTENIMIENTO PREVENTIVO

Un plan de mantenimiento preventivo exige una **programación estricta** en la que no debe quedar ningún cabo suelto que fuerce actuaciones improvisadas. De acuerdo con lo que hemos comentado en apartados anteriores,

NOTAS

los puntos de partida básicos para su construcción son los siguientes:

- Disponer de los datos necesarios.
- Establecer cuándo y cómo deben hacerse las inspecciones e intervenciones.
- Medir la eficacia del servicio de mantenimiento a través de indicadores.
- Conocer el coste de mantenimiento y su repercusión en el presupuesto de la empresa, así como su evolución, optimizando permanentemente el plan a lo «justo necesario».

De este modo, podemos decir que:

El **plan de mantenimiento preventivo (PMP)** es el documento base para la gestión de la prevención.

Agrupa todos los elementos relativos al mantenimiento preventivo (en su sentido más amplio) sobre una máquina o equipo de producción concreto. Permite, entonces, una **visión global y sintética** de todas las acciones y cuidados que se deben realizar.

Como adelantaba en apartados anteriores, a través de este documento la máquina o equipo en cuestión se considera como un **conjunto de funciones** que tiene que cumplir una misión determinada, en vez de entenderse como un conjunto de componentes. Esto permite establecer los lazos esenciales entre los diferentes órganos de la máquina que cumplen la misma función técnica.

NOTAS

Por ejemplo, si tenemos que efectuar (en el mismo subconjunto de una máquina) tareas de mantenimiento preventivo tanto mecánicas como eléctricas con periodicidades próximas que necesitan realizarse con la máquina parada durante un largo periodo de tiempo, agruparlas nos facilitará mucho el trabajo.

El objetivo del plan consiste, así pues, en facilitar el análisis del trabajo de mantenimiento mediante un acercamiento global a las funciones de las máquinas, aportando a la vez cierta perspectiva a la situación de trabajo diario, que permitirá dirigir la atención únicamente a aquellas cuestiones de importancia en el proceso.

EL CICLO PDCA EN LA CONSTRUCCIÓN DE UN PLAN DE MANTENIMIENTO PREVENTIVO

En el funcionamiento del plan de mantenimiento preventivo, debe existir un ciclo de progreso continuo basado en las etapas clave del **ciclo PDCA**, como se puede ver en el gráfico de más abajo:

1

Plan (planificar): determinar lo que hay que hacer.

- Construir el plan de mantenimiento preventivo.
- Construir las fichas u órdenes de trabajo del *automantenimiento* y del mantenimiento programado, y planificarlas en el tiempo.
- Construir las gamas.

NOTAS

2

Do (hacer): realizar el plan y tomar medida de los resultados.

› Ejecutar el contenido de las fichas de automantenimiento y de mantenimiento programado, con la ayuda de las gamas asociadas.

› Medir los resultados a través de indicadores, en términos de:

- Rendimiento operacional y disponibilidad propia.
- Porcentaje de actividad del preventivo y del correctivo.
- Porcentaje de realización de las fichas planificadas.
- Costes de mantenimiento (preventivo, correctivo, etc.).

3

Check (revisar): verificar los resultados y comprender las razones de los desvíos, si los hubiera.

› Analizar la adecuación entre:

- La evolución del rendimiento operacional y de la disponibilidad.
- La evolución del porcentaje de preventivo realizado en relación con el porcentaje del mantenimiento correctivo existente.
- La evolución del porcentaje de realización de las fichas planificadas.
- La evolución de los costes de mantenimiento.

4

Action actuar): estabilizar la mejora y establecer nuevas reglas de trabajo.

- Capitalizar lo que funciona limitándolo a lo justo necesario, lo cual constituirá una base para las máquinas y equipos de nuevos proyectos.
- Hacer evolucionar lo que funciona peor y actualizar el plan de mantenimiento preventivo, así como las fichas y las gamas (por ejemplo, cuestionándonos las frecuencias en relación con los informes de las fichas ejecutadas).

NOTAS

FUNCIONAMIENTO DEL PLAN DE MANTENIMIENTO PREVENTIVO

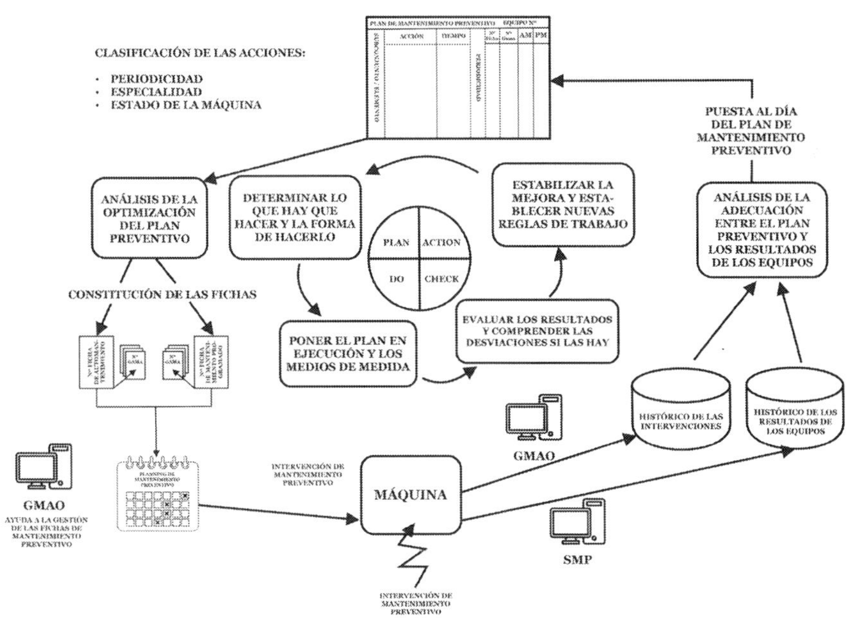

NOTAS

Cualquier inclusión o modificación de tareas o acciones de mantenimiento preventivo sobre una máquina debe gestionarse a partir del plan. Si nos limitamos a la puesta al día o a la actualización de las fichas, perderíamos la visión global que nos ofrece el plan.

Las repercusiones de esta pérdida de perspectiva siempre serán negativas:

- Se pueden olvidar acciones.
- Se pueden pasar por alto las relaciones existentes entre los diferentes órganos.
- Se pierde rápidamente la noción de carga de trabajo global generada.
- No se optimizan las intervenciones.

Esto hace incompleto el análisis y aumenta el riesgo de cometer fallos.

Por otra parte, la tarea de crear un plan de mantenimiento preventivo se rentabiliza rápidamente, aunque pueda parecer muy laboriosa al principio, pues permite disminuir de manera importante el trabajo necesario para introducir datos en los sistemas GMAO, ya que la arborescencia de los equipos y máquinas y la gestión del plan preventivo ya está realizada.

Además, el plan de mantenimiento es también una herramienta de mejora de los futuros equipos y máquinas, pues permite constituir una base de datos que puede utilizarse con otros equipos, sirviendo como referencia para los proveedores y servicios de ingeniería responsables de los futuros proyectos que tengan máquinas o equipos parecidos a los existentes.

NOTAS

Todo ello permitirá iniciar el **ciclo de progreso continuo**, lo cual capitalizará las acciones de prevención y evitará tener que reinventar el mantenimiento cada vez que surja un problema.

ELABORACIÓN DEL PLAN DE MANTENIMIENTO PREVENTIVO SOBRE EQUIPOS EXISTENTES

El plan de mantenimiento preventivo debe ser el resultado de un trabajo de grupo entre el mantenimiento, la fabricación y la ingeniería, basado en los contenidos técnicos precisos para el *automantenimiento* o el mantenimiento programado. Como ya hemos señalado, el objetivo es conservar el estado de referencia de los equipos y planificar su disponibilidad para aplicar los programas sobre ellos.

FASES DE DESARROLLO DE UN PLAN DE MANTENIMIENTO PREVENTIVO

Información y decisión del taller afectado

La elaboración de un plan de mantenimiento a nivel de un taller o línea de producción representa una tarea importante en cuanto a horas de trabajo, por lo que necesita una buena organización.

De este modo, es esencial que la elección de los equipos que deban tratarse sea fruto de una reflexión previa, a nivel del taller, sobre:

NOTAS

- La vida probable de los equipos y máquinas.
- La inversión que representan.
- Los costes de mantenimiento.
- El plan de producción previsto.
- Las ganancias esperadas por la aplicación del plan (aumento del rendimiento, mejora de la organización, disminución de los tiempos de mantenimiento, etc.).

Hay que pensar también en el posible uso del plan de mantenimiento preventivo para otras máquinas de características similares.

Constitución del grupo de trabajo

La elaboración del plan de mantenimiento debe ser el resultado de un trabajo de grupo que esté animado por un técnico del sector, al que se sumarán representantes de:

- Producción.
- Mantenimiento.
- Ingeniería.
- Calidad, logística, etc. (si fuera necesario).

Los representantes de estos servicios serán elegidos en función del conocimiento que tengan de los equipos y máquinas.

NOTAS

En suma, este trabajo en grupo debe permitir reunirse a los responsables citados alrededor de un documento único que haya sido elaborado por todos ellos.

Información del grupo de trabajo

La finalidad de la primera reunión es que el grupo entienda bien los objetivos del plan de mantenimiento preventivo y el trabajo que se le va a pedir (tareas entre sesiones, frecuencia de las reuniones del grupo, etc.).

Uno de los objetivos es animar a los participantes para que ellos mismos propongan las tareas que tendrán que realizar posteriormente para la puesta en marcha del plan.

Búsqueda de lo existente

Antes de comenzar el plan es necesario reagrupar todos los documentos existentes necesarios para su elaboración:

- Las fichas y gamas del mantenimiento preventivo existente.
- Los históricos de averías.
- Las recomendaciones del modelo preventivo del proveedor del equipo o máquina que sea preciso analizar.
- Los desgloses funcionales (documentos de proveedores, planos técnicos, etc.).
- Los AMFEC[1] que existan sobre la máquina o equipo.

1. Análisis de Modos de Fallos, Efectos y su Criticidad (N. del E.).

NOTAS

Esta búsqueda se repartirá entre los miembros del grupo y debe realizarse en dos reuniones de trabajo, como máximo, lo que permitirá hacer un balance de la situación documental que haya sobre el equipo en cuestión (comprobación de las puestas al día de las últimas modificaciones o evoluciones, etc.).

Desglose del equipo o máquina en funciones y subconjuntos

Hacer un desglose es fundamental para la elaboración del plan de mantenimiento preventivo, pues permitirá establecer enlaces entre los diferentes subconjuntos y elementos del equipo que cumplan una misma función técnica. Con esto, las acciones del plan podrán garantizar el buen cumplimiento de todas las funciones del equipo previstas y no solamente las más visibles.

Por ejemplo, no hay que olvidar que un puesto de carga en una máquina asegura no solamente la función de manutención de la pieza, sino también la de colocación o referencia. Las acciones preventivas que garanticen su cumplimiento correcto pueden ser muy diferentes en términos de naturaleza y de frecuencia.

El desglose funcional del plan será, por lo tanto, la única garantía de que se entenderá bien el funcionamiento y la evolución del mantenimiento preventivo del equipo. Esto permitirá seguir los «efectos» de estas acciones sobre el comportamiento de los equipos o máquinas que se hayan estudiado, así como su actualización con la máxima eficacia en el caso de producirse modificaciones. Por consiguiente, será preciso utilizar también el desglose funcional existente: documentos de proveedores, planos técnicos, AMFEC, etc.

En conjunto, el desglose efectuado será operacional y deberá ser entendido y aceptado por todos los participantes en las reuniones.

NOTAS

Documentación del guion estándar del plan de mantenimiento preventivo

Se trata de incluir en el plan toda la información del mantenimiento preventivo sobre el equipo que se haya recopilado a partir de lo que existe, subconjunto por subconjunto, conforme al desglose efectuado anteriormente.

Sobre todo, habrá que buscar las informaciones que faltan para documentar cada una de las columnas: acción que sea preciso efectuar, tiempo previsto, periodicidad, estado de la máquina, valores límite, utillaje y cambio de piezas cíclico.

Análisis y consolidación de la información

Esta fase consiste en recoger los conocimientos adquiridos por la experiencia del personal de producción y de mantenimiento, lo que permitirá establecer si son coherentes las acciones preventivas que se hubieran aplicado respecto a las averías y los problemas previsibles tomando en consideración su historial.

NOTAS

<table>
<tr><td colspan="2">ESTADO DE LOS EQUIPOS / MÁQUINAS Y OPINIONES DE OPERARIOS / PROFESIONALES / TÉCNICOS</td><td>FECHA:</td></tr>
<tr><td>PUESTO DE TRABAJO:</td><td>LÍNEA:</td><td>OPERARIO: ☐
PROFESIONAL: ☐
TÉCNICO: ☐</td></tr>
<tr><td>INDIQUE LOS PRINCIPALES PROBLEMAS QUE OBSERVA EN SU PUESTO DE TRABAJO Y QUE DAN LUGAR A AVERÍAS O FALLOS EN LAS MÁQUINAS Y EXIGEN ALARGAR LAS INTERVENCIONES.</td><td colspan="2"><u>[1] AVERÍAS MÁS FRECUENTES E IMPORTANTES</u>

ASPECTOS DE MEJORA:</td></tr>
<tr><td rowspan="3">INDIQUE LAS IDEAS QUE TENGA PARA MEJORAR SU PUESTO DE TRABAJO EN LOS SIGUIENTES ASPECTOS:
• CALIDAD
• AVERÍAS
• FALTA DE MEDIOS</td><td colspan="2"><u>[2] PROBLEMAS DE CALIDAD MÁS FRECUENTES:</u>

ASPECTOS DE MEJORA:</td></tr>
<tr><td colspan="2">FRECUENCIA APROXIMADA QUE SE DA EN [1] MIN. / HORAS / DÍAS
DURACIÓN APROX. EN CADA INTERVENCIÓN DE [1] MIN. / HORAS / DÍAS

FRECUENCIA APROXIMADA QUE SE DA EN [2] MIN. / HORAS / DÍAS
DURACIÓN APROX. EN CADA INTERVENCIÓN DE [2] MIN. / HORAS / DÍAS</td></tr>
<tr><td colspan="2">FALTA DE MEDIOS (DOCUMENTACIÓN, RECAMBIOS, FORMACIÓN LIMPIEZA, 5S, ETC.:</td></tr>
</table>

En ese momento, con el grupo reunido, habrá que analizar y consolidar las acciones preventivas ya existentes, subconjunto por subconjunto. Los objetivos son los siguientes:

NOTAS

1 Suprimir las acciones repetitivas

Las acciones repetitivas deben eliminarse.

2 Modificar las acciones que se han quedado obsoletas

Normalmente, por las evoluciones que se hubieran producido sobre el equipo que sea preciso estudiar o el producto que se vaya a fabricar.

Por ejemplo: colocar protecciones transparentes en la máquina que permitan al operario efectuar controles con la máquina en funcionamiento y que, una vez abiertas, pueda intervenir el mecánico de mantenimiento en lo que considere oportuno.

3 Añadir acciones nuevas

A partir de un análisis del histórico de la averías, insistiendo en la búsqueda de causas. Este apartado es el más importante, por lo que lo estudiaremos con detalle próximamente.

Por ejemplo: efectuar un control diario del nivel de la central de engrase tras aparecer un problema de calidad como consecuencia de haber interrumpido la lubricación de la máquina.

NOTAS

Reparto de las acciones: *automantenimiento* (AM) y mantenimiento programado (MP)

Llegados a este punto habrá que revisar, en una reunión de grupo, cada una de las acciones del plan de mantenimiento preventivo y determinar el nivel que se haya exigido y la especialidad que es necesaria para realizar cada acción.

Se trata de asignar las tareas a las personas que puedan realizarlas con más facilidad diariamente, a fin de mantener el equipo en su estado de referencia.

Para ello, habrá que determinar, respecto a la cualificación de los intervinientes, si la acción necesita, o no, una **gama operativa**, dependiendo de su complejidad. En el caso de las acciones de ***automantenimiento*** las gamas son imprescindibles. En el caso de las de **mantenimiento programado**, en cambio, son optativas y se realizarán en función de las necesidades (habrá que asegurarse de que las acciones se realicen de la misma forma, independientemente de la persona que las lleve a cabo).

Se documentarán, así pues, las columnas gama de O/N, AM, MP y especialidad.

En el caso de que una acción necesite varios intervinientes por razones técnicas o de formación (mejora de la tecnicidad del personal), habrá que tener en cuenta el **código de la especialidad**, como por ejemplo: electromecánico + operario (EO).

NOTAS

Datos informáticos del plan de mantenimiento preventivo

Con el fin de preparar las fichas, a partir del plan de mantenimiento preventivo, es necesario recoger informáticamente los datos en el modelo estándar del plan, tal y como hemos señalado anteriormente.

ELABORACIÓN DE FICHAS Y GAMAS Y DEL *PLANNING* ASOCIADO

Elaboración de las fichas de mantenimiento preventivo (AM y MP)

Después de haber realizado el plan de mantenimiento preventivo, es el momento de crear los documentos operacionales oportunos:

- Los **soportes de trabajo** (ficha u orden de trabajo), que servirán al departamento de producción para efectuar el *automantenimiento* o al profesional para realizar el mantenimiento programado. Abajo adjunto unos gráficos basados en un modelo extraído de un GMAO.
- El ***planning*** de realización ligado a estas fichas.

NOTAS

MADVAL ENGINEERING	OT Nº: 503577	FECHA DE EDICIÓN: 24/07/2024	PG. 01

MÁQUINA: 1103CT1-CINTA LLENADO PULPER MC1
CENTRO: 11 - CIRCUITO CABEZA MC1
ZONA: 11 - CIRCUITO CABEZA MC1

PRIORIDAD: 0
CL. TRABAJO: P1 PREVENTIVO REVISIONES
SUBCONTRATA:

GAMA: 6-CT-01 - REVISIÓN SEMESTRAL CINTAS LLENADO PULPER — PARADA PREVISTA: 0.00

NORMAS — EST.

ESTADO RODAMIENTO MOTOR
- COMPROBAR ESTADO RODAMIENTO MOTOR (RUIDO, VIBRACIONES, TEMPERATURA...).

ESTADO REDUCTOR
- COMPROBAR ESTADO REDUCTOR (RODAMIENTOS, RETENES, HOLGADURA EJES, RUIDO, VIBRACIÓN, FUGAS, ETC.).

ESTADO POLEAS
- COMPROBAR ESTADO POLEAS (HOLGADU-RAS EN EJE, DESGASTE CABEZALES, LIM-PIEZA, ETC.).

ESTADO RODILLOS CINTA TRANSPORTADORA
- COMPROBAR ESTADO RODILLOS EN AMBOS LADOS DE CINTA (GIRO, RODAMIENTOS, TABLA, LIMPIEZA, ETC.).

COLOCAR INDICADOR OPERARIO TRABAJANDO
- COLOCAR INDICADOR OPERARIO TRABAJANDO Y RETIRARLO AL ACABAR

ESTADO RODILLO INF. CINTAS TRANSPORTADORA
- COMPROBAR CON CINTA PARADA ESTADO RODILLO INFERIOR QUITANDO TAPA FOSO (RODAMIENTOS, LIMPIEZA, ETC.).

ESTADO CARTOLAS Y REFUERZOS
- COMPROBAR ESTADO CARTOLAS Y REFUERZOS

OPERARIO	H. INICIO	H. FIN	T. HORA

MATERIAL

CÓDIGO	DENOMINACIÓN	CANT.	ALM.	EST.

OFICIOS	CANT.	T. PREV.
MECÁNICO	1	0.45

HERRAMIENTAS	T. PREV.

OBSERVACIONES

Vº Bº — FECHA

Será necesario simular la carga del mantenimiento preventivo sobre los equipos del taller a partir del plan que hemos construido (como se aprecia en el ejemplo de la siguiente tabla, correspondiente a una línea de mecanizado de cigüeñales). La finalidad es optimizar el tiempo global provisional para realizar las acciones siguientes:

- Agrupar acciones con la misma periodicidad.
- Agrupar acciones por oficio.
- Agrupar acciones por comparación con la disponibilidad de los equipos.
- Tener en cuenta las condiciones de accesibilidad al interior de la máquina y agrupar las acciones que requieren una apertura larga de protecciones.
- Realizar las fichas con una duración que se adapte a la organización (de diez minutos máximo por turno para el *automantenimiento* y de dos horas para el mantenimiento preventivo), de forma que se asegure su realización en una sola jornada laboral.

NOTAS

MÁQUINA	1	2	3	4	5	6	7	
ME-414		0.43		1.00		0.43		1.86
TN-376			1.33		1.58		1.33	4.24
ME-424				0.96	0.22			1.18
ME-425	0.85				0.85		0.85	2.55
*T. SEMANAL	0.85	0.43	1.33	1.96	2.65	0.43	2.18	9.83

EL MANTENIMIENTO PREVENTIVO DE MANUTENCIONES DE CARGA / DESCARGA DE CADA MÁQUINA ESTÁ ASOCIADO AL MANTENIMIENTO PREVENTIVO DE CADA MÁQUINA.

*TIEMPO DE SOLAPADO. MANTENIMIENTO MECÁNICO, ELÉCTRICO Y AUTOMANTENIMIENTO. CON INTERVENCIÓN DE UN OPERARIO POR ESPECIALIDAD.

NOTAS

Elaboración de las gamas de mantenimiento preventivo (AM y MP)

Como hemos señalado antes, las gamas describen el modo de operar, paso a paso, para realizar las acciones de mantenimiento. Es importante formalizarlas ya que, además de permitir su mejora a través de la evolución del contenido, también hará posible:

- **Normalizar la forma de llevar a cabo los controles**, las medidas y las acciones de prevención, sea quien sea quien las haga.
- Asegurar la buena realización de las acciones de prevención en caso de movilidad del personal.

De nuevo, debemos recordar que las gamas son imprescindibles cuando se trata de acciones de *automantenimiento*, pero son opcionales cuando se trata de mantenimiento programado, en cuyo caso se valorará su necesidad.

Su contenido deberá adecuarse al personal que realice la acción y se comentará con él (localización y descripción de los esquemas, textos y fotos, etc.). Se utilizarán las gamas o los manuales técnicos elaborados por los proveedores y fabricantes de los equipos, así como sus modos de funcionamiento. Además, se crearán todas las gamas que se juzguen necesarias y se agruparán en una carpeta plastificada al pie de máquina.

Implantación de las primeras fichas y gamas y validación por parte de los realizadores

NOTAS

La primera cumplimentación de las fichas y gamas tiene por objeto verificar la fiabilidad y factibilidad de las acciones con aquellas personas que las vayan a realizar, así como recoger sus comentarios sobre la oportunidad, o no, de los tiempos que se hayan estimado, de los útiles recomendados y de la reagrupación de acciones que se haya realizado.

Después, el grupo de trabajo celebrará una reunión de balance durante la que se corregirán el plan de mantenimiento preventivo, las fichas y las gamas, si fuese necesario.

Validación por parte de la jerarquía

El grupo realizará una presentación del plan de mantenimiento preventivo, de las fichas y de las gamas realizadas, a los jefes de taller de producción y de mantenimiento, y que además refleje la distribución de la carga de trabajo correspondiente.

Ellos validarán el *planning* de utilización de los equipos y de los recursos, y se comprometerán a cumplir con los siguientes puntos:

- Dejarán el tiempo necesario al personal para realizar el trabajo definido en las fichas.
- Los animarán para que el trabajo se realice conforme a lo reflejado en las fichas.
- Promoverán la realización del bucle de optimización del plan de mantenimiento preventivo.

NOTAS

Extender el estudio hacia otras máquinas de la misma familia

Una vez que el plan, las fichas y las gamas se han validado para un equipo, es preciso valorar la posibilidad de extender todo el procedimiento a otros de la misma familia, teniendo siempre en cuenta las condiciones de utilización que puedan diferir.

Conviene ayudarse de un cuadro que permita contemplar todos los subconjuntos de una misma familia de equipos o máquinas sobre los que se efectúen las mismas acciones de mantenimiento.

EXPLOTACIÓN DEL PLAN DE MANTENIMIENTO PREVENTIVO

Es necesario elaborar un modo de explotación o funcionamiento eficaz, tanto del *automantenimiento* como del mantenimiento programado, tal y como se puede observar en la figura siguiente:

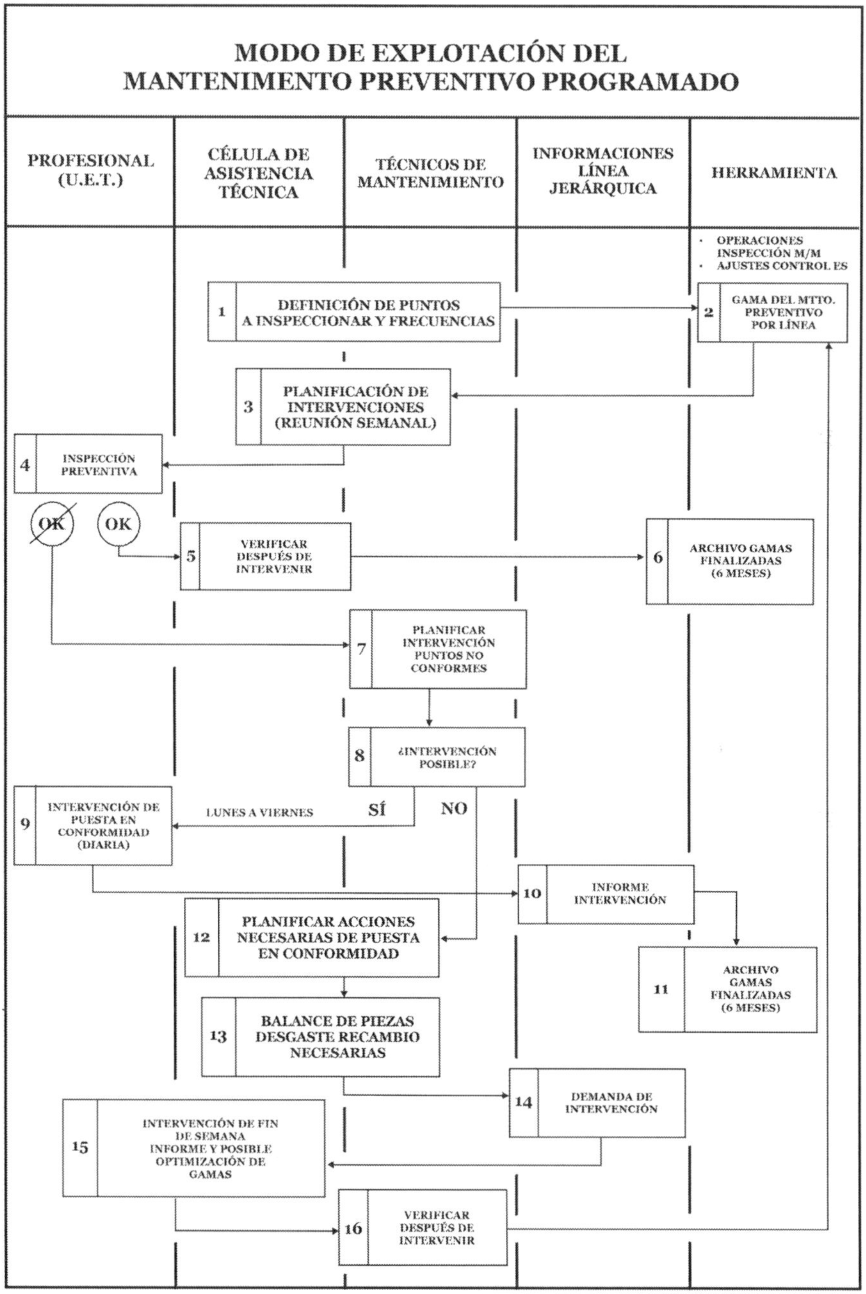
MODO DE EXPLOTACIÓN DEL
MANTENIMIENTO PREVENTIVO PROGRAMADO
PROFESIONAL (U.E.T.)
CÉLULA DE ASISTENCIA TÉCNICA
TÉCNICOS DE MANTENIMIENTO
INFORMACIONES LÍNEA JERÁRQUICA
HERRAMIENTA
· OPERACIONES INSPECCIÓN M/M
· AJUSTES CONTROLES
1 DEFINICIÓN DE PUNTOS A INSPECCIONAR Y FRECUENCIAS
2 GAMA DEL MTTO. PREVENTIVO POR LÍNEA
3 PLANIFICACIÓN DE INTERVENCIONES (REUNIÓN SEMANAL)
4 INSPECCIÓN PREVENTIVA
OK
OK
5 VERIFICAR DESPUÉS DE INTERVENIR
6 ARCHIVO GAMAS FINALIZADAS (6 MESES)
7 PLANIFICAR INTERVENCIÓN PUNTOS NO CONFORMES
8 ¿INTERVENCIÓN POSIBLE?
9 INTERVENCIÓN DE PUESTA EN CONFORMIDAD (DIARIA)
LUNES A VIERNES
SÍ
NO
10 INFORME INTERVENCIÓN
11 ARCHIVO GAMAS FINALIZADAS (6 MESES)
12 PLANIFICAR ACCIONES NECESARIAS DE PUESTA EN CONFORMIDAD
13 BALANCE DE PIEZAS DESGASTE RECAMBIO NECESARIAS
14 DEMANDA DE INTERVENCIÓN
15 INTERVENCIÓN DE FIN DE SEMANA INFORME Y POSIBLE OPTIMIZACIÓN DE GAMAS
16 VERIFICAR DESPUÉS DE INTERVENIR

NOTAS

Las fases de explotación son las que se detallan a continuación.

Ejecución de los trabajos

Los profesionales de la producción y el mantenimiento efectúan, durante esta fase, los trabajos descritos en las fichas con la ayuda de las gamas y respetando el *planning*, con el fin de aportar las atenciones necesarias para el mantenimiento del estado de referencia de los equipos y máquinas.

Registro de los históricos de intervenciones y de anomalías

Es importante constituir el banco de datos redactando los informes de las intervenciones y recogiendo la información correspondiente de los resultados, así como buscando las causas precisas de cada fallo o de cada anomalía detectada.

Puesta al día del plan de mantenimiento preventivo

La puesta al día del plan debe realizarse después de un periodo de estabilidad de aproximadamente un año de duración, durante el cual se han debido ejecutar las fichas y las gamas.

En este punto, a partir del análisis de los informes de datos históricos, se investigarán:

- Los campos de averías no cubiertos por el plan, destacando los subconjuntos que han causado más paradas y las acciones preventivas llevadas a cabo sobre ellos.
- Las intervenciones demasiado frecuentes, para buscar el mantenimiento preventivo mínimo necesario.

NOTAS

Además, el plan de mantenimiento permitirá llegar a la mejora de las competencias de todo el personal. Esto es posible censando las competencias necesarias para realizar las acciones de mantenimiento preventivo, comparándolas con las existentes y construyendo un plan de formación para alcanzar la polivalencia deseada, como veremos en el capítulo correspondiente.

CAPÍTULO IV
SEGUNDO PILAR: LA CONSTRUCCIÓN Y OPTIMIZACIÓN DE UN PLAN DE MANTENIMIENTO PREVENTIVO EN BASE A LA FIABILIDAD Y SUS HERRAMIENTAS DE APOYO

INTRODUCCIÓN

NOTAS

Una vez que hemos comprendido cómo planificar el proyecto de mantenimiento preventivo, lo ideal es conseguir ponerlo en marcha al **coste mínimo**, es decir, llegar a una eficacia máxima en el funcionamiento de los sistemas con una carga de trabajo mínima que sea compatible con los costes previstos.

Un plan de mantenimiento preventivo **óptimo** propone criterios objetivos de elección de tareas relacionando los costes con los riesgos que se hayan tomado. El objetivo será escoger entre una de estas opciones:

- Mantenimiento preventivo sistemático.
- Mantenimiento preventivo condicional.
- Mantenimiento de mejora (con modificaciones).
- Mantenimiento correctivo.

Así pues, podemos elegir realizar, por ejemplo, un mantenimiento correctivo si es la solución menos costosa, pero sabiendo por qué es la mejor opción y demostrándolo con el histórico, además de tomando el compromiso de eliminar los fallos a través de mejoras.

A continuación vamos a desarrollar un proceso con ejemplos para la toma de decisiones sobre la conveniencia, o no, de ejecutar un plan de mantenimiento preventivo sobre determinadas máquinas o equipos de una línea de producción.

NOTAS

CÓMO DETERMINAR LA NECESIDAD DE UN MANTENIMIENTO PREVENTIVO EN UNA EMPRESA

Este apartado tiene por objetivo definir matemáticamente si el mantenimiento preventivo es, o no, rentable en un taller determinado, y cuáles serán sus modalidades de aplicación teniendo en cuenta las características de la empresa y del sistema de producción.

Para ello, estudiaremos cómo buscar y dar *cotación* a los criterios de puesta en marcha de un mantenimiento preventivo. Después, identificaremos los equipos sobre los que aplicarlo y, por último, definiremos las tareas más apropiadas y los recursos para llevarlo a cabo.

En los múltiples seminarios que he dirigido en mi vida profesional sobre la construcción y optimización de un plan de mantenimiento preventivo, no integré como primer paso el contenido de este apartado. Sin embargo, tras reflexionar sobre ello en mayor profundidad he creído oportuno incluirlo aquí por una serie de razones. Con los niveles de actividad en periodos de crisis, se hace necesario valorar la conveniencia económica de ejecutar planes de mantenimiento preventivo en todo el equipo industrial, sea cual sea la actividad productiva de la empresa. Además, este primer paso también será un modelo justificativo ante los auditores de la norma ISO 9001 sobre el sistema de calidad, los cuales nos van a exigir un cien por ciento de aplicación de los planes de mantenimiento preventivo o sus correspondientes reprogramaciones.

De este modo, hemos de aceptar que existen otras jerarquizaciones complementarias que hacen que implantar un plan de mantenimiento preventivo, como el que ya hemos estudiado y definido para una determinada máquina, sea, o no, rentable. Estas reflexiones pueden estar relacionadas, entre otros factores, con:

NOTAS

- La antigüedad del equipo industrial y su coste de inversión.
- El tipo de actividad del taller (producción continua, etc.), así como el calendario laboral anual y diario (uno o más turnos).
- Las implantaciones de la maquinaria (enlaces entre máquinas, pulmones de stocks entre ellas, etc.).
- La complejidad del equipo industrial.
- La tasa de utilización de la máquina.

De este modo, la pregunta que nos haremos en cada caso es: «¿Es necesario un plan de mantenimiento preventivo?».

Para darle respuesta a esta duda vamos a tratar de identificar, para cada máquina, la **rentabilidad** de poner en marcha sobre ella el plan asignado o pendiente de estudiar.

En este sentido, los **criterios determinantes** para decidir hacer o no mantenimiento preventivo son de dos tipos:

- Las características propias del taller.
- Las características del equipo industrial.

A continuación, profundizaremos un poco más sobre la información a la que debemos prestar atención en ambos criterios.

NOTAS

CRITERIOS PROPIOS DEL TALLER INDUSTRIAL

1

La jornada de trabajo:

- Producción continua (tres turnos de ocho horas diarias).
- Producción a dos turnos (dos turnos de ocho horas).
- Producción en un solo turno (un turno de ocho horas).

2

Los plazos de entrega:

- Imperativos para no perder clientes.
- Imperativos con posible indemnización por no cumplirlos.
- Cerrados.
- Sin plazos de entrega (producción sobre el *stock* existente).

CRITERIOS PROPIOS DE LOS EQUIPOS DE PRODUCCIÓN

NOTAS

1

La edad o antigüedad de los equipos:

- Nuevos (menos de un año).
- Con antigüedad de entre uno y cinco años.
- Con antigüedad de entre cinco y diez años.
- Amortizados y obsoletos.

2

La interdependencia de los equipos:

- Equipos con una implantación para producción continua con enlaces y pulmones de *stock* entre máquinas.
- Máquinas con enlaces entre sí pero sin pulmones de *stock*.
- Equipos independientes para una producción discontinua.
- Equipos doblados.

NOTAS

3

La complejidad de los equipos o máquinas:

- Muy complejos y con dificultad para acceder a ellos (encadenados complejos, etc.).
- Poco complejos pero con dificultad para su acceso.
- Muy complejos pero accesibles.
- Poco complejos y accesibles, es decir, con facilidad para la intervención por averías.

4

Los costes del equipo industrial:

- Equipos compactos o muy especiales con un coste extraordinario (por ejemplo, superior a un millón de euros).
- Equipos costosos (entre medio millón y un millón de euros).
- Equipos poco costosos (entre 0,2 y medio millón de euros).
- Equipos de coste inferior a 0,2 millones de euros.

5

Los proveedores de los equipos o máquinas:

- Equipos de fabricación nacional pero con poca repetición (máquinas y equipos especiales).
- Equipos nacionales de fabricación estándar.
- Equipos del exterior sin servicio técnico satisfactorio.
- Equipos del exterior con un buen servicio técnico.

NOTAS

6

La robustez de los equipos de producción:

- Equipos de gran precisión y de manejo delicado (por ejemplo, una rectificadora).
- Equipos que trabajan en sobrecarga (por ejemplo, una fresadora de desbaste en el mecanizado de una pieza).
- Equipos poco robustos.
- Equipos de precisión y robustos.
- Equipos robustos y de fabricación estándar.

7

Las pérdidas de productos por mala calidad:

- Piezas malas no comerciales (chatarra).
- Piezas que recuperar.
- Piezas comerciales sin retoques pero con pequeños defectos (por lo general, visuales).

JUSTIFICACIÓN Y REPARTO DE PUNTOS Y COEFICIENTES APLICADOS

Cada uno de los apartados que acabamos de enumerar tiene un cierto número de **puntos** que han sido atribuidos comparándose entre ellos, tanto desde la visión económica como desde la técnica. Esta asignación es posible, sobre todo, gracias a la experiencia de los responsables y utilizadores del equipo industrial.

NOTAS

No todos los apartados tienen la misma importancia, por lo que ha sido necesario establecer **coeficientes** para que cada uno de los factores conserve su propio valor en el contexto general.

Vamos a admitir, para facilitar los cálculos que haremos a continuación, que cada apartado dispone de un total de cien puntos. En cada caso, determinaremos la atribución de puntos de la manera más simple y lógica posible. De esta forma, si el número de puntos del apartado es **elevado**, el mantenimiento preventivo será **útil**.

Para ilustrar esto, vamos a ver dos ejemplos de repartición de puntos.

Ejemplo I: los turnos de trabajo

Admitamos, en este caso, que la rentabilidad del mantenimiento preventivo es proporcional al tipo de jornada de la producción. Si tomamos el valor 1 para el trabajo, a ocho horas diarias, tendríamos:

Producción continua: 3 puntos
Producción a dos turnos: 2 puntos
Producción a un turno: 1 punto
Total: 6 puntos

Como disponemos de cien puntos para cada apartado, hacemos la siguiente repartición:

NOTAS

Producción continua: $\frac{100 \times 3}{6} = 50$ puntos

Producción continua: $\frac{100 \times 2}{6} = 33$ puntos

Producción continua: $\frac{100 \times 1}{6} = 17$ puntos

Con el fin de permitir un cálculo rápido, redondeamos cada resultado a múltiplos de cinco, quedando así de este modo:

Producción continua: 50 puntos
Producción a dos turnos: 30 puntos
Producción a un turno: 20 puntos
Total: 100 puntos

NOTAS

CRITERIOS PROPIOS DEL TALLER		
Designación de criterios	**N.º de puntos**	**Coeficiente**
Los turnos de trabajo: • Producción continua (3x8) • Producción 2x8 • Producción a turno	 50 35 15	 5
Los plazos de entrega de producción: • Plazos imperativos con pérdida de clientes • Plazos imperativos con indemnización • Plazos de entrega cerrados • Plazos inexistentes (producción sobre *stock*)	 45 30 20 5	 5

Ejemplo II: interdependencia del equipo industrial

Para este criterio, la repartición de puntos puede partir del método de **comparación por pares**, que permite una jerarquización fácil, dado que cada apartado se compara sucesivamente con los demás.

Podemos llevar a cabo esto con ayuda de una tabla de doble entrada como la de abajo, de tal manera que, dependiendo de si consideramos más o menos justificado el mantenimiento preventivo, introducimos en la tabla los signos de más o de menos. Si no hay preferencia, lo indicamos con un signo circular similar a una o.

NOTAS

Para este ejemplo, utilizaremos las siguientes correspondencias:

A = equipo con una infraestructura (implantación) de producción continua con enlaces y pulmones de *stock* entre máquinas.

B = equipo con una infraestructura o implantación para producción discontinua, solamente enlazadas las máquinas entre sí.

C = máquinas sin enlaces o pulmones a la entrada–salida.

D = equipo con máquinas independientes entre sí.

E = implantación con máquinas y equipos doblados.

Por lo tanto, si nuestra referencia fuese (4–) = 1, podríamos dar, con las oportunas desviaciones de redondeos, los valores siguientes:

Interdependencia del equipo industrial							
	A	**B**	**C**	**D**	**E**	**Resultado**	**Puntos**
A		+	+	+	+	(4+)	9
B	-		0	+	+	(1+)	6
C	-	0		+	+	(1+)	6
D	-	-	-		+	(2-)	3
E	-	-	-	-		(4-)	1
TOTAL PUNTOS							**25**

Los cálculos que hemos hecho para llegar a tal conclusión son:

E = 1
D = 1 + 2 = 3
C = 3 + 3 = 6
B = 6
A = 6 + 3 = 9

Es decir: A + B + C + D + E = 25

Como disponemos de cien puntos, tendríamos el siguiente reparto:

NOTAS

$$A=\frac{100 \times 9}{25}=36$$

$$B=\frac{100 \times 6}{25}=24$$

$$C=\frac{100 \times 6}{25}=24$$

$$D=\frac{100 \times 3}{25}=12$$

$$E=\frac{100 \times 1}{25}=4$$

Si redondeamos estos valores a múltiplos de cinco (35, 25, 10, 5) la suma de todos ellos nos da cien puntos.

Es así como podemos construir y completar también las tablas referidas a criterios propios del taller y del equipo industrial. Las tablas siguientes son ejemplos relativos a la antigüedad de los equipos y a plazos de entrega:

Antigüedad del equipo industrial						
	A	**B**	**C**	**D**	**Resultado**	**Puntos**
A		+	+	+	(3+)	7
B	-		+	+	(1+)	5
C	-	-		+	(1-)	3
D	-	-	-		(3-)	1
TOTAL PUNTOS						**16**

La repartición de esta tabla sobre cien puntos sería la siguiente:

A = equipos nuevos: $\frac{100 \text{ x } 7}{16} = 44$

B = equipos con antigüedad de entre uno y cinco años: $\frac{100 \text{ x } 5}{16} = 31{,}2$

C = equipos con antigüedad de entre cinco y diez años: $\frac{100 \text{ x } 3}{16} = 18{,}7$

D = equipos obsoletos con más de diez años: $\frac{100 \text{ x } 1}{16} = 6{,}2$

NOTAS

Una vez más, redondeamos los valores finales a múltiplos de cinco (45, 30, 20 y 5, respectivamente) y el resultado nos da cien.

Plazos de entrega					
	A	**B**	**C**	**D**	**Resultado**
A		+	+	+	(3+)
B	-		+	+	(1+)
C	-	-		+	(1-)
D	-	-	-		(3-)
TOTAL PUNTOS					**16**

Para esta tabla (plazos de entrega) la repartición de los cien puntos será:

NOTAS

A = plazos imperativos con pérdidas de clientes: $\frac{100 \times 7}{16} = 44$

B = plazos imperativos con indemnización: $\frac{100 \times 5}{16} = 31$

C = plazos cerrados: $\frac{100 \times 3}{16} = 19$

D = plazos de entrega inexistentes: $\frac{100 \times 1}{16} = 6$

Y, como siempre, al redondear los valores finales a múltiplos de cinco (45, 30, 20 y 5), el resultado de su suma es cien.

DETERMINACIÓN DE COEFICIENTES

Ya hemos aprendido a calcular la repartición de puntos. Sin embargo, continuando con el ejemplo de la última tabla, es evidente que los 45 puntos atribuidos al plazo de entrega imperativo por posible pérdida de clientes respecto a los puntos atribuidos a la maquinaria procedente del exterior sin servicio técnico no pueden tener el mismo valor para determinar la rentabilidad del mantenimiento preventivo.

Por ello, necesitamos introducir **coeficientes** que nos permitan situar cada criterio con respecto al conjunto de manera coherente.

NOTAS

De este modo, vamos a admitir que los criterios específicos del taller son tan importantes como el conjunto de criterios específicos del parque de maquinaria o equipo industrial.

Cálculo de los coeficientes para los criterios propios del taller

Disponemos de diez puntos de coeficiente para el conjunto de criterios específicos del taller. Teniendo esto en cuenta, debido a la dificultad de disociar los turnos de trabajo y los plazos de entrega, admitiremos una repartición equitativa entre todos ellos (cinco para cada criterio), igual a la que habíamos presentado ya en la primera tabla referida a los criterios propios del taller.

Cálculo de los coeficientes para los criterios propios del equipo industrial

En primer lugar, vamos a determinar los coeficientes de los criterios específicos del equipo industrial, es decir:

NOTAS

A = la antigüedad del parque de maquinaria
B = la interdependencia de los equipos y máquinas
C = la complejidad de los equipos y máquinas
D = el coste de los equipos
E = el origen o proveedor de los equipos
F = la robustez de la maquinaria
G = las pérdidas de los productos fabricados por mala calidad

Vamos a examinar cada elemento tanto desde el punto vista técnico como económico. Si admitimos, desde esta perspectiva, que todos factores tienen la misma importancia, obtenemos la siguiente repartición de coeficientes:

A (factor económico + técnico) = 2
B (factor económico + técnico) = 2
C (factor técnico) = 1
D (factor económico) = 1
E (factor económico + técnico) = 2
F (factor técnico) = 1
G (factor económico) = 1

Esto supone para el conjunto un total de diez puntos. Así pues:

NOTAS

Criterios propios del equipo industrial		
Designación de los criterios	**N.º de puntos**	**Coeficiente**
La antigüedad de los equipos: Equipos nuevos (menos de 2 años) Equipos de entre 2-5 años Equipos de entre 5-10 años Equipos obsoletos con más de 10 años	 45 30 15 10	**2**
Interdependencia de los equipos: Equipos con implantación para proceso continuo Equipos con implantación para marcha discontinua Equipos implantados sin pulmones en la entrada–salida Equipos independientes Equipos doblados	 35 25 25 10 5	**2**
Complejidad de los equipos: Muy complejo y con mala accesibilidad Poco complejo pero inaccesible Muy complejo pero accesible Poco complejo y accesible	 45 25 25 5	**1**
Coste-inversión en los equipos: Equipos con coste superior a 1 millón de € Equipos con coste comprendido entre 0,5–1 millón € Equipos con coste entre 0,3–0,5 millón de € Equipos con coste de adquisición inferior a 0,3 millón €	 55 25 15 5	**1**
Origen de los equipos de producción: Equipos de importación sin buen servicio técnico Equipos de importación con servicio técnico Equipos de fabricación nacional en pequeñas series Equipos de fabricación nacional de gran difusión	 45 25 20 10	2
Robustez de los equipos: Equipos de gran precisión y de manejo delicado Equipos que trabajan con sobrecarga Equipos poco robustos Equipos de precisión y robustos Equipos robustos y de fabricación estándar	 30 30 25 10 5	1
Pérdidas de productos fabricados: Productos perdidos a chatarra/no comerciales Productos que recuperar Productos con defectos pero válidos para clientes	 55 35 10	**1**

NOTAS

LÍMITES DE APLICACIÓN DEL MANTENIMIENTO PREVENTIVO

Con todo lo aprendido hasta ahora, vamos a posicionarnos en dos casos:

1 Primer caso

El taller trabaja de forma continua (tres turnos de ocho horas diarias) y fabrica un producto que debe entregarse en un plazo determinado con una posible pérdida de clientes si no se respetan las fechas previstas en el contrato. De esta manera, los criterios específicos del taller tienen un valor máximo.

Todas las paradas de producción amenazan directamente la supervivencia de la empresa. En este caso, el mantenimiento preventivo es una necesidad, pues debe limitar al máximo las paradas accidentales del sistema de producción. Por consiguiente, aunque tomemos las condiciones y criterios mínimos específicos de los equipos de producción (antigüedad, complejidad, etc.), no va a cambiar la necesidad de aplicar un buen mantenimiento preventivo.

2 Segundo caso

La producción del taller se ejecuta trabajando ocho horas al día. Los plazos de entrega son inexistentes y el flujo de la producción se realiza sobre *stock*. En este caso, aunque admitamos que todos los criterios específicos de los equipos de producción tengan valores máximos, la aplicación del mantenimiento preventivo no estará justificada.

USO DEL CÁLCULO DE PUNTOS PARA DETERMINAR LA VIABILIDAD DEL MANTENIMIENTO

NOTAS

Veamos ahora cómo podemos aplicar los cálculos que se han explicado en los apartados anteriores para verificar nuestras hipótesis sobre los dos casos expuestos.

En la columna «n.º de puntos» de las siguientes tablas, se indica la cifra relativa al criterio que se haya seleccionado. En la columna «total» se hace figurar el producto (multiplicación) de esta cifra por el coeficiente correspondiente que hemos asignado anteriormente. Por último, se efectúa la suma de la columna «total» para obtener el resultado final:

Mantenimiento preventivo obligatorio			
Designación de los criterios	**N.º de puntos**	**Coefic.**	**Total**
Criterios propios del taller (considerados con valores máximos):			
1. Condiciones de trabajo Producción continua (3x8)	50	5	250
2. Plazos de entrega Imperativos (pérdidas de clientes)	45	5	255
Criterios propios del equipo industrial (considerados con valores mínimos):			
1. Antigüedad del equipo Equipo obsoleto	10	2	20
2. Interdependencia del equipo Equipo doblado	5	2	10
3. Complejidad del equipo Poco complejo y accesible	5	1	5
4. Coste de adquisición del equipo Equipo poco costoso (menos de 0,3 millones de €)	5	1	5
5. Origen del equipo Equipo nacional de gran difusión	10	2	20
6. Robustez del equipo Equipo robusto	5	1	5
7. Pérdidas de productos Piezas con defectos pero comerciales	10	1	10
Total Puntos General			**550**

Mantenimiento preventivo inútil			
Designación de los criterios	**N.º de puntos**	**Coefic.**	**Total**
Criterios propios del taller (considerados con valores mínimos):			
1. Condiciones de trabajo Producción en un turno (1 x 8)	15	5	75
2. Plazos de entrega Inexistentes (envíos a clientes sobre *stock*).	5	5	25
Criterios propios del equipo industrial (considerados con valores máximos):			
1. Antigüedad del equipo Equipo nuevo	45	2	90
2. Interdependencia del equipo Equipo implantado para proceso continuo	35	2	70
3. Complejidad del equipo Muy complejo e innacesible	45	1	45
4. Coste de adquisición del equipo Equipo muy especial (más de 1 millón de €)	55	1	55
5. Origen del equipo Equipo importado sin servicio técnico	45	2	90
6. Robustez del equipo Equipo de gran precisión y delicado manejo	30	1	30
7. Pérdidas de productos Piezas con defectos irrecuperables	55	1	55
Total Puntos General			**535**

NOTAS

RESULTADOS

El total de puntos obtenidos en el primer caso es superior al total de puntos del segundo caso (550 frente a 535), lo que se corresponde con la hipótesis que habíamos planteado: el mantenimiento preventivo urge en el primer supuesto y no es rentable en el segundo. Sin embargo, si uno solo de los criterios cambiase en el segundo caso, el resultado sería superior a 550 puntos, por lo que sí sería necesario aplicar el mantenimiento preventivo.

Por tanto, podemos así admitir que el mantenimiento preventivo deberá emplearse en un taller cuando el resultado final dé un total de **550 puntos o más**. Por debajo de **535 puntos**, en cambio, su implantación no se puede justificar, pues no sería rentable.

Si el resultado se situase entre estos dos valores, la acción podría reconsiderarse como medida de seguridad, pero no podríamos afirmar su rentabilidad con total seguridad. En estos casos, será la **dirección** de la empresa quien deba tomar la decisión al respecto.

EJEMPLO DE ANÁLISIS SOBRE UN TALLER

Cabe aclarar, antes de comenzar, que este análisis debe ser considerado como un ejemplo de cálculo, con el mero fin de situarnos en una hipótesis de trabajo. Sin embargo, siempre existirán factores que pueden variar de una unidad de producción a otra, por lo que una extrapolación directa de lo que se va a exponer a continuación a un caso real podría falsear los resultados. Cada situación tiene sus propias contrariedades que se deben tener en cuenta en la asignación de criterios de evaluación.

PRESENTACIÓN DEL TALLER

NOTAS

Se trata de un taller mecánico compuesto exclusivamente de máquinas y herramientas para el mecanizado de cigüeñales de motor para recambios.

El taller comprende:

1. Material de infraestructura:
   - 2 puentes de 5 Tm
   - 2 puentes de 1,5 Tm
   - 1 polipasto
2. Material de producción:
   - 3 tornos Danobat (1,5 m entre puntos)
   - 2 tornos (2 m entre puntos)
   - 2 tornos Sculfort
   - 2 tornos verticales R.A. de 1,8 m de diámetro
   - 1 torno de control numérico
   - 3 fresadoras Graffen para torneado y fresado de apoyos y muñequillas
   - 2 máquinas de taladrar especiales
   - 2 *lapeadoras*
   - 2 lijadoras
   - 1 rectificadora universal
   - 2 rectificadoras Toyoda de contrapesos
   - 2 rectificadoras Landis de muñequillas
   - 1 bruñidora
   - 1 lavadora

NOTAS

Es decir, un total de 31 equipos de producción y material de infraestructura, sin considerar los equipos y material auxiliares (medios de control, instalaciones, etc.).

LOS CRITERIOS PROPIOS DEL TALLER

Supongamos estos son los criterios propios del taller en el ejemplo que nos ocupa:

1. **La jornada de trabajo:** dos turnos de ocho horas diarias.
2. **Los plazos de entrega:**
   - 50 % de la producción debe entregarse en plazos rígidos, con riesgo de perder clientes si el contrato no se cumple.
   - 30 % da lugar a pagos de indemnizaciones por no respetar los plazos de entrega previstos.
   - 10 % de los productos salen con plazos de entrega cerrados.
   - 10 % de la producción se envía sobre el *stock*.

LOS CRITERIOS PROPIOS DEL EQUIPO DE PRODUCCIÓN

Supongamos también que estos son los criterios propios del equipo de producción:

NOTAS

1 La antigüedad de las máquinas

La repartición del parque de máquinas y equipos en función de su antigüedad es la siguiente:

- 6 máquinas (20 % del parque) son nuevas, con menos de un año de antigüedad.
- 14 máquinas (45 % del parque) tienen una antigüedad de entre uno y cinco años.
- 10 máquinas (30 % del parque) tienen una antigüedad de entre cinco y diez años.
- 2 máquinas (5 % del parque) tienen una antigüedad superior a diez años.

2 La interdependencia de las máquinas

- 5 equipos auxiliares (15 % del total) tienen una infraestructura e implantación para una producción discontinua.
- 6 máquinas (20 % del total) no tienen pulmones de *stock* en los enlaces a la entrada y salida de cada una de ellas.
- 20 máquinas (65 % del total) tienen una marcha de la producción independiente.

Además, vamos a considerar que los cuatro puentes grúa pueden trabajar al mismo tiempo, por lo que no pueden clasificarse como equipos doblados.

NOTAS

3 La complejidad de los equipos

En este criterio, la decisión de clasificar cada máquina en uno u otro apartado es bastante arbitraria. Para facilitar la tarea, es aconsejable establecer una doble jerarquización de los criterios de «complejidad» y «accesibilidad» a los que se refiera el dosier técnico de cada máquina y, sobre todo, solicitar la opinión de los técnicos del taller.

Esta es nuestra clasificación:

- 6 máquinas (20 % del total) son clasificadas como equipos complejos e inaccesibles.
- 5 máquinas (16 % del total) son clasificadas como material poco complejo pero inaccesible.
- 2 máquinas (6 % del total) son clasificadas como equipos muy complejos pero accesibles.
- 18 máquinas (58 % del total) son clasificadas como material poco complejo y accesible.

4 El coste de adquisición de los equipos (valor de la inversión)

Se considerará el precio de compra de cada máquina, si bien también hemos de tener en cuenta su antigüedad al valorar la rentabilidad de su compra.

En este sentido, puede ser interesante, si se desea, reactualizar los precios de compra teniendo en cuenta las amortizaciones y la evolución de la moneda.

NOTAS

Los valores de nuestro taller son los siguientes:

- 11 máquinas (35 % del total del parque) con un precio de compra muy elevado, superior a un millón de euros.
- 8 máquinas (26 % del total) con un precio de compra entre medio millón y un millón de euros.
- 7 máquinas (23 % del total) con un coste de adquisición entre 0,3 y medio millón de euros.
- 5 máquinas (16 % del total) con un precio de compra inferior a 0,3 millones de euros.

5 El origen de los equipos de producción

Vamos a considerar como máquinas sin servicio técnico todas las que corresponden a fabricantes que han parado su producción y sustituido los modelos por nuevas generaciones, por lo que no dispondremos de servicio técnico por parte de ellos.

Así, esta sería nuestra clasificación:

- 3 máquinas (10 % del total del parque) son del exterior y sin servicio técnico.
- 3 máquinas (10 % del total) son del exterior con servicio técnico.
- 11 máquinas (35 % del total) provienen del mercado nacional, pero son especiales y poco repetidas.
- 14 máquinas (45 % del total) son de fabricación nacional y, además, estándar y de gran producción.

NOTAS

6 La robustez de los equipos

Vamos a hacer el siguiente reparto:

- 6 máquinas (20 % del total del parque) corresponden a material de gran precisión y de manejo delicado.
- 11 máquinas (35 % del total) son consideradas como equipos poco robustos para la tarea que realizan.
- 14 máquinas (45 % del total) son consideradas como material robusto.

7 Las pérdidas de productos por mala calidad

Para este criterio consideramos el coste de recuperar piezas en el proceso de fabricación tras aparecer una avería, más el coste de la materia prima sumado al valor añadido para las piezas dadas de baja.

Admitimos que, en este ejemplo, de las piezas defectuosas:

- 20 % son productos perdidos no recuperables (piezas dadas de baja).
- 20 % son piezas que recuperar.
- 60 % son piezas aceptadas para entregar a clientes (pequeños defectos visuales).

NOTAS

¿ES NECESARIO APLICAR EL MANTENIMIENTO PREVENTIVO EN ESTE EJEMPLO?

Preparación de la tabla de criterios

Para dar respuesta a la pregunta que nos ocupa, vamos a actuar como lo hicimos para la búsqueda del número de puntos límite. Sin embargo, vamos a incluir una nueva columna: «% de repartición del criterio», que tendrá en cuenta los porcentajes antes mencionados para el taller y los equipos de producción. Podemos redondear los diferentes porcentajes si lo creemos oportuno.

Interpretación de los resultados

Como vemos en la tabla, hemos obtenido 557,9 puntos, por lo que estamos en una zona con clara tendencia a ejecutar el plan de mantenimiento preventivo que se haya asignado (por encima de 550 puntos):

IDENTIFICACIÓN DE LA NECESIDAD DE REALIZAR UN MANTENIMIENTO PREVENTIVO EN LA LÍNEA DE CIGÜEÑALES				
DESIGNACIÓN DE LOS CRITERIOS	**Nº DE PUNTOS**	**COEFIC.**	**% REPARTIC. CRITERIO**	**TOTAL**
Criterios propios del taller				
1. Condiciones de trabajo: Jornada de trabajo de 2x8 horas	35	5	100	175
2. Plazos de entrega: Plazos imperativos con pérdidas de clientes: Plazos imperativos con indemnización Plazos de entrega cerrados Plazos de entrega sobre *stock*	45 30 20 5	5 5 5 5	50 30 10 10	112,5 45 10 2,5
Criterios propios del equipo industrial:				
1. Antigüedad del equipo: Equipos nuevos Equipos antigüedad entre 1–5 años Equipos antigüedad entre 5–10 años Equipos antigüedad más de 10 años	45 30 20 5	2 2 2 2	20 45 30 5	18 27 12 0,5
2. Interdependencia de los equipos: Equipos con implantación de proceso discontinuo. Equipos enlazados sin pulmón de piezas a la entrada-salida Equipos independientes	25 25 10	2 2 2	15 19 65	7,5 9,5 13

3. Complejidad de los equipos:				
Equipos muy complejos e inaccesibles	45	1	20	9
Equipos poco complejos e inaccesibles	25	1	16	4
Equipos muy complejos y accesibles	25	1	6	1,5
Equipos poco complejos y accesibles	5	1	58	2,9
4. Coste de los equipos:				
Equipos muy caros (más de 1 M. €)	55	1	35	19,25
Equipos costosos (0,5-1 M. €)	25	1	26	6,5
Equipos poco costosos (0,3-0,5 M. €)	15	1	23	4,5
Equipos por debajo de 0,3 M. €	5	1	16	0,8
5.-Origen de los equipos:				
Equipos de importación sin servicio técnico	45	2	10	9
Equipos de importación con servicio técnico	25	2	10	5
Equipos nacionales en pequeñas series	20	2	35	14
Equipos nacionales en grandes series	10	2	45	9
6.Robustez de los equipos:				
Equipos de precisión y de manejo delicado	30	1	20	6
Equipos poco robustos	25	1	35	8,75
Equipos robustos	5	1	45	2,25
7. Pérdidas de productos fabricados:				
Productos perdidos (a chatarra)	55	1	23	11
Productos que recuperar	35	1	18	7
Productos comerciales	10	1	60	6
TOTAL PUNTOS GENERAL:				**557,9**

NOTAS

ELECCIÓN DE LOS EQUIPOS Y MÁQUINAS SOBRE LOS QUE SE REALIZARÁ EL MANTENIMIENTO PREVENTIVO

Así, si nos encontramos en el caso de un taller en el cual debemos aplicar un plan de mantenimiento preventivo riguroso (evaluación superior a 550 puntos), es necesario identificar las **máquinas** sobre las que se ejecutará dicho plan.

Para ello, vamos a introducir dos nuevos criterios:

- La **importancia** de cada máquina sobre la producción.
- La **tasa de utilización diaria** de cada máquina, medida sobre un periodo de producción voluminoso.

En este sentido, es deseable que los servicios de mantenimiento orienten todo su esfuerzo sobre los equipos y máquinas indispensables para la marcha normal de la producción. Asimismo, debemos tener interés en atender y vigilar las máquinas con una tasa de utilización muy elevada.

Con esto en mente, vamos a hacer la siguiente clasificación:

NOTAS

1 Importancia de la máquina para la producción

- Máquinas indispensables para la producción.
- Máquinas útiles para la producción.
- Máquinas poco o no necesarias para la producción.

El responsable del taller de producción es el más indicado para clasificar cada máquina en uno u otro apartado.

2 Tasa de utilización de la máquina

- Tasa superior al 75 %.
- Tasa comprendida entre el 50 – 75 %.
- Tasa comprendida entre el 25 – 50 %.
- Tasa inferior al 25 %.

Para determinar la tasa de utilización, es necesario observar un periodo de referencia suficientemente importante (unos tres meses).

NOTAS

ASIGNACIÓN DE PUNTOS Y COEFICIENTES

Para la asignación de puntos de la tabla que se muestra a continuación, utilizaremos el mismo proceso que usamos anteriormente en la primera tabla.

En cuanto a la determinación de coeficientes, disponemos de 10 puntos para asignar a las características propias de cada máquina. Repartiremos 5 puntos para la importancia de la máquina en la producción y otros 5 para la tasa de utilización.

Admitimos, así pues, que el conjunto de los criterios de elección de una máquina tiene el mismo valor que el conjunto de criterios propios de cada máquina. De este modo:

Criterios de elección del equipo industrial		
Designación de criterios	**N.º de puntos**	**Coeficiente**
Importancia del equipo o máquina: Material indispensable para la producción Material útil para la producción Material no necesario para la producción	 55 35 10	5
Tasa de utilización de las máquinas: Tasa de utilización superior al 75 % Tasa de utilización comprendida entre el 50-75 % Tasa de utilización comprendida entre el 25-50 %. Tasa de utilización inferior al 25 %	 45 30 20 5	5

NOTAS

DETERMINAR EL NÚMERO DE PUNTOS LÍMITE A PARTIR DE LOS CUALES UNA MÁQUINA DEBE SOMETERSE A UN PLAN DE MANTENIMIENTO PREVENTIVO

Primeramente, es preciso construir las tablas de puntos límite.

La tabla que presentamos abajo se ocupará de identificar los puntos límite por debajo de los cuales el equipo o máquina sobre el que estemos trabajando no deberá someterse a un plan de mantenimiento preventivo. Para ello, tomamos los criterios de elección del equipo en sus valores mínimos, y los propios del equipo o máquina considerados en sus valores máximos. Así es como obtenemos un total de 510 puntos, por debajo de los cuales se descartará aplicar el plan sobre la máquina:

IDENTIFICACIÓN DE LOS PUNTOS LÍMITE POR DEBAJO DE LOS CUALES EL EQUIPO SE SOMETERÁ A UN PLAN DE MANTENIMIENTO PREVENTIVO			
Designación de los criterios	**N.º de puntos**	**Coefic.**	**Total**
Criterios de elección del equipo (considerados con valores mínimos):			
1. Importancia del equipo			
Equipo no necesario para la producción	10	5	50
2. Tasa de utilización del equipo			
Tasa de utilización inferior al 25 %	5	5	25
Criterios propios del equipo industrial (considerados con valores máximos):			
1. Antigüedad del equipo			
Equipo nuevo	45	2	90
2. Interdependencia del equipo			
Equipo implantado para proceso continuo	35	2	70
3. Complejidad del equipo			
Muy complejo e inaccesible	45	1	45
4. Coste de adquisición del equipo			
Equipo muy especial (más de 1 000 000 de €)	55	1	55
5. Origen del equipo			
Equipo importado sin servicio técnico	45	2	90
6. Robustez del equipo			
Equipo de gran precisión y delicado manejo	30	1	30
7. Pérdidas de productos			
Piezas con defectos irrecuperables	55	1	55
Total puntos general:			**510**

La tabla que mostramos a continuación, en cambio, buscará identificar los puntos límite por encima de los cuales el equipo o máquina exige un plan de mantenimiento preventivo. Para ello, tomamos los criterios de elección del equipo en sus valores máximos y los propios del equipo o máquina en sus valores mínimos. Es así como obtenemos un total de 575 puntos, por encima de los cuales el equipo o máquina en cuestión necesitará la aplicación del plan:

NOTAS

IDENTIFICACIÓN DE LOS PUNTOS LÍMITE A PARTIR DE LOS CUALES EL EQUIPO INDUSTRIAL NECESITA UN PLAN DE MANTENIMIENTO PREVENTIVO			
Designación de los criterios	**N.º de puntos**	**Coefic.**	**Total**
Criterios de elección del equipo (considerados con valores máximos):			
1. Importancia del equipo			
Equipo indispensable para la producción	55	5	275
2. Tasa de utilización del equipo			
Tasa por encima del 75 %	45	5	225
Criterios propios del equipo industrial (considerados con valores mínimos):			
1. Antigüedad del equipo			
Equipo obsoleto	10	2	20
2. Interdependencia del equipo			
Equipo doblado	5	2	10
3. Complejidad del equipo			
Poco complejo y accesible	5	1	5
4. Coste de adquisición del equipo			
Equipo poco costoso (menos de 0,3 millones de €)	5	1	5
5. Origen del equipo			
Equipo de fabricación nacional en gran serie	10	2	20
6. Robustez del equipo			
Equipo robusto	5	1	5
7. Pérdidas de productos			
Piezas con defectos pero comerciales	10	1	10
Total puntos general:			**575**

NOTAS

EJEMPLOS

En nuestro caso, vamos a razonar con dos ejemplos de máquinas del taller de mecanizado de cigüeñales:

Torno vertical R.A. (*Renault Automation*)

> Este torno es una máquina identificada como indispensable para la producción, con una tasa de utilización superior al 75 %.
>
> La lógica nos indica que casos así deben vigilarse por los servicios de mantenimiento y de producción con el fin de evitar al máximo que la máquina se inmovilice.

El resto de los criterios propios de la máquina están considerados en valores mínimos. Dado el total de puntos resultantes (940 puntos por encima de los 575 de tabla que hemos visto), decidimos aplicarle el plan de mantenimiento preventivo asignado. Veámoslo con detalle:

NOTAS

A) Criterios de elección de la máquina

Máquina indispensable para la producción:

- Puntos: 55
- Coeficiente: 5
- Total: 55 × 5 = 275 puntos

Tasa de utilización: 75 %

- Puntos: 45
- Coeficiente: 5
- Total: 45 × 5 = 225

B) Criterios propios de la máquina

Máquina nueva (comprada en 2008):

- Total: 45 × 2 = 90 puntos

Máquina de marcha continua:

- Total: 2 × 35 = 70 puntos

Máquina muy costosa:

- Total: 55 × 1 = 55 puntos.

Máquina muy compleja e inaccesible:

- Total: 45 × 1 = 45 puntos

Máquina de fabricación exterior sin servicio técnico:

- Total: 45 × 2 = 90 puntos

Máquina de gran precisión y de manejo delicado:

- Total: 35 × 1 = 35 puntos
- 30 % de los productos fabricados con mala calidad son irrecuperables:
- Total: 55 × 1 = 55 puntos

NOTAS

Total apartados A + B = 940 puntos

Torno Danobat

Es una máquina con una tasa de utilización inferior al 25 % del tiempo de producción que se considere, y se ha identificado como poco necesaria para la producción, obteniendo una evaluación de 315 puntos. En este caso, aplicar el mantenimiento preventivo en la máquina sería inútil y no rentable.

Vamos a ver con detalle los puntos asignados según sus características:

A) Criterios de elección de la máquina

Máquina poco útil para la producción:

- Total: 10 × 5 = 50 puntos
- Tasa de utilización: 20 %
- Total: 5 × 5 = 25 puntos.

NOTAS

B) Criterios propios de la máquina

Máquina comprada en 2002:

- Puntos: 20
- Coeficiente: 2
- Total: 20 × 2 = 40 puntos

Máquina de trabajo independiente (material doblado):

- Total: 10 × 2 = 20 puntos

Máquina muy costosa (1 millón de euros):

- Total: 55 × 1 = 55 puntos

Máquina poco compleja pero de difícil accesibilidad:

- Total: 25 × 1 = 25 puntos

Máquina de fabricación nacional y poco repetitiva (pequeñas series):

- Total: 20 × 2 = 40 puntos.

Máquina robusta:

- Total: 5 × 1 = 5 puntos.

Piezas fabricadas con mala calidad o chatarra:

- Total: 55 × 1 = 55 puntos.

Total apartados A + B = 315 puntos

Como puede verse, el resultado es inferior a 510 puntos, por lo que no es recomendable aplicarle a esta máquina un plan de mantenimiento preventivo, ya que no sería renta-

NOTAS

ble. En estos casos, por lo tanto, solamente aplicaríamos tareas de limpieza y engrase y otras atenciones mínimas (parámetros de proceso, etc.).

INFLUENCIA DEL MANTENIMIENTO PREVENTIVO SOBRE LAS AVERÍAS

A pesar de todo lo hemos expuesto, lo primero que debemos tener en cuenta es que el mantenimiento preventivo que apliquemos sobre unos determinados equipos y máquinas de un taller solo será rentable si se da la siguiente condición:

> Si el coste de las averías más el coste del plan que se aplique es **inferior** al coste de las averías existentes en el periodo anterior a aplicar el plan de mantenimiento.

Por tanto, es conveniente identificar un **indicador de seguimiento de costes**, que puede ser el siguiente:

> *Índice de reducción de costes de mantenimiento (averías + preventivo)*
>
> $$\frac{\textit{Costes actuales de averías + manteniento preventivo}}{\textit{Costes de averías en el período anterior}}$$

Este índice debe ir disminuyendo. Para controlarlo, conviene recordar que el coste de averías comprende:

NOTAS

- El coste de las pérdidas de producción.
- El coste de la mano de obra de mantenimiento que se ha intervenido en las averías.
- El coste de materiales y piezas de recambio utilizadas en la reparación de averías.
- Otras pérdidas complementarias, como las ocasionadas por una mala calidad en el proceso o los accidentes.

No vamos a analizar con detalle todas estas pérdidas, pero es indudable que las debemos tener en cuenta. Además, también observaremos:

- El coste de las paradas programadas para ejecutar los planes de mantenimiento preventivo previstos.
- El coste de la mano de obra de mantenimiento y producción para realizar las tareas de dichos planes.
- El coste de materiales y recambios empleados.

TAREAS QUE INCORPORAR EN UN EQUIPO

Un plan de prevención óptimo nos permite comprender que el mantenimiento preventivo tiene unos **límites** a partir los cuales no mejoraremos la fiabilidad del sistema a menos que consideremos la posibilidad de realizar **modificaciones** sobre él.

NOTAS

Por tanto, un buen plan de mantenimiento preventivo definirá la estrategia más pertinente que deba aplicarse sobre cada equipo. Al realizar el estudio, encontraremos los fallos que se juzguen como críticos y definiremos:

- El tipo de mantenimiento que deba realizarse.
- El contenido y descripción de las tareas.
- La frecuencia o intervalos entre las intervenciones.

En suma, el objetivo de las tareas de mantenimiento preventivo que se aplican sobre los componentes de un determinado sistema de producción es **mantener su funcionalidad**.

Esta perspectiva resulta novedosa con respecto a la visión tradicional del mantenimiento, hoy en día todavía muy generalizada, en la que se considera al componente que se está manteniendo como un elemento aislado y no como una parte integrante de un todo en donde debe desempeñar una función.

Este enfoque anticuado conduce normalmente a un mantenimiento excesivo, fruto de no diferenciar en profundidad entre **componentes críticos y no críticos** para la funcionalidad del sistema en conjunto del que forman parte.

En la actualidad realizamos exclusivamente el mantenimiento preventivo de los componentes considerados como críticos para el correcto funcionamiento del sistema, dejando a los no críticos que trabajen hasta su fallo, aplicando el

NOTAS

correspondiente mantenimiento correctivo en ellos cuando llega el momento.

La metodología que vamos a reseñar a continuación se centra en la **identificación de las causas** de los posibles fallos de los sistemas y equipos críticos. También estudia la ejecución de un proceso sistemático y homogéneo para la selección de las tareas de mantenimiento que se consideran técnicamente más **eficaces** y económicamente más **rentables** de entre todas las posibles, para tratar de impedir la aparición de dichas causas de fallo.

Por tanto, en este proceso se da prioridad a aplicar el *automantenimiento* y a técnicas de mantenimiento predictivo, frente a lo que serían tareas periódicas que impliquen la indisponibilidad del sistema o del equipo de producción. Estas prácticas, además de ser más eficaces, también facilitan la implantación de tareas eficientes de búsqueda de fallos cuando estos no son evidentes para los propios operadores en la tarea cotidiana (anomalías ocultas que se deben detectar en las inspecciones diarias).

Este proceso tiene muy en cuenta las especificidades de la instalación que se está estudiando y plantea la necesidad de implantar un programa de seguimiento y optimización a través del retorno de experiencias.

De nuevo, esto es una novedad con respecto a las filosofías tradicionales del mantenimiento preventivo, basadas fundamentalmente en las recomendaciones de los fabricantes, que resultan poco eficaces debido a la carencia de unas bases técnicas específicas para cada sistema, equipo o instalación.

Así, llevar a cabo una evaluación crítica sobre un sistema seguirá un proceso operativo específico que tenga en cuen-

NOTAS

ta su historial de mantenimiento y sus propias condiciones de operación y de diseño. El objetivo básico de este análisis es, como adelantábamos antes, establecer un programa de mantenimiento preventivo técnicamente eficaz y económicamente eficiente. Esto se consigue implantando tareas de mantenimiento preventivo que eliminen o minimicen las causas de fallo identificadas por el historial de la máquina o por los conocimientos de los miembros del grupo de trabajo.

En suma, se pretende **mejorar la disponibilidad** del sistema disminuyendo los costes de mantenimiento asociados.

Asimismo, si bien un análisis crítico de este tipo no persigue resolver deficiencias asociadas al diseño del sistema, a la formación del personal afectado o a problemas organizacionales, sí es cierto que estas carencias se ponen en evidencia en muchas ocasiones gracias a dicho análisis, lo que facilita adoptar las medidas oportunas para corregirlo o para capitalizar experiencias en nuevas instalaciones.

NOTAS

MÉTODOS PARA CONSTRUIR UN PLAN DE MANTENIMIENTO PREVENTIVO

CONSTITUCIÓN DEL GRUPO DE TRABAJO PARA ESTUDIAR, CONSTRUIR Y OPTIMIZAR UN PLAN DE MANTENIMIENTO PREVENTIVO

Se debe formar un grupo de trabajo para el análisis crítico y funcional, compuesto, siempre que sea posible, por:

- Un profesional de producción (experto en la conducción y funcionamiento del sistema).
- Un profesional de mantenimiento (experto en el mantenimiento del sistema).
- Técnicos del proceso de producción y de mantenimiento.
- Otros especialistas, en caso necesario.

Estos técnicos estarán formados en metodologías de resolución de problemas. De entre todos los sistemas posibles para estudiar un plan de mantenimiento preventivo y optimizar el existente, vamos a desarrollar por su utilidad e importancia:

- En primer lugar, la técnica de investigación metódica a través del **árbol de fallos**.
- En una segunda fase introduciremos un método de apoyo denominado **AMFEC** (análisis metódico de fallos, sus efectos y criticidad), basado en la metodología RCM (mantenimiento centrado en la confiabilidad).

NOTAS

Cabe recordar, como ya aclaramos en el capítulo anterior, que, antes de comenzar a estudiar un plan de mantenimiento preventivo, es necesario reagrupar todos los documentos necesarios:

- Fichas y gamas de mantenimiento preventivo que existan (*automantenimiento* y mantenimiento programado).
- Historial de fallos.
- Recomendaciones de los fabricantes de los equipos.

INVESTIGACIÓN METÓDICA A TRAVÉS DEL ÁRBOL DE FALLOS

Esta técnica, muy apropiada para el examen de fallos de elementos o subconjuntos, nos permite construir secuencias lógicas de análisis y revisión de problemas, y elaborar de esta manera gamas de revisión y diagnóstico en diferentes niveles de intervención.

Para comprender cómo podemos construir un árbol de fallos, primero debemos saber que todo sistema mecánico, eléctrico o electrónico está compuesto por un cierto número de componentes elementales más o menos complejos. Estos componentes, desde el punto de vista funcional, pueden hallarse en dos estados: sea en funcionamiento o sea en fallo.

> Se consideran componentes **en funcionamiento** aquellos que desarrollan la misión que tengan asignada dentro del sistema según las características del proyecto. En cambio, estarán **en fallo** los elementos que no funcionan o que funcionan de tal modo que perturban la actividad normal del sistema o instalación.

NOTAS

El procedimiento para hacer una investigación metódica de los fallos consiste en reducir los acontecimientos a un **sistema lógico secuencial**, a partir de su diseño mecánico o su diagrama de flujos. Una forma de hacerlo es con el árbol de fallos.

Con el fin de comprender mejor el proceso, vamos a representar un ejemplo sencillo de árbol de fallos relativo a un sistema de alimentación de aire:

NOTAS

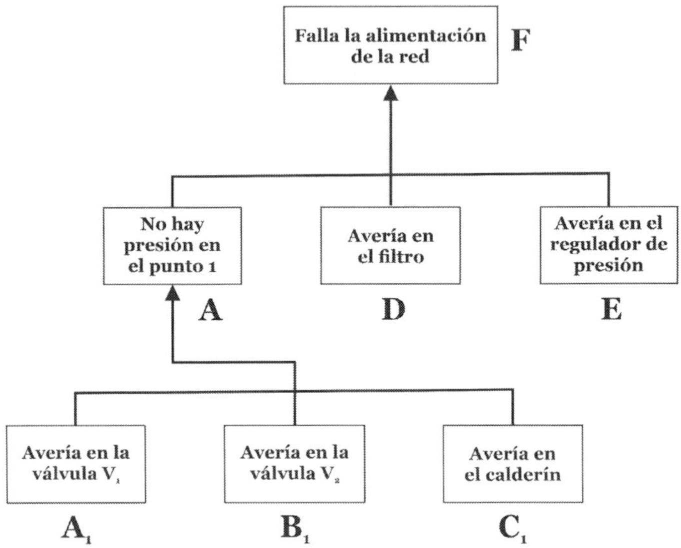

I = Indisponibilidad

Cambiando las diferentes indisponibilidades de los sucesos de base se obtiene la indisponibilidad del suceso final.

I(F) = I(A) + I(B) + I© + I(E)

En primer lugar, debemos definir cuál es el acontecimiento final deseado (o el no deseado). En nuestro caso, el acontecimiento no deseado puede ser «la falta de alimentación de aire a la máquina».

El paso siguiente es averiguar los motivos por los que la máquina se queda sin alimentación de aire, es decir, cuáles son los fallos inherentes al circuito en el esquema del gráfico. En este sentido, es evidente que el acontecimiento F es una consecuencia de la aparición de uno de los acontecimientos A-D-E.

NOTAS

A continuación, tenemos que averiguar cuándo dejan de funcionar los acontecimientos A-D-E. En el esquema, vemos que esto ocurre cuando se produce un fallo en los acontecimientos A1-B1-C1, surgidos del acontecimiento A.

Siguiendo esta lógica, podemos continuar desarrollando todo el árbol, sea cual sea su complejidad. Una vez construido, puede usarse para continuar el proyecto del sistema, si este está en la fase de diseño y construcción, o para su mantenimiento, si el sistema está ya en explotación.

De este modo, es posible, en una instalación, centrar la atención sobre los componentes que determinan las órdenes de los cortes inferiores. De este modo, y mediante un mantenimiento preventivo, se podrá mejorar la fiabilidad y la disponibilidad del conjunto,. Si la fiabilidad que se consigue no es suficiente, se puede tratar de modificar el esquema que se ha analizado para así mejorarlo, por ejemplo, introduciendo otro componente en paralelo o seleccionando componentes con tasas de fallo menores.

METODOLOGÍA PARA RESOLVER FALLOS Y AVERÍAS A TRAVÉS DEL ÁRBOL DE FALLOS

Este proceso consta de las siguientes etapas:

Primera etapa

Se comienza por un **análisis de la función**, esto es: conocer en profundidad el problema y las consecuencias del fallo o avería que se busca resolver.

NOTAS

Por ejemplo, imaginemos que tenemos un motor de combustión que no arranca. Nuestra primera tarea será responder a la siguiente pregunta: «¿cómo se realiza la función de manera satisfactoria?». O dicho de otro modo: «¿qué acontecimientos se han de dar para que la función se desarrolle de manera satisfactoria?».

Para ello, trazaremos un esquema simple del principio de funcionamiento, asegurándonos de que no nos hemos olvidado ningún elemento relacionado con el problema. Encontraremos entonces nuestra respuesta, que deberá ser precisa, e incluir las palabras clave pertinentes. En este caso, podría ser:

«Para que un motor de combustión arranque es preciso hacerlo girar, creando una chispa dentro de una mezcla bien dosificada de aire y combustible, previamente recibida en la cámara de combustión».

Una vez hecho esto, relacionaremos los elementos de la función que se presentan como sospechosos de ser una **causa de fallo**.

Entonces, definiremos la malla de la investigación, iniciando la construcción del árbol de fallos en primer nivel, en el que identificaremos los posibles fallos o acontecimientos no deseados. Partiendo de las consecuencias conocidas,

NOTAS

determinaremos, en una reunión de grupo de trabajo, las causas de la avería a través de los fallos detectados, comparándolos con la función que ha de cumplir cada elemento.

En este caso, las causas podrían ser, por ejemplo, una falta de combustible, de aire o de chispa.

Segunda etapa

Para cada uno de estos fallos o consecuencias, haremos una **relación exhaustiva** de sus posibles causas, considerando el mayor número de causas posibles e imaginables. Es decir, cada fallo (acontecimientos no deseados de primer nivel) se origina a su vez por otros posibles fallos, motivados por sus respectivas causas (acontecimientos no deseados de segundo nivel).

En el ejemplo del motor, los acontecimientos de primer nivel podrían ser:

- No llega combustible a los inyectores.
- No hay combustible en el depósito.
- El filtro está en malas condiciones.
- El estárter está cerrado.
- Los cables de las bujías están deteriorados.
- Hay fallos en las bujías.
- No hay energía eléctrica.

De este modo, investigaremos las causas de cada uno de estos acontecimientos y construiremos el árbol de fallos completo. El resultado podría ser:

NOTAS

- No llega combustible a los inyectores:
  - Causa n.º 1: tubería de unión rota
  - Causa n.º 2: tuerca floja
  - Causa n.º 3: bomba de combustible que no funciona
- No hay combustible en el depósito:
  - Causa n.º 4: fallo en el nivel automático
  - Causa n.º 5: derrame
- Filtro en malas condiciones:
  - Causa n.º 6: filtro obstruido
- Estárter cerrado:
  - Causa n.º 7: estárter atrancado
  - Causa n.º 8: unión de apertura rota
- Cables deteriorados:
  - Causa n.º 9: protecciones de cables deterioradas
  - Causa n.º 10: conexiones falsas
  - Causa n.º11: protectores en mal estado
- Fallos en bujías:
  - Causa n.º12: bujías engrasadas
  - Causa n.º13: carbonilla en bujías
  - Causa n.º 14: deformación en la distancia de electrodos
- No hay energía:
  - Causa n.º 15: batería en mal estado
  - Causa n.º16: borne de batería sucio

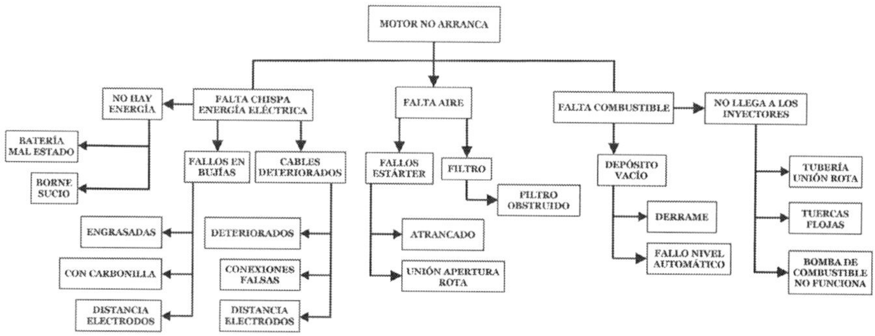

Una vez que tengamos la lista de causas posibles la repasaremos, reagrupando aquellas cuyo efecto identificable tenga el mismo origen. Así, terminaremos con una lista simple de causas posibles y detalladas a través de un *brainstorming* o por votación ponderada.

Tercera etapa

A continuación, clasificaremos y jerarquizaremos las causas (de nuevo, por votación ponderada en el grupo) que hemos identificado como más posibles por su repercusión en el fallo que estemos tratando.

Con esto, nuestro objetivo será analizarlas y evitar su repetición a través de la introducción de **modificaciones** en algún elemento de la función o realizando una operación de mantenimiento preventivo.

En el segundo caso, nos ayudaremos de las preguntas que aparecen en esta figura:

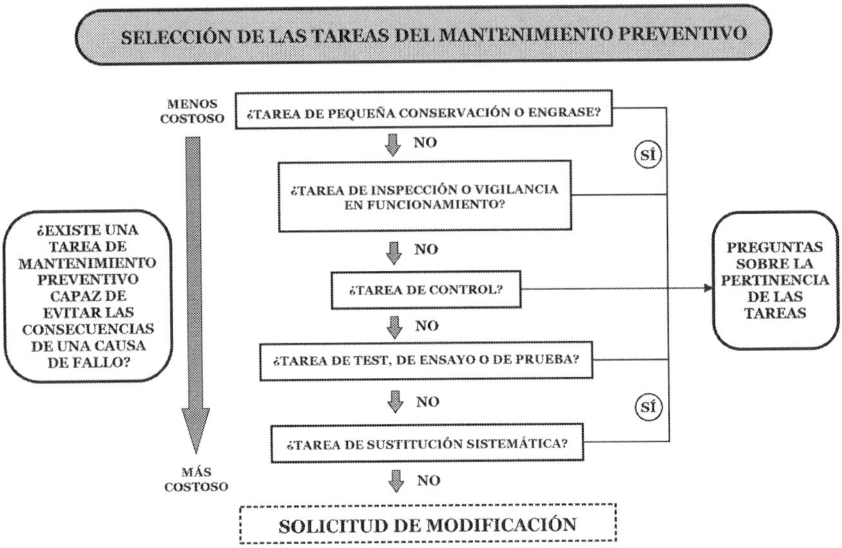

Cuarta etapa

Por último, las tareas que hayamos encontrado las introduciremos en un documento similar al siguiente, que nos servirá como base para preparar el nuevo plan de mantenimiento preventivo de la función que estemos estudiando, así como las gamas y órdenes de trabajo correspondientes.

Primer ejemplo

Este documento se elaborará en base a los acontecimientos o causas del último nivel del árbol de fallos.

<table>
<tr><th colspan="7">Ficha de selección de tareas de mantenimiento o modificaciones
Instalación / máquina:</th></tr>
<tr><td colspan="2">Grupo funcional / conjunto:</td><td colspan="2">Subconjunto / Componente:</td><td colspan="3">Hoja n.º:</td></tr>
<tr><td>Tipo de tareas</td><td>Denominación</td><td>Especialidad</td><td>Frecuencia</td><td>Tiempo estimado</td><td>Coste estimado</td><td>Útiles necesarios</td></tr>
<tr><td>Pequeño engrase o mantenimiento</td><td></td><td></td><td></td><td></td><td></td><td></td></tr>
<tr><td>Inspección y control en funcionamiento</td><td></td><td></td><td></td><td></td><td></td><td></td></tr>
<tr><td>Control o visita con equipo parado</td><td></td><td></td><td></td><td></td><td></td><td></td></tr>
<tr><td>Test, ensayo o prueba</td><td></td><td></td><td></td><td></td><td></td><td></td></tr>
<tr><td>Sustitución sistemática o modificación</td><td></td><td></td><td></td><td></td><td></td><td></td></tr>
</table>

Veamos a continuación otro ejemplo similar.

Segundo ejemplo: fallos en el detector de presencia de palé de transporte de pieza en la entrada a la máquina

Ahora ya conocemos el procedimiento que debemos seguir para construir el árbol de decisiones. Por lo tanto, en este segundo supuesto veremos que los pasos que debemos dar serán muy similares.

NOTAS

1 Primera etapa: análisis de la función

En esta fase trataremos, una vez más, de responder a la pregunta de «¿qué acontecimientos deben ocurrir para que la función se desarrolle correctamente?» y trazaremos nuestro esquema, que nos servirá de apoyo para construir el primer nivel del árbol.

En este caso, para que se detecte la presencia del palé, se han de dar dos acontecimientos: señal eléctrica y un buen posicionamiento del detector. Deducimos, entonces, que las causas del fallo podrían estar relacionadas con uno de estos dos factores o con ambos.

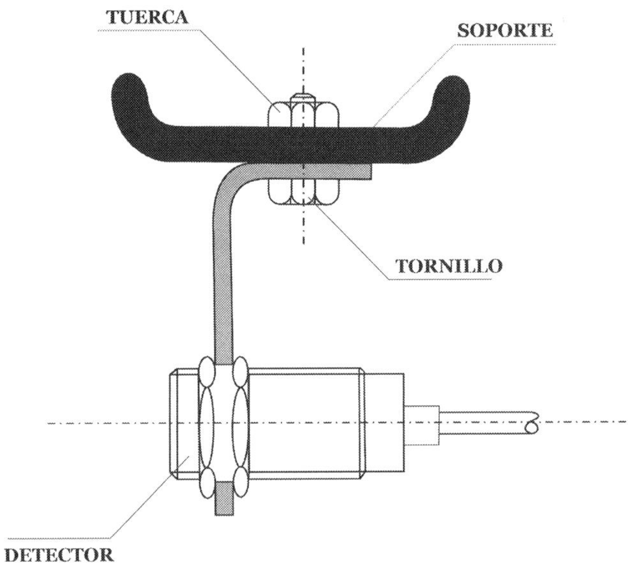

2 Segunda etapa: relación exhaustiva

NOTAS

Pasaremos entonces a una relación pormenorizada de las causas posibles, llegando a los acontecimientos no deseados de segundo nivel.

En este ejemplo, el resultado quedaría tal como se muestra aquí:

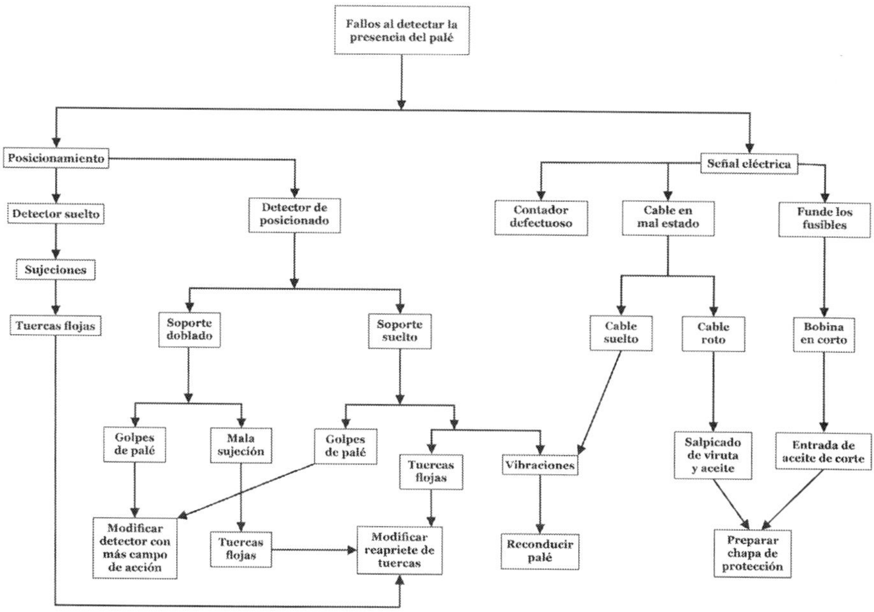

3 Tercera etapa: clasificación y jerarquización

Al igual que en el primer ejemplo, en este momento identificaremos las causas más probables y decidiremos cómo evitar que se repitan (ya sea modificándolas o ya sea por medio de un mantenimiento preventivo).

NOTAS

4 Cuarta etapa: elaborar un documento

Finalmente elaboraremos un documento como el de abajo con toda la información que hemos obtenido del árbol, para así poder comenzar a preparar el nuevo plan de mantenimiento preventivo. En este caso, quedaría así:

Ficha de selección de tareas de mantenimiento o modificaciones sobre el detector
Instalación / máquina: TODAS LAS MÁQUINAS DE LA LÍNEA

Grupo funcional / conjunto:	Subconjunto / Componente:	Hoja n.º: 01

Tipo de tareas	Denominación	Especialidad	Frecuencia	Tiempo estimado	Coste estimado	Útiles necesarios
Pequeño engrase o mantenimiento	OBSERVAR ESTADO Y POSICIÓN DEL DETECTOR	OPERADOR	DIARIA	DESPRECIABLE	DESPRECIABLE	SIN
Inspección y control en funcionamiento						
Control o visita con equipo parado						
Test, ensayo o prueba						
Sustitución sistemática o modificación	INSTALAR CARCASA DE PROTECCIÓN DEL DETECTOR INSTALAR NUEVO DETECTOR CON MAYOR CAMPO DE DETECCIÓN MONTAR NUEVAS TUERCOS AUTOBLOCANTES MONTAR CUÑA DE RECONDUCCIÓN DE PALÉ DE ENTRADA A LA MÁQUINA					30 EUROS 40 EUROS 2 EUROS 72 EUROS

NOTAS

En este caso, como vemos, las tareas que quedan por realizar son casi exclusivamente modificaciones. Tan solo, como medida de seguridad, incluimos también la tarea de «observar estado y posición del detector», que será responsabilidad del operador.

INTRODUCCIÓN AL AMFEC COMO MÉTODO DE APOYO

El **método AMFEC** (análisis metódico de fallos, sus efectos y criticidad) es una estrategia de mantenimiento basada en la fiabilidad de las funciones de un sistema más o menos complejo.

Todo sistema tiene cuatro familias de funciones:

- Funciones primarias.
- Funciones secundarias.
- Funciones terciarias.
- Funciones superfluas o no necesarias.

Nosotros solo vamos a considerar las primeras. A saber:

Las **funciones primarias (F1)** son funciones específicas del sistema, al que a veces incluso dan nombre. Por ejemplo, la función primaria de un sistema de bombeo sería bombear agua con un volumen de 200 m^3/h a una altura de 60 m.

NOTAS

Fallos funcionales

Un **fallo funcional (FF)** es una desviación de la norma de buen funcionamiento. Puede ser instantáneo o gradual, debido a una degradación paulatina de la función.

Por ejemplo, si la norma de buen funcionamiento de un sistema de bombeo es bombear con un volumen de 200 m^3/h, un fallo funcional podría ser bombear 80 m^3/h o bien no bombear nada.

Debemos expresar el fallo funcional siempre en **presente de indicativo** (bombea o no bombea).

El modo de fallo

El **modo de fallo** siempre es un fallo funcional, como, por ejemplo, unas guías de bancada agarrotadas o una bomba que no bombea.

El modo de fallo debe ser nuestro centro de atención, puesto que, al ocurrir el fallo funcional, pueden aparecer diversas circunstancias que nos aporten más información.

NOTAS

Estas circunstancias se indicarán en **gerundio** (estando lleno el depósito de agua, la bomba no bombea).

Causas de los modos de fallo

Todo modo de fallo tiene una o varias **causas** que lo producen y que actúan sobre un elemento o componente mantenible. Estas causas deben investigarse con el fin de eliminarlas a través de actividades de mejora o prevención. Por ejemplo: si se han gripado las guías de la bancada de la fresadora por obstrucción en la tubería de conducción del aceite estando lleno el depósito de aceite de engrase.

En este momento, es recomendable aplicar la **teoría de los cinco porqués** e incluso plantearse la construcción del árbol de fallos.

Consecuencias o gravedad sobre el sistema del modo de fallo (G)

Debemos tener presente en todo momento que siempre será más importante eliminar o reducir las consecuencias del fallo (y, por tanto, su gravedad sobre el sistema) que prevenir o evitar el fallo en sí mismo.

Podemos dividir las **consecuencias del modo de fallo** en las siguientes familias o grupos:

NOTAS

- Consecuencias de **funciones ocultas** para el operador del sistema.
- Consecuencias de **funciones evidentes** para el operador del sistema.
- Consecuencias para la **seguridad** y el **medio ambiente**.
- Consecuencias **operacionales**, que afectan a la calidad, las horas de parada de máquina, etc.
- Consecuencias **no operacionales** (costes directos de reparación).

En relación con el primer grupo, señalamos que:

Es una **función oculta** aquella cuyo fallo no aparece evidente para el operario en circunstancias normales. Por ejemplo, una avería en el sistema de detección y protección (la lámpara intermitente no luce porque está fundida).

El fallo oculto puede tener consecuencias de fallos múltiples.

Criticidad de los modos de fallo

Si denominamos «F» a la probabilidad del modo de fallo, es decir, el número de veces que ha ocurrido un determinado modo de fallo en un tiempo determinado (número de modos de fallo al mes, etc.), podemos calcular el **índice de criticidad de los modos de fallo (IRC)** de la siguiente manera:

NOTAS

$$IRC = F \times G \times D$$

En esta fórmula:

- «F» es la frecuencia en que se da el modo de fallo a través de una causa (F→ P1 × P2/1).
- «G» es la gravedad o consecuencias sobre el sistema.
- «D» es la probabilidad de tener una detección o protección del modo de fallo (P3).

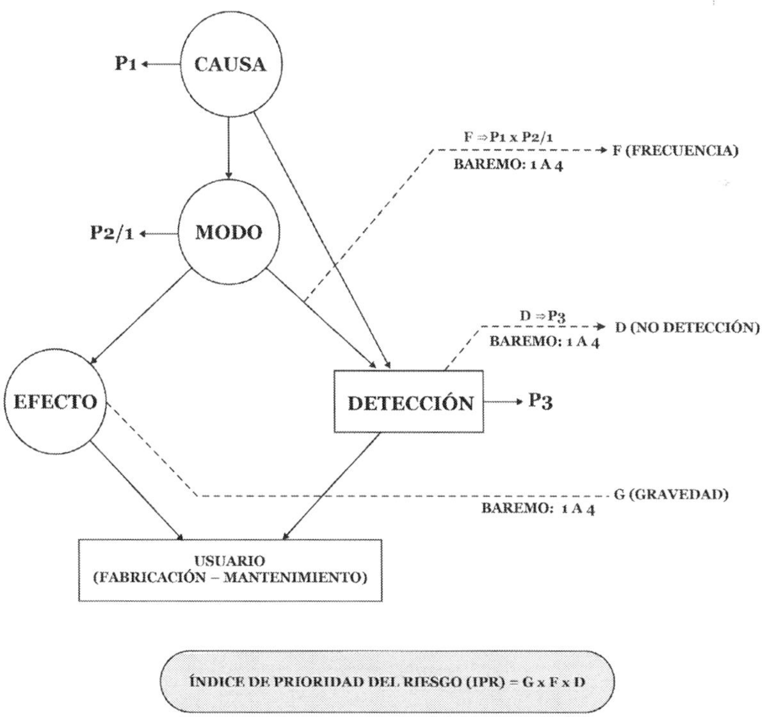

NOTAS

Así, podemos construir tablas para estos tres indicadores, similares estas:

ÍNDICE DE FRECUENCIA F	
VALORES DE F	**PROBABILIDAD DE APARICIÓN DEL FALLO BASÁNDOSE EN EL HISTORIAL**
PRÁCTICAMENTE INEXISTENTE 1	La posibilidad de que un fallo se produzca es muy pequeña y los efectos han sido inexistentes (menos de un fallo por año).
POSIBLE 2	Ha aparecido un fallo ocasional o no se reúnen todas las condiciones para garantizar el no fallo (un fallo máximo por trimestre).
ALGUNO 3	Elemento o componente que, con cierta frecuencia, ha causado algunos problemas (un fallo máximo por semana).
FRECUENTE 4	Elemento o componente en el cual se produce con frecuencia el fallo (de uno a tres fallos por día).

ÍNDICE DE GRAVEDAD (G)	
VALORES DE G	**CRITERIOS**
PEQUEÑO **1**	Fallo que no provoca más que una parada de producción inferior a 1 min. y ninguna degradación notable del material.
MEDIO **2**	Fallo que provoca una parada de producción entre 1 y 20 min. y necesita un reajuste o una pequeña reparación *in situ*.
CRÍTICO **3**	Fallo importante que provoca una parada de producción de 20 a 60 min. o que necesita un cambio de material defectuoso.
CATASTRÓFICO **4**	Fallo grave que provoca una parada superior a 60 min o que implica problemas potenciales de seguridad o producción de piezas no conformes.

ÍNDICE DE NO DETECCIÓN	
VALORES DE D	**CRITERIOS**
1	Existe alguna señal anticipada del fallo, de forma que el operario puede evitarlo con una acción preventiva o dando alerta automática de incidente. (Por ejemplo, un ruido, una vibración, un calentamiento anormal, etc.).
2	Existe alguna señal anticipada del fallo, pero hay riesgo de que esta pueda no ser apreciada por el operario.
3	La señal anticipada del fallo no es fácilmente detectable.
4	No existe ninguna señal anticipada del fallo.

Modo de trabajar en grupo

Los pasos que el grupo deberá dar para estudiar y optimizar un plan de mantenimiento preventivo con ayuda del método AMFEC son los siguientes:

1

Dividimos las máquinas o equipos en funciones o conjuntos.

NOTAS

2

Llevamos a cabo un análisis en grupo del funcionamiento de la máquina o equipo, comprendiendo cómo actúa y cuáles son sus diferentes funciones. El objetivo de esta fase es asegurarnos de que todos los participantes del grupo entienden el problema y utilizan la misma terminología.

3

Sometemos a un control estadístico a estas máquinas, órganos o componentes en funcionamiento. Durante este periodo, observamos su comportamiento y elaboramos un historial de averías y paradas. En este historial, el dato más importante es el **tiempo de buen funcionamiento (TBF)**, pues servirá de base al método que estamos describiendo.

4

Analizamos los disfuncionamientos del histórico, haciéndonos las siguientes preguntas:

- ¿Cuáles son los modos de fallo o averías de cada función?
- ¿Cuáles son las consecuencias o efectos sobre el sistema?
- ¿Cuáles son las causas?

NOTAS

4

(continuación...)

- ¿Cuál es la gravedad sobre los costes, tiempo de parada, etc.?
- ¿Qué componentes originan estos fallos?
- ¿Existen medios de detección y protección? ¿Cuáles son?

De esta manera, identificamos todos los componentes críticos con una tasa de fallo creciente o costes elevados (de intervención, de paradas, de producción, etc.).

En esta fase, podemos empezar a ayudarnos del método AMFEC y de una ficha de análisis similar a la representada más arriba, habiendo establecido previamente una rejilla de criticidad (de nuevo, véase el ejemplo de tablas que hemos expuesto hace un momento).

ANÁLISIS DE LOS MODOS DE FALLO. SUS EFECTOS Y CRITICIDAD (AMFEC)

N.º máquina: Conjunto	Función:	AMFEC N.º	Analista:	Fecha de análisis:	Hoja:

N.º	ELEMENTO	FUNCIÓN (F)	FALLO (FF)	MODO DE FALLO (MF)	CAUSAS DEL MODO DE FALLO	F	G	D	IPR = F x G x D	PLAN DE ACCIÓN (MANTENIMIENTO MODIFICACIÓN)	RESPONSABLE	PLAZO

5

Por último, determinamos el nivel y la frecuencia de la intervención preventiva sobre el equipo.

Seleccionamos las tareas más adecuadas para evitar los disfuncionamientos considerados como críticos sobre los órganos o componentes de la función que nos ocupa, a través de la pregunta clave: «¿podemos encontrar una tarea de mantenimiento preventivo capaz de evitar las consecuencias de su necesidad?».

Teniendo siempre en cuenta los costes originados, nos detendremos en lo «justo necesario» y seleccionaremos e identificaremos la tarea sobre una hoja como la presentada más arriba.

NOTAS

Con todo esto en mente, a continuación, analizaremos la pertinencia de las tareas y su posible eficacia, construyendo el plan de **mantenimiento preventivo definitivo** sobre una hoja similar a la que se mostró en el capítulo anterior. En este plan, se recomienda considerar el mínimo cambio de órganos y componentes. Es necesario, por tanto, localizar aquellos que son responsables del crecimiento de la tasa de fallo del equipo, para así poder aplicar la prevención de sus fallos.

Veámoslo a través de un ejemplo:

En los gráficos siguientes se muestra este modelo aplicado al cabezal porta-punto de una rectificadora. La función que se debe analizar es la correspondiente a la de «sujeción de pieza entre puntos», la cual nos da un historial. Descomponemos esta función en conjuntos o subconjuntos, así:

- **Conjunto**: cabezal del punto
- **Subconjuntos**:
  - punto móvil
  - grupo hidráulico
  - grupo de engrase.

Definimos los componentes que se deben estudiar para cada subconjunto de esta función. En este ejemplo, son los siguientes:

NOTAS

› **Componentes del subconjunto del punto móvil:**

- rodamiento del eje
- punto
- forro-fuelle del eje en punto móvil.

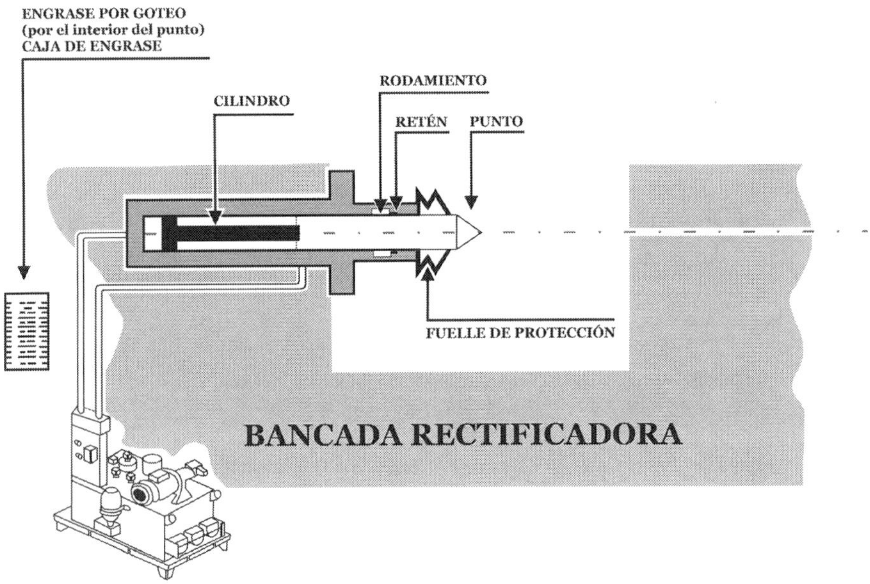

El análisis que haremos será específico para cada subconjunto y, de acuerdo con la cadena cinemática de la máquina, pondremos en evidencia los problemas y lo que es necesario inspeccionar, anotando las acciones y trabajos que deban realizarse para cada componente. Para ello, nos ayudaremos de las preguntas que recogemos en este gráfico.

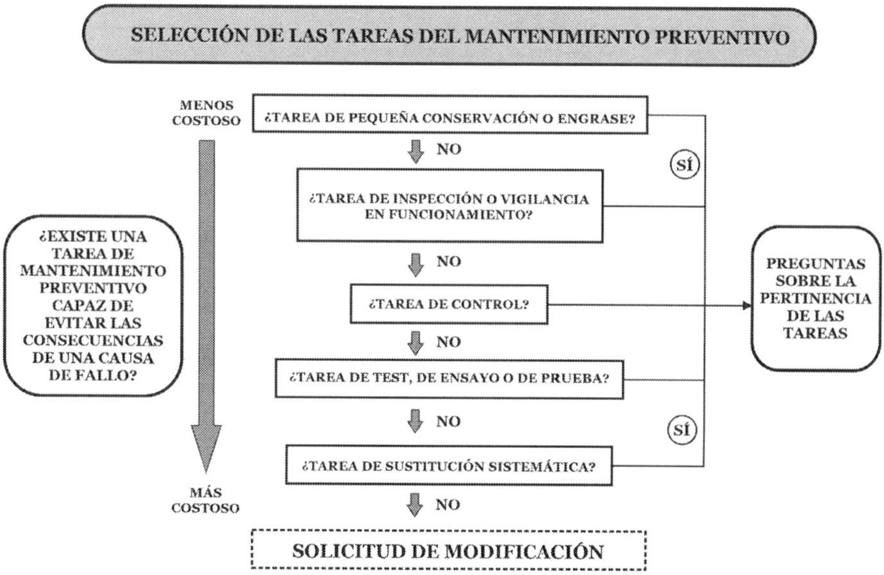

A continuación incorporaremos las respuestas como tareas a una hoja similar a la representada en este otro gráfico:

NOTAS

FICHA DE SELECCIÓN DE LAS TAREAS DE MANTENIMIENTO / MODIFICACIONES

INSTALACIÓN / MÁQUINA:

GRUPO FUNCIONAL / CONJUNTO	SUBCONJUNTO / COMPONENTE	HOJA N.º:

TIPO DE TAREAS	DENOMINACIÓN DE LAS TAREAS PROPUESTAS	ESPECIALIDAD	FRECUENCIA	TIEMPO ESTIMADO	COSTE ESTIMADO	ÚTILES NECESARIOS
Pequeño mantenimiento o engrase						
Inspección y control en funcionamiento						
Control o visita con equipo parado						
Test, ensayo o prueba						
Sustitución sistemática						
Modificación						

NOTAS

Y finalmente reagruparemos y repartiremos las acciones de la siguiente manera:

FICHA DE SELECCIÓN DE LAS TAREAS DE MANTENIMIENTO / MODIFICACIONES

INSTALACIÓN / MÁQUINA: Rectificadora *Land*

GRUPO FUNCIONAL / CONJUNTO: *Cabezal pieza*	SUBCONJUNTO / COMPONENTE: *Punto*	AMFEC N.º 1

TIPO DE TAREAS	DENOMINACIÓN DE LAS TAREAS PROPUESTAS	ESPECIALIDAD	FRECUENCIA	TIEMPO ESTIMADO	COSTE ESTIMADO	ÚTILES NECESARIOS
Pequeño mantenimiento o engrase	Observar estado de fuelle y su sujeción	Operador (Automant.)	Diaria (cada 8 horas)	0,5 min	0,50 €	S/N
Inspección y control en funcionamiento	a) Inspección y control de goteo de engrase continuo b) Control de presión hidráulica	Operador (Automant.)	a) Diaria b) Semanal	0,5 min 0,5 min	0,50 € 0,50 €	S/N S/N
Control o visita con equipo parado	a) Control de desgaste de juntas de cilindro b) Control de apriete de latiguillos-racores hidráulicos	a) Profesional b) Operador	a) Semestral b) Mensual	10 min 2 min	8 € 3 €	
Test, ensayo o prueba	Test de llegada de engrase a punto	Operador	Mensual	2 min	3 €	
Sustitución sistemática	a) Cambio de rodamiento b) Cambio de juntas de cilindro	a) Profesional b) Profesional	a) Anual b) 2 años	30 min 30 min	70 € 74,5 €	Extractor del rodamiento
Modificación	a) Instalar control automático de nivel b) Instalar pantalla de protección de salpicaderos de abrasivo o viruta	a) Profesional b) Profesional			300 € 60,2 €	

NOTAS

Así, construimos nuestro plan de mantenimiento preventivo óptimo, que irá acompañado de las mejoras o modificaciones que el grupo de trabajo decida. En este plan aparecerá, como mínimo, la siguiente información:

- Nivel de intervención:
  - operador de fabricación
  - profesional de mantenimiento.
- Frecuencia de los trabajos:
  - diaria
  - semanal
  - mensual
  - trimestral
  - semestral, etc.
- Homogeneidad del trabajo.
- Tiempos de intervención.
- Valores límite y valores observados.
- Medios que utilizar (útiles de control, herramientas, etc.).
- Estado de la máquina para realizar el trabajo:
  - en marcha
  - parada.
- Frecuencia.
- Especialidad del trabajo que realizar y su cualificación:
  - mecánica
  - eléctrica, etc.
- Tiempos de intervención.
- Piezas de recambio necesarias con su identificación total (si es con reemplazamiento cíclico).

En suma, es así como, en base a la criticidad de los problemas que aparecen en el histórico de un equipo, podemos construir (u optimizar) el mantenimiento preventivo más idóneo para un equipo o máquina determinado. Procuraremos identificar tareas tan simples como sea posible, para poder incorporarlas al *automantenimiento* cuando la producción esté preparada para asumirlo.

NOTAS

La experiencia nos señala que, en un plan de mantenimiento preventivo optimizado en estas condiciones, el tiempo anual dedicado al *automantenimiento* está constituido en un 70–80 % por las tareas cotidianas (no más de diez minutos por turno de trabajo), mientras que el 20–30 % restante son tareas más complejas que los profesionales de mantenimiento realizan a lo largo del año.

Razón Social:			**HISTORIAL DE AVERÍAS**								**FUNCIONES / ÓRGANOS PRINCIPALES**		**A: HIDRÁULICA B: ENGRASE C: MECÁNICA D:**			**E: F: G: H:**		**Máquina: Rectificadora Marca: Land Código: RF100**	
Fecha:	Localización de averías Función-órgano)									N.º parte averias	Designación de los trabajos realizados	Horas parada de maáquina	Horas traba-jadas mecáni-cas	Horas traba-jadas eléctri-cas	Otras horas trabaja-das	Total horas trabaja-das	Importe millo-nes de €	Importe mate-riales en €	Importe total en €
	A	B	C	D															
2/1/24			x							1	Punto gripado Recuperado en taller	1 h	2,5 h				14		14
4/1/24	x									2	Relleno de aceite	15 min	15 min				3	50	36
4/1/24			x							3	Fuelle roto. Cambio	25 min	25 min				15	23	38
8/1/24			x							4	Punto agarra-do. Cambio de rodamiento y retén	40 min	60 min				15	30	45
12/1/24	x									5	Fugas por cilin-dro hidráulico Cambio juntas	25 min	25 min				9	15	24
30/1/24			x							6	Punto gripado. Recuperado en taller	1 h	2,5 h				15		15

Razón Social:		**HISTORIAL DE AVERÍAS**									**FUNCIONES/ ÓRGANOS PRINCIPALES**		**A: HIDRÁULICA B: ENGRASE C: MECÁNICA D:**			**E: F: G: H:**		**Máquina: Rectificadora Marca: Land Código: RF100**	
Fecha:	Localización de averías Función-órgano)									N.º parte averias	Designación de los trabajos realizados	Horas parada de maáquina	Horas trabajadas mecánicas	Horas trabajadas eléctricas	Otras horas trabajadas	Total horas trabajadas	Importe millones de €	Importe materiales en €	Importe total en €
	A	B	C	D															
27/2/24		x								7	Relleno de aceite engrase. Nivel bajo	15 min	15 min				3	50	35
29/2/24		x								8	Relleno de aceite	15 min	15 min				3	20	18
4/3/24		x								9	No recupera punto	33 min	33 min				4		4
14/3/24		x								10	Fuelle suelto	10 min	10 min				3		3
16/3/24			x							11	Punto agarrado. Cambio rodamiento y retén	40 min	60 min				5	30	35
3/4/24	x									12	Latiguillo suelto. Fuga aceite hidráulico	40 min	70 min				8	100	75
16/4/24		x	x							13	Punto gripado. No llega aceite	15 min	25 min				4		4

Razón Social:			**HISTORIAL DE AVERÍAS**								**FUNCIONES/ ÓRGANOS PRINCIPALES**		**A: HIDRÁULICA B: ENGRASE C: MECÁNICA D:**			**E: F: G: H:**		**Máquina: Rectificadora Marca: Land Código: RF100**	
Fecha:	Localización de averías Función-órgano)									N.º parte averias	Designación de los trabajos realizados	Horas parada de maáquina	Horas trabajadas mecánicas	Horas trabajadas eléctricas	Otras horas trabajadas	Total horas trabajadas	Importe millones de €	Importe materiales en €	Importe total en €
	A	B	C	D															
28/4/24		x								14	Ruidos en bomba hidráulico Ajuste de presiones.	45 min	65 min				12		12
3/5/24	x									15	Presión defectuosa en hidráulico	25 min	25 min				3		3
6/5/24			x							16	Fuelle roto. Cambio	25 min					15	23	38
9/5/24			x							17	Punto agarrado. Cambio rodamiento y retén	40 min	60 min				5	30	35

Máquina: RF-100 Función: Sujeción pieza Conjunto: Cabezal punto Componente: varios				AMFEC n.º: 1	Analista: Sra. X				Fecha de análisis: 30/3/2024			Hoja: 1/2	
N.º	ELEMENTO	FUNCIÓN (F)	FALLO (FF)	CAUSAS DEL FALLO	DETECCIÓN SOBRE EL SISTEMA	F	G	D	IPR = FxGxD	>16 CRÍTICO	PLAN DE ACCIÓN MANTENIMIENTO / MODIFICACIÓN)	RESPON-SABLE	PLAZO
1	Punto	Giro de pieza	Gripado	Falta de aceite de engrase	Sin detección	4	4	4	64	SÍ	Control automático de nivel. Inspección automantenimiento	Sra. X	20 días
2	“	“	No gira. Agarrado	Rodamiento agarrado por fuelle roto	Sin detección	4	3	4	48	SÍ	Colocar pantalla protección salpicados. Inspección automantenimiento	Sra. X	20 días
3	“	“	No sale	Falta presión hidráulico	“	4	2	4	32	SÍ	Control presión en Automant.	Sra. X	15 días
4	Fuelle	Protección mecanismo	Roto	Acción salpicado de abrasivo	Sin detección	4	3	4	48	SÍ	Colocar pantalla protección de salpicados	Sra. X	20 días
5	“	“	Suelto	“	“	2	3	4	24	SÍ	Inspección sujeción brida en automantenimiento	Sra. X	15 días
6	Rodamiento	Facilitar el giro punto	Agarrado	Entrada mezcla abrasivo y taladrina (fuelle roto/ suelto)	Sin detección	4	3	4	48	SÍ	Ídem a puntos 3 y 4	Sra. X	20 días

Máquina: RF-100 Función: Sujeción pieza Conjunto: Cabezal punto Componente: varios				AMFEC n.º: 1	Analista: Sra. X				Fecha de análisis: 30/3/2024			Hoja: 1/2	
N. º	ELEMENTO	FUNCIÓN (F)	FALLO (FF)	CAUSAS DEL FALLO	DETECCIÓN SOBRE EL SISTEMA	F	G	D	IPR = FxGxD	> 16 CRÍTICO	PLAN DE ACCIÓN MANTENIMIENTO / MODIFICACIÓN)	RES-PONSA-BLE	PLAZO
7	“	“	Agarrado	Retén deteriorado	Sin detección	4	3	4	48	SÍ	Ídem a puntos 3 y 4.Cambio cíclico	Sra. X	20 días
8	Retén	Proteger rodamien-tos	Deterio-rado	Fuelle roto / suelto. Deteriorado	Sin detección	4	3	4	48	SÍ	Ídem a puntos 3 y 4. Cambio cíclico	Sra. X	20 días
9	Cilindro hidraúlico	Cierre / retroceso de punto	No se desplaza	Fugas aceite (desgaste de juntas)	“	4	2	4	24	SÍ	Control presión en automantenimiento. Cambio cíclico	Sra. X	20 días
10	Latiguillo hidráulico	Con-ducción de aceite	Fugas	Racord sujeción flojo	“	2	3	4	24	SÍ	Reapretar racores (automantenimiento)	Sr. Y	20 días
11	Bomba hidráulica	Envío de aceite	No envía aceite	Defecto regulador	“	2	3	4	24	SÍ	Control de la presión (automantenimiento)	Sr. Y	20 días
12	“	“	Ruidos		“	1	3	4	12	NO	Control de vibraciones	Sr. Y	15 días
13	Depósito de engrase	Almace-nar aceite	Sin aceite	Fugas	“	3	1	4	12	NO	Control de nivel	Sr. Y	15 días

SELECCIÓN DE LAS TAREAS DE MANTENIMIENTO/ MODIFICACIONES	**Instalación / máquina: Rectificadora Land**	
Grupo funcional / conjunto: cabezal pieza	**Subconjunto / componente: punto**	**AMFEC N.º1**

Tipo de tareas	Denominación de las tareas propuestas	Especialidad	Frecuencia	Tiempo estimado	Coste estimado	Útiles necesarios
Pequeño mantenimiento / engrase	• Observar estado del fuelle y su sujeción	Operarador (*automant.*)	Diaria (cada 8 horas)	0,5 min	20€	S/N
Inspección y control en funcionamiento	• Inspección y control de goteo de engrase continuo • Control de presión hidráulica	Operador (*automantenimiento*)	• Diaria • Semanal	• 0,5 min • 0,5 min	• 20€ • 20€	S/N S/N
Control o visita con equipo parado	• Control de desgaste de juntas de cilindro • Control de apriete de latiguillos / racores hidráulicos	• Profesional • Operador	• Semestral • Mensual	• 10 min • 2 min	• 150€ • 75€	
Test, ensayo o prueba	• *Test* de llegada de engrase a punto	Operador	Mensual	2 min	150€	
Sustitución sistemática	• Cambio de rodamiento • Cambio de juntas de cilindro	• Profesional • Profesional	• Anual • 2 años	• 30 min • 30 min	• 300€ • 250€	Extractor de rodamientos
Modificación	• Instalar control automático de nivel • Instalar pantalla de protección de salpicados de abrasivo / viruta	• Profesional • Profesional			• 350€ • 400€	

NOTAS

Búsqueda de soluciones

Después de la puesta en evidencia de los riesgos de fallos críticos, es necesario definir las acciones correctivas para las causas que tengan un IPR = 16 (en nuestro ejemplo, serán once acciones).

Es evidente que una disminución de los valores de los IPR se podrá obtener bajando los de G / F / D a través de acciones correctivas, las cuales han de tener un responsable y unas fechas de aplicación determinadas.

En nuestro caso, reagrupamos y repartimos las acciones que realizar, cubriendo, como ya hemos señalado, el impreso de selección de las tareas de mantenimiento y modificaciones. Con esto, construimos el mejor plan posible de tareas e intervenciones de mantenimiento preventivo, lo que eliminará o suavizará el problema de la «no calidad» del ejemplo reseñado.

Además, podemos determinar la rentabilidad de las modificaciones o mejoras con ayuda de una hoja similar a la que mostramos a continuación. En todo caso, no debemos olvidar incluir las gamas de engrase, limpieza y mantenimiento de parámetros del proceso dentro del plan de mantenimiento preventivo definido.

RAZÓN SOCIAL	CUADERNILLO PARA MANTENIMIENTO POR MEJORA	MÁQUINA

1. PLANTEAMIENTO

PIEZA ....

CONJUNTO ....

EQUIPO: ELÉCTRICO ☐ MECÁNICO ☐ NEUMÁTICO ☐ HIDRÁULICO ☐

RELACIONES CON OTROS EQUIPOS DE LA MÁQUINA ....

....

DEFECTO O PROBLEMA ACTUAL ....

....

AFECTA ADEMÁS A OTRAS MÁQUINAS SÍ ☐ NO ☐

REFERENCIA DE ESTAS ....

2. DATOS ECONÓMICOS

ATENCIONES ANUALES	FRECUENCIAS	HORAS EMPLEAD.	MATERIAL EMPLEADO	HORAS PARAD.	COSTE ANUAL		
					REVIS. Y AVE.	PARAD.	TOTAL
REVISIONES PREVENTIVAS							
AVERÍAS							
					TOTAL................		

3. PROPUESTA DE DECISIONES

SE ACOMPAÑA CROQUIS SÍ ☐ NO ☐

DETALLE DE LA PROPUESTA ....

....

....

COSTE ESTIMADO DE LA MANO DE OBRA ....

COSTE DE MATERIALES (ACOMPAÑAR CON LISTADO DE PRECIOS Y ESQUEMA O CROQUIS) ....

COSTE TOTAL DE LA PROPUESTA ....

AMORTIZACIÓN ESTIMADA ....

FACTORÍA Y FECHA ....

APROBADO ....

INVERSIÓN ....

NOTAS

Seguimiento

El seguimiento es una fase primordial para este tipo de métodos analíticos. En todas las medidas correctivas aplicadas es necesario, además de nombrar a un responsable, establecer un plan de acción.

Después de aplicar cada plan de acción, se efectuará un nuevo cálculo de las criticidades (IPR), analizando y evaluando las nuevas soluciones y modificaciones que se hayan aplicado.

Así, la corrección de los disfuncionamientos o de los fallos quedará en marcha hasta que la función, conjunto o equipo analizado, se juzgue y valore satisfactoriamente.

ANÁLISIS DE ESTE EJEMPLO CON EL MÉTODO DEL ÁRBOL DE FALLOS

Pero imaginemos, por un momento, que no dispusiéramos de un histórico de averías en nuestro ejemplo anteriormente descrito. ¿Habría sido imposible llegar a los resultados reseñados? En absoluto. Podríamos haber conseguido lo mismo a través de la metodología del árbol de fallos, como podemos observar en los siguientes gráficos:

NOTAS

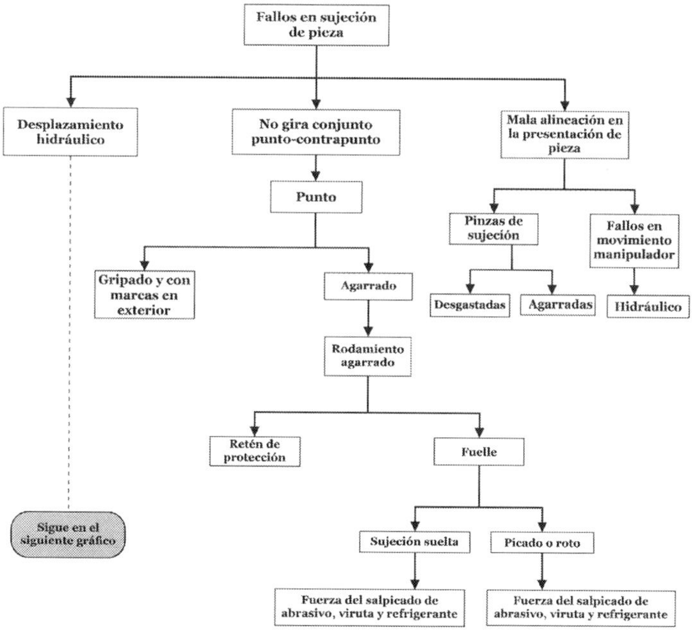
Fallos en sujeción de pieza
Desplazamiento hidráulico
No gira conjunto punto-contrapunto
Mala alineación en la presentación de pieza
Punto
Pinzas de sujeción
Fallos en movimiento manipulador
Gripado y con marcas en exterior
Agarrado
Desgastadas
Agarradas
Hidráulico
Rodamiento agarrado
Retén de protección
Fuelle
Sigue en el siguiente gráfico
Sujeción suelta
Picado o roto
Fuerza del salpicado de abrasivo, viruta y refrigerante
Fuerza del salpicado de abrasivo, viruta y refrigerante

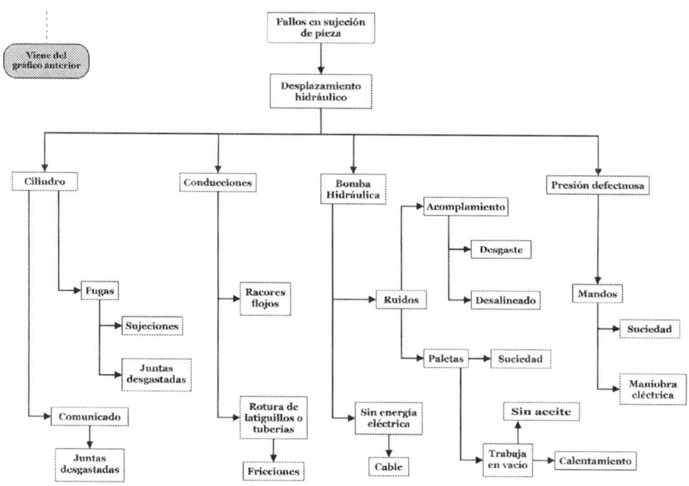
Viene del gráfico anterior
Fallos en sujeción de pieza
Desplazamiento hidráulico
Cilindro
Conducciones
Bomba Hidráulica
Presión defectuosa
Acomplamiento
Desgaste
Fugas
Racores flojos
Ruidos
Desalineado
Mandos
Sujeciones
Suciedad
Juntas desgastadas
Paletas
Suciedad
Maniobra eléctrica
Sin aceite
Comunicado
Rotura de latiguillos o tuberías
Sin energía eléctrica
Trabaja en vacío
Calentamiento
Juntas desgastadas
Fricciones
Cable

NOTAS

EJEMPLO DEL DETECTOR DE PRESENCIA DE PALÉ DISPONIENDO DE UN HISTORIAL Y APLICANDO EL MÉTODO AMFEC

Para continuar ilustrando este aspecto, vamos a recuperar ahora el ejemplo del detector de presencia de palé que vimos en apartados anteriores, y compararemos los resultados que obtuvimos con la ayuda del árbol de fallos con los resultados que podemos obtener a través del método AMFEC:

HISTORIAL DE AVERÍAS DETECTOR											ÓRGANOS PRINCIPALES	A: SOPORTE B: DETECTOR			E F		MÁQUINA: fresadora MARCA: xx CÓDIGO: yy		
FECHA	LOCALIZACIÓN DE AVERÍAS									Nº PARTE AVERÍA	DESIGNACIÓN DE LOS TRABAJOS REALIZADOS	HORAS PARADA	HORAS TRABAJADAS				IMPORTE EN EUROS	IMPORTE MATERIALES EN EUROS	IMPORTE TOTAL EN EUROS
	A	B	C	D	E	F	G	H	I										
2/1/24	x									2006	Detector suelto. Apriete tuerca en soporte	10 min	15 min						
9/1/24	x									2010	Soporte doblado. Enderezar-sujetar	35 min	50 min						
20 min		x								2020	Detector en corto por entrada de taladrina	20 min	25 min						
14/1/24	x									2023	Detector suelto. Apriete de tuerca	10 min	15 min						
15/1/24		x								2100	Detector desreglado. Reglar y apretar tuerca	15 min	20 min						
19/1/24	x	x								2105	Detector golpeado. Soporte doblado	20 min	30 min						
21/1/24		x								2120	Detector en corto. Entrada taladrina	20 min		25 min					

HISTORIALDE AVERÍAS DETECTOR											**ÓRGANOS PRINCIPALES**	**A: SOPORTE B: DETECTOR**			**E F**		**MÁQUINA: fresadora MARCA: xx CÓDIGO: yy**		
FECHA	LOCALIZACIÓN DE AVERÍAS									Nº PARTE AVERÍA	DESIGNACIÓN DE LOS TRABAJOS REALIZADOS	HORAS PARADA	HORAS TRABAJADAS				IMPOR-TE EN EUROS	IMPOR-TE MATERI ALES EN EUROS	IMPOR-TE TOTAL EN EUROS
	A	B	C	D	E	F	G	H	I										
26/1/24		x								2200	Detector en corto. Entrada taladrina	20 min		25 min					
30/1/24		x								2220	Detector movido por golpe.	10 min	15 min						
6/2/24x	x									2250	Detector suelto. Apriete de tuercas	10 min	15 min						
13/2/24		x								2270	Detector en corto. Entrada taladrina	20 min	25 min						
20/2/24	x									2293	Soporte doblado	35 min	50 min						

<table>
<tr><th colspan="7">FICHA DE SELECCIÓN DE LAS TAREAS
DE MANTENIMIENTO/MODIFICACIONES</th></tr>
<tr><td colspan="7">Instalación / máquina: máquina transfert</td></tr>
<tr><td colspan="2">Grupo funcional / conjunto: detección palé</td><td colspan="4">Subconjunto / componente: detector</td><td>AMFEC N.º 1</td></tr>
<tr><th>Tipo de tareas</th><th>Denominación de las tareas propuestas</th><th>Especialidad</th><th>Frecuencia</th><th>Tiempo estimado</th><th>Coste estimado</th><th>Útiles necesarios</th></tr>
<tr><td>Pequeño mantenimiento / engrase</td><td></td><td></td><td></td><td></td><td></td><td></td></tr>
<tr><td>Inspección y control en funcionamiento</td><td>Observar estado de detector</td><td>Operador (automantenimiento)</td><td>Diaria</td><td>Depreciable</td><td></td><td></td></tr>
<tr><td>Control o visita con equipo parado</td><td></td><td></td><td></td><td></td><td></td><td></td></tr>
<tr><td>Test, ensayo o prueba</td><td></td><td></td><td></td><td></td><td></td><td></td></tr>
<tr><td>Sustitución sistemática</td><td></td><td></td><td></td><td></td><td></td><td></td></tr>
<tr><td>Modificación</td><td>Instalar carcasa de protección de detector
Instalar nuevo detector con mayor campo de detección
Montar tuercas antiblocantes</td><td></td><td></td><td></td><td></td><td></td></tr>
</table>

RAZÓN SOCIAL:	ANÁLISIS DE LOS MODOS DE FALLOS, DE SUS EFECTOS Y SU CRITICIDAD (A.M.D.E.C.)												
	Sistema: Sistema:		N.º de plano: N.º de plano:		AMDEC MEDIOS DE PRODUCCIÓN		FASE OPERACIONAL		Fecha de análisis				Hoja
SUBCONJUNTO			AVERÍA		CONSECUENCIAS SOBRE		PARÁMET. DISPONIB.		CRITICIDAD				ACCIONES CORRECTIVAS
INDENTIFICACIÓN	N.º	FUNCIÓN	TIPO	CAUSAS POSIBLES	SUBCONJUNTO	SISTEMA	χ	μ	GRAV.	FREC.	DET.	IPR	
DETECTOR	1	Detectar la presencia de un palé	Deterioro detector	Choque con el palé	No detecta	Parada máquina			3	3	2	18	• Proteger el detector contra los posibles choques del palé • Utilizar detectores con mayor campo
			Detector en cortocircuito	Penetración de aceite de corte	Funde fusible	Parada máquina			3	3	3	27	• Proteger el detector contra las proyecciones de aceite
TUERCA	2	Fijar el detector sobre el soporte	Desapriete de la tuerca	Vibración del soporte	Riesgo deterioro detector	Posible ausencia de detección			2	3	3	18	• Apretar convenientemente en el montaje y poner arandelas de freno
SOPORTE	3	Mantener el detector en posición correcta	Deformación del soporte	Choque. Debilidad mecánica	Riesgo deterioro detector	Ausencia detección y parada máquina			2	3	2	12	• Dimensionar soporte correctamente
			Rotura del soporte	Choque	Riesgo deterioro detector	Ausencia detección y parada máquina			4	3	1	12	• Dimensionar soporte correctamente
TORNILLO	4	Fijar el soporte sobre el bastidor	Desapriete de la tuerca	Vibración del bastidor	Riesgo deterioro detector	Posible ausencia de detección			2	3	1	6	• Apretar convenientemente en el montaje y poner arandelas de freno

Vemos, en conclusión, que ambos métodos son igualmente válidos y útiles para el análisis y la resolución de problemas. La elección de uno u otro dependerá de la situación en la que nos encontremos, de los recursos de los que dispongamos y de nuestras necesidades específicas.

CAPÍTULO V
TERCER PILAR: LA PREVISIÓN DEL MANTENIMIENTO EN UN NUEVO PROYECTO DE UN SISTEMA DE PRODUCCIÓN

INTRODUCCIÓN

NOTAS

Hasta ahora nos hemos extendido sobre la aplicación del mantenimiento preventivo en máquinas e instalaciones ya existentes, cuya estrategia de mantenimiento era deficiente o incluso nula. En estos casos, lo que buscábamos era mejorar la calidad de nuestro sistema de producción o solucionar los problemas que estaban produciendo las averías frecuentes, las paradas de las máquinas, etc. Pero ¿qué pasa cuando nos planteamos introducir un plan de mantenimiento en un proyecto nuevo, con equipos y sistemas de los que antes no disponíamos?

A continuación, ahondaremos un poco más en algunos conceptos y factores clave que se deben tener en cuenta en este tipo de situación, que, como veremos, terminarán resultándonos de utilidad para poner en marcha cualquier proyecto de mantenimiento preventivo.

PERIODOS DIFERENCIADOS EN LOS FALLOS DURANTE LA VIDA DE UN EQUIPO

Incluso cuando adquirimos una máquina completamente nueva, debemos estar preparados para que presente ciertos fallos. Sin embargo, estos fallos no siempre aparecen de igual manera ni tienen las mismas características a lo largo de la vida útil de un equipo, por lo que es importante tener en cuenta cómo se distribuyen y cómo podemos enfrentarnos a ellos.

NOTAS

Cuando tratamos de estudiar la variación de los fallos de un cierto tipo de unidades de producción a lo largo del tiempo, lo primero que notaremos es que, según el periodo al que nos refiramos, los fallos tendrán **causas distintas**. Si bien en cada periodo pueden actuar varias causas simultáneamente, siempre existirá una que destaca: la que ocasiona la mayoría de los fallos.

Al observar los fallos que se producen a lo largo del tiempo, nos encontramos con **curvas** similares a la del gráfico siguiente, que recordaremos haber visto ya en el primer capítulo de este libro:

EL AUTOMANTENIMIENTO IMPLICA TODAS LAS FUNCIONES DE LA ORGANIZACIÓN

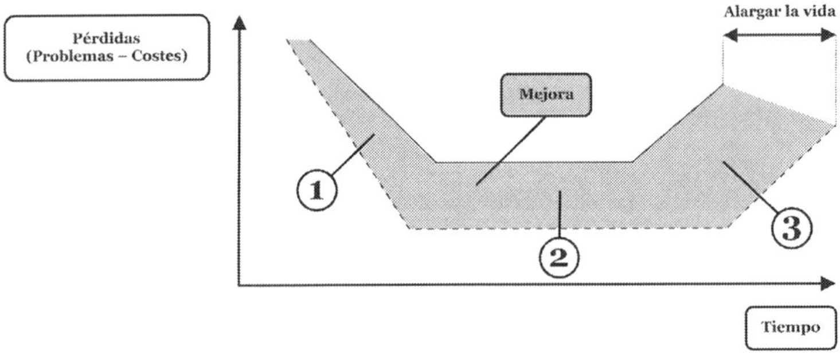

1. Los grupos de eliminación de pérdidas y de fiabilización con la participación de ingeniería – calidad – fabricación – mantenimiento y proveedores eliminan problemas en el arranque en serie, flexibilizando y capitalizando experiencias.

2. Fabricación y mantenimiento aplican el mantenimiento preventivo con rigor desde la etapa 1 (automantenimiento y mantenimiento programado) para alargar el tiempo de buen funcionamiento del equipo.

3. Fabricación / mantenimiento y métodos / ingeniería efectúan pequeñas mejoras y modificaciones para alargar la vida de los equipos.

NOTAS

En él podemos observar tres zonas bien diferenciadas, cada una correspondiente a una **etapa** en la vida de una máquina o componente:

1 Primera zona

La zona señalada con el número uno recibe el nombre de **periodo infantil** o de **fallos prematuros**, aunque también se conoce como **zona de rodaje**. Comprende desde el arranque del equipo hasta un cierto punto en su ciclo de vida, y debería caracterizarse, si trabajamos con una estrategia eficaz, por un índice de fallos decreciente en el tiempo, pues nuestro objetivo es acortar tanto como sea posible esta etapa.

Durante este periodo, son abundantes las pérdidas debidas a averías y disfuncionamientos y, entre otras causas, se deben principalmente a:

- Deficiencias de diseño, fabricación y montaje de los componentes y equipos.
- Defectos en la materia prima de la pieza que sea preciso fabricar.
- Defectos de calidad dimensionales o superficiales sobre la pieza fabricada.
- Deficiencias en los automatismos.

Se pueden eliminar estos fallos prematuros de dos formas:

NOTAS

1. Intensificando el **control de calidad** y el **seguimiento** del proyecto en todas sus fases, como veremos en los próximos apartados.
2. Haciendo funcionar el sistema de producción durante un cierto tiempo, **simulando** las verdaderas **condiciones de utilización**. Los componentes o conjuntos que se averían en estas primeras horas de utilización pueden ser sustituidos, reparados o modificados.

2 Segunda zona

A continuación, se pasa a la zona marcada con el número dos, llamada **periodo de vida útil del equipo**. Se caracteriza por un índice o tasa de fallo más bien constante, en el que los fallos se producen de forma aleatoria e imposible de predecir.

Generalmente, el motivo de estos fallos es una fuerte variación en las condiciones de trabajo de los componentes, aunque también entran juego posibles roturas producidas por fatiga o desgastes anormales.

3 Tercera zona

Finalmente, la zona marcada con el número tres se denomina **periodo de envejecimiento o desgaste**. Se caracteriza por un índice o tasa de fallo creciente y los fallos son debidos, en su mayoría, a una degradación progresiva de los componentes. Una vez alcanzada esta fase, los fallos llegan a ser casi continuos.

Así, la estrategia del **mantenimiento total** o global debe tener en cuenta estos tres periodos en la vida de un equipo para que la eficacia de su actuación sea máxima, buscando un equilibrio entre los resultados y los costes asociados.

NOTAS

ESTRATEGIA DE MANTENIMIENTO EN LA PUESTA EN MARCHA DE LOS NUEVOS SISTEMAS DE PRODUCCIÓN

Durante el periodo de vida útil del equipo (segunda etapa), en el que las averías se presentan aleatoriamente, el servicio de mantenimiento ha de llevar a cabo un eficaz **plan de prevención, predicción y corrección**, con el fin de minimizar los efectos de los fallos. Se podrán ayudar de otras técnicas, como la aplicación rigurosa de las reglas del estado del arte y de redundancias.

Asimismo, se debe conseguir alargar este periodo en el tiempo, para que la etapa final de desgaste aparezca lo más tarde posible, prolongando así la vida del equipo. La estrategia será desarrollar una acción firme y continuada a través de un eficaz mantenimiento preventivo (*automantenimiento* y mantenimiento programado).

Además, la primera fase de rodaje o «periodo infantil» se puede acortar con un **plan de gestión de un nuevo proyecto**, que comentaremos a continuación. Este plan debe complementarse con una acción de asistencia técnica eficaz por parte de los proveedores o fabricantes del sistema de producción durante la garantía.

NOTAS

ESTRATEGIA PARA IMPLANTAR UN SISTEMA DE PRODUCCIÓN FIABLE Y CON GARANTÍA DE SEGURIDAD DE FUNCIONAMIENTO

Nos encontramos en una etapa industrial que prioriza la **satisfacción del cliente**, especialmente en lo que respecta a la calidad y al precio. Por ello, para obtener la máxima productividad, la fabricación debe producir bienes al **mínimo coste** y con la **máxima calidad**.

Esto significa que cada inversión en sistemas de producción debe ser una parte integral del sistema industrial. Con ello, alcanzaremos no solo las metas teóricas de productividad por las que se hizo el estudio de rentabilidad de la inversión, sino también un alto grado de utilización y fiabilidad de dichos sistemas. Dicho de otro modo:

El objetivo es conseguir a la vez costes bajos de mantenimiento y de utilización y una calidad de prestaciones óptima.

En general, las altas cotas de productividad que debe alcanzar un nuevo sistema de producción no son fáciles de obtener, ya que estos sistemas, en muchos casos, no se han diseñado ni construido de acuerdo con las necesidades y exigencias de sus «clientes» o usuarios.

Por tanto, en los pliegos de condiciones de ofertas y pedidos debemos comenzar fijando unos valores de **fiabilidad**, **disponibilidad** y **tiempo de ciclo** negociados y aceptados por los constructores de los sistemas (la in-

NOTAS

geniería de planta y los usuarios, es decir, producción y mantenimiento). Estos valores serán parte integrante del protocolo de recepción de los equipos y deberán alcanzarse en el arranque en serie, además de mantenerse o incluso mejorarse en el periodo de garantía.

Así, debemos prever el modo de **medir los parámetros** reseñados, pues los medios convencionales presentan dificultades debido a su subjetividad. Conviene, por tanto, recurrir a equipos informáticos incorporados en los propios sistemas de producción.

HACIA LA INGENIERÍA SIMULTÁNEA

La estrategia aplicada en base a la logística industrial

En toda estrategia de producción, es fundamental el concepto de «seguridad»:

> La **seguridad de un sistema de producción** es el conjunto de actividades, herramientas y métodos que permiten dirigir y desarrollar un nuevo proyecto de industrialización para la construcción de un sistema, asegurando una calidad y un funcionamiento óptimos a lo largo de todo su ciclo de vida.

NOTAS

Dicho de otra manera:

- Con «dirigir el proyecto», nos referimos a expresar lo que se va a hacer.
- Con «construir el sistema», nos referimos a hacer lo que se ha dicho.
- Con «asegurar su buen funcionamiento», nos referimos a verificar o controlar que se ha hecho bien lo que se había planeado.

En el campo industrial, y más concretamente en la aplicación sobre sistemas de producción, el desarrollo formal de esta estrategia nos lo facilita la «logística industrial». A saber:

La **logística industrial** es una «estrategia técnica» de gestión de proyectos de sistemas de producción. Su meta es satisfacer las necesidades de la fabricación y el mantenimiento, poniendo a su disposición los sistemas con un grado óptimo de fiabilidad y productividad.

Así, el objetivo más claro de la logística industrial será obtener la máxima disponibilidad de las máquinas, basándose en un trabajo de equipo y en las relaciones entre las diferentes fases del proyecto hasta finalizar el periodo de garantía. Llegado este momento, debemos evaluar y contrastar su máximo rendimiento operacional al mínimo coste, es decir, medir la **productividad global**.

NOTAS

Este trabajo en equipo se desarrollará aplicando las dos **ramas de la logística industrial**:

1. **La logística de la fabricación del sistema:** permite dar a los materiales de componentes, equipos y sistemas de producción las cualidades idóneas en cuanto a fiabilidad y mantenibilidad.
2. **La logística del mantenimiento del sistema:** garantiza alcanzar, con la utilización de los nuevos equipos, sus objetivos previstos de disponibilidad.

Dentro de esta segunda rama, también podemos diferenciar tres **etapas de la logística**:

1. La inversión y adquisición de un sistema de producción, teniendo en cuenta la experiencia de los usuarios.
2. La distribución física a través de la definición de implantaciones, automatizaciones y enlaces.
3. La planificación de la explotación y del mantenimiento.

Estas etapas conllevan la participación de todos los implicados en la concepción o **diseño** del nuevo sistema y el **apoyo** al mismo en la construcción, puesta en marcha y explotación.

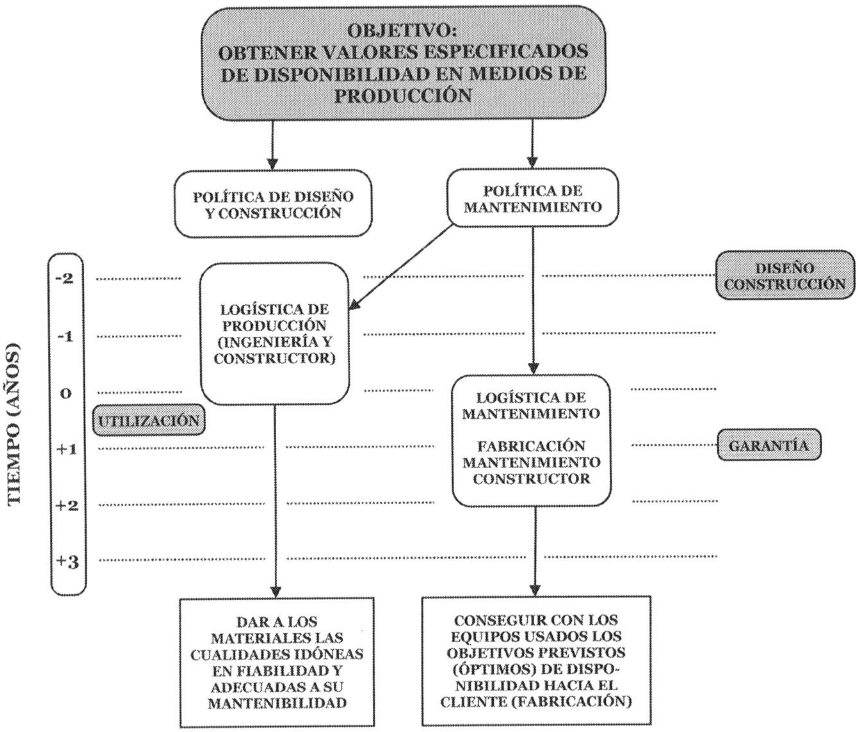

Terotecnología

La estrategia de la logística industrial tiene una rama práctica que denominamos *terotecnología*:

> La ***terotecnología*** es una nueva filosofía de mantenimiento que tiene en cuenta el coste del ciclo de vida de un equipo, aunando prácticas financieras y de ingeniería para optimizar el funcionamiento de los sistemas y, además, incrementar su fiabilidad.

NOTAS

El origen de este término es británico. En 1976, su fundador, Dennis Parkes, utilizó tres raíces griegas para construirlo (*tero*, *tecno* y *logos*) que, combinadas, podemos traducir como:

> «Estudio del cuidado de la tecnología», es decir, lograr un estado de buen funcionamiento de los sistemas de producción.

Este es un objetivo que no solo debe conseguir el usuario (mantenimiento y fabricación), sino que en su logro deben intervenir todas las fuerzas que tengan este mismo interés (ingeniería y fabricantes del equipo).

La *terotecnología*, por extensión, comprende:

- Las diferentes acciones prácticas necesarias para la gestión de la capitalización de experiencias, en lo relativo a la fiabilidad y calidad de los sistemas.
- Estudios de mejoras y modificaciones tras el análisis de fallos, mantenimiento programado, estudios de recambios, etc.

Tuve la oportunidad de aplicar esta estrategia en una importante compañía, siendo responsable de la ingeniería de planta, al industrializar líneas de mecanizado automáticas para fabricar un nuevo motor. Para lograr los objetivos previstos, tomamos como base el **rendimiento operacional (RO) óptimo** (véase el gráfico inferior) que dichas líneas precisaban alcanzar y mantener en el periodo comprendido desde el arranque en serie hasta finalizar la garantía de los distintos equipos que las componían

NOTAS

(un año, generalmente). Esto se hizo teniendo en cuenta los valores, en cada equipo, correspondientes a la fiabilidad, disponibilidad y tiempos de ciclo acordados con los constructores y especificados en los pedidos, así como la organización interna puesta en marcha en el mantenimiento y la producción.

BÚSQUEDA DEL RO ÓPTIMO EN NUEVAS LÍNEAS

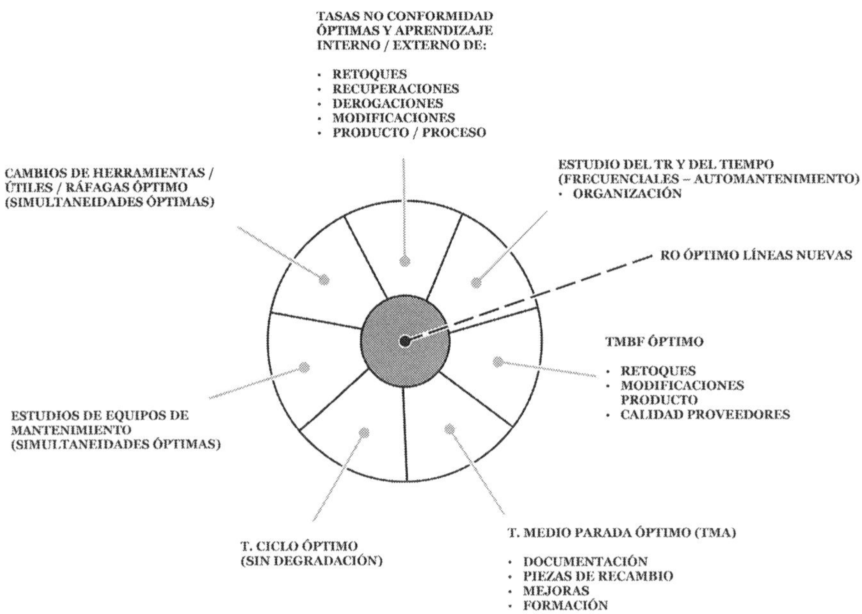

Los métodos para gestionar la seguridad de funcionamiento en aras a alcanzar el mejor rendimiento posible se fundaron en el análisis de fallos y paradas funcionales en todas las etapas del ciclo de vida, a través de grupos de *fiabilización* que establecían planes de acción para mejorar de forma constante.

NOTAS

Los análisis inductivos (tipo AMFEC) y deductivos, así como otros métodos más sencillos de resolución de problemas, constituyeron metodologías armoniosas y difícilmente cuestionadas, lo que nos permitió poner en evidencia (y, consecuentemente, eliminar) numerosos puntos críticos del diseño, la construcción y la explotación o utilización de los sistemas.

Asimismo, las experiencias y aprendizajes de la organización por la mejora continua aplicada sobre sistemas similares nos fueron conduciendo a lo que podemos denominar «**estado del arte**», esto es, una situación que permite formalizar las reglas del arte bajo tipos de «listas de protocolo» para la recepción de los sistemas, o de «especificaciones» en los pliegos de condiciones de los pedidos.

El diseño y la construcción de los sistemas se contrastó con estas listas en cada fase del proyecto, de tal forma que ningún aspecto del diseño de ningún componente estuviera en contradicción con ninguna regla del arte; es decir, con ningún punto de las listas de protocolo y de las especificaciones de los pliegos de condiciones.

Los análisis o contrastes que se han indicado consistieron en buscar causas de modos de fallo y paradas potenciales, correspondientes no solo a la degradación de las características de un componente, herramienta o útil, sino también a una combinación de condiciones que pudiesen provocar o provocasen tales fallos.

Debe quedar claro que estos protocolos no consistieron en modificar diseños de máquinas, fueran estas estándar o no, sino en asegurar su **fiabilidad** a través de la aplicación de la **ingeniería simultánea** (como puede verse en los gráficos que vienen a continuación). Esto se hizo teniendo claros unos objetivos de subida en cadencia de los volúme-

NOTAS

nes de producción, con la ayuda de listas de chequeo y de un análisis del diseño y de los disfuncionamientos de los sistemas dentro del periodo de garantía, por lo que no hubo repercusiones en el coste final del sistema.

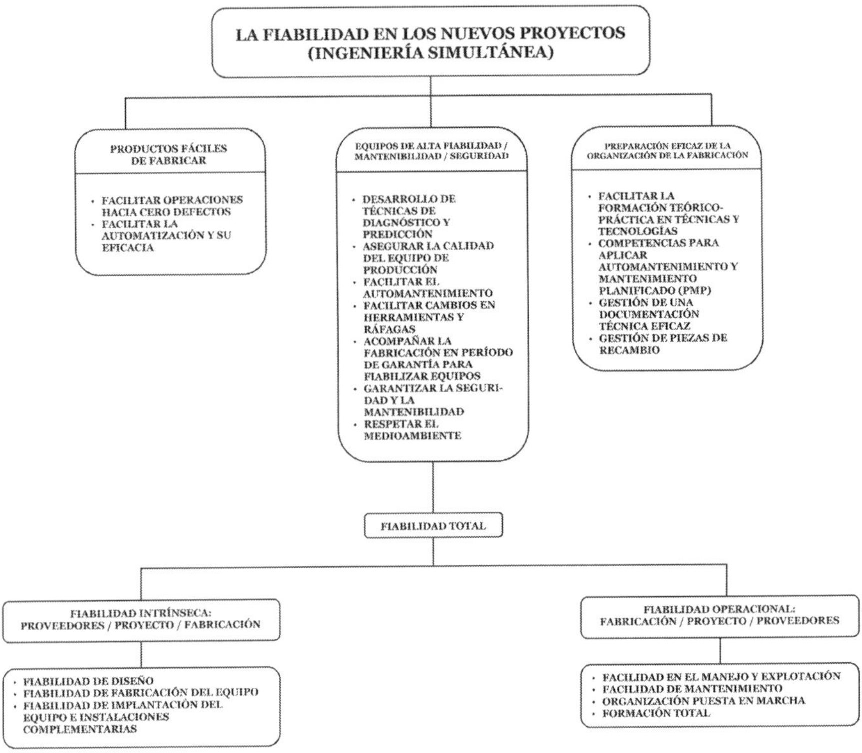

OBJETIVO DE LA LOGÍSTICA INDUSTRIAL EN NUEVOS PROYECTOS

Todo esto fue posible a través de una dinámica estructurada sobre los jalones o etapas del proyecto, como puede verse abajo, utilizando las herramientas adecuadas para lograr un funcionamiento continuo del sistema de producción.

PROCESO Y ACCIONES EN LOS JALONES DEL PROYECTO

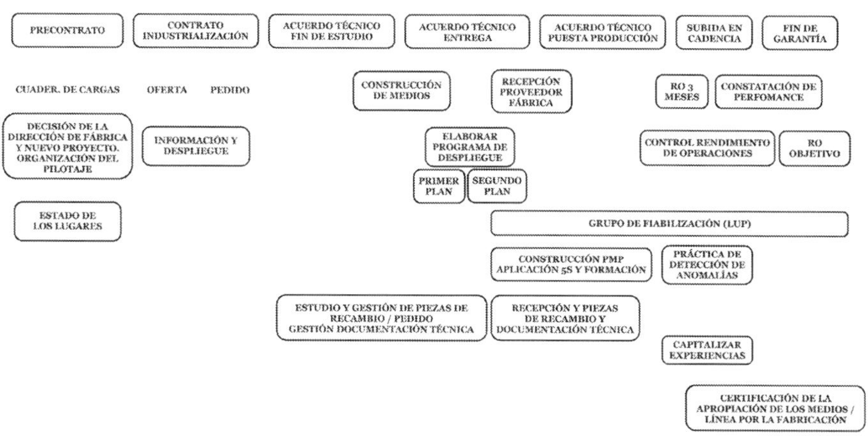

NOTAS

ELABORACIÓN DEL PLAN DE MANTENIMIENTO PREVENTIVO SOBRE MÁQUINAS O EQUIPOS NUEVOS QUE LLEGAN EN UN PROYECTO

Así pues, hoy en día es muy frecuente incluir en los pliegos de condiciones de los nuevos equipos y máquinas una cláusula que exija a los proveedores organizar la información sobre la prevención bajo el formato de plan de mantenimiento estándar en la empresa, con el fin de poder utilizar estos equipos directamente sin tener que reconstruir todo.

Cada máquina debe tener su plan de mantenimiento preventivo **personalizado**, puesto que dos equipos idénticos pueden tener a menudo comportamientos diferentes (consumo de fluidos, desgaste de piezas, etc.). Dicho plan debe permitir gestionar la prevención de fallos de cada máquina en relación con su propio funcionamiento.

Además, también se debe tener presente que los equipos van a evolucionar en el tiempo y desarrollarán también un historial diferente (averías, cambio de piezas, etc.) que debe ser seguido de manera independiente al plan de mantenimiento. Por tanto, debemos de tener cuidado y no tratar por igual a los subconjuntos o elementos comunes de varios puestos o equipos cuya utilización y condiciones de funcionamiento son diferentes.

Por ejemplo, un detector situado en el exterior de una máquina no estará sometido a las mismas condiciones medioambientales que uno que esté ubicado en su interior. Por consiguiente, el plan o protocolo preventivo sobre estos dos elementos debe ser diferente.

La elaboración del plan en el marco de un proyecto para un nuevo equipo o máquina puede verse aquí:

NOTAS

ELABORACIÓN DEL PLAN DE MANTENIMIENTO PREVENTIVO EN UN NUEVO EQUIPO

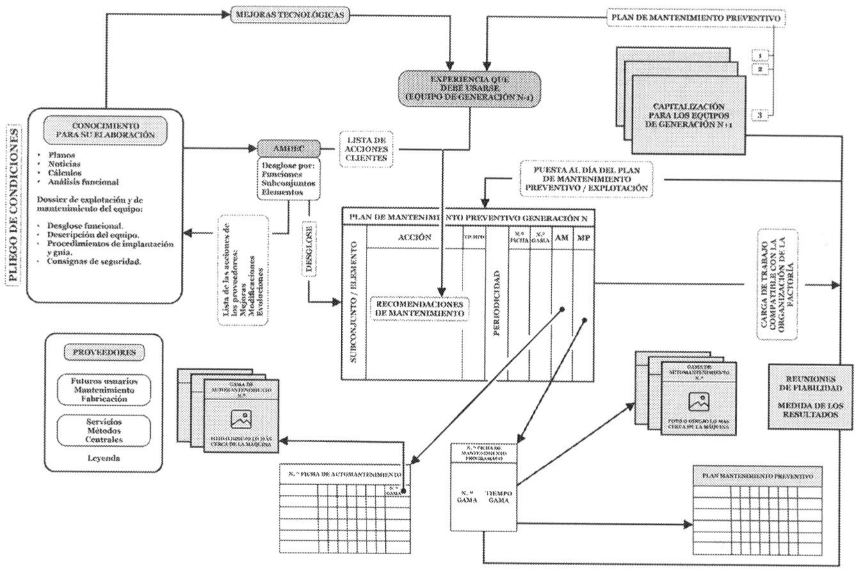

En cualquier caso, es importante destacar que un plan de mantenimiento preventivo está constituido por dos partes:

1 Primera

Una de las partes deberá ser documentada por el **proveedor**, con la siguiente información:

NOTAS

- El desglose funcional de la máquina o del equipo en subconjuntos y elementos, lo cual va a constituir el punto de partida del plan.
- La descripción sintética de la acción o tarea que deba realizarse.
- El tiempo estimado para dicha acción.
- La periodicidad de la operación.
- El estado de la máquina mientras se realice la acción (en marcha o parada).
- Los valores límite, tanto mínimos como máximos, admitidos.
- El utillaje específico, el medio de medida específica o la forma de realizar el control.
- La existencia, o no, de una gama.
- El intercambio sistemático de la pieza en relación con una periodicidad o condición.
- La cantidad y la denominación de la pieza de recambio que sea preciso utilizar, en caso necesario.

Como podemos observar, todo lo anterior corresponde a lo que el proveedor conoce sobre su instalación y, por tanto, puede documentar sin problema.

2 Segunda

La otra parte deberá ser documentada por la **empresa** en la que se va a utilizar la máquina, con la siguiente información:

NOTAS

- El código de los repuestos.
- El número de la ficha de mantenimiento preventivo en la que se encuentra la acción.
- El número de gama asociado a la acción, si la hay.
- La afectación de la acción en cuanto al *automantenimiento* o al mantenimiento programado.
- La especialidad del personal de mantenimiento.

Por lo tanto, concluimos que, durante el desarrollo del proyecto, será necesario que el proveedor de la máquina, el departamento de ingeniería de la empresa cliente y los departamentos de producción y mantenimiento trabajen en equipo para elaborar el plan de mantenimiento preventivo. Esto permitirá, entre otras cosas, hacer compatible la carga de trabajo del mantenimiento preventivo para los equipos con la organización de la producción y el mantenimiento.

De este modo, las recomendaciones para el mantenimiento que alimentan el plan van a depender directamente de los **AMFEC** realizados para los equipos o sus subconjuntos, así como de la **experiencia** ya adquirida en la explotación de otros equipos similares, junto con las **mejoras tecnológicas** aportadas por los proveedores. Esto significa que también es importante para la empresa optimizar y poner al día los planes de mantenimiento preventivo durante la vida del equipo en función de los problemas que se hayan encontrado, con el fin de continuar adquiriendo experiencia.

En cuanto a las gamas operatorias, cabe señalar que deben elegirse de conformidad con el proveedor que las envíe y limitarse a las operaciones más difíciles. El resto de las gamas necesarias para el mantenimiento y la producción

NOTAS

serán realizadas por la empresa cliente, en particular, las relacionadas con el *automantenimiento*.

Las fichas de *automantenimiento* y de mantenimiento programado se confeccionarán a partir del plan y bajo responsabilidad de la empresa cliente.

El siguiente paso que se daría para elaborar el plan de mantenimiento preventivo en la fase de proyecto, permite trabajar con coherencia entre el proveedor y la fábrica cliente a través de un **grupo de proyecto**. Se compone de las siguientes fases:

1. Elaboración del plan del mantenimiento preventivo.
2. Elaboración de las fichas, las gamas y el *planning* asociado.
3. Ejecución o explotación del plan.

PLANIFICACIÓN METÓDICA DEL MANTENIMIENTO EN UN NUEVO PROYECTO

Al adquirir un nuevo equipo o una máquina para un proyecto industrial, debemos seguir una serie de pasos establecidos en lo que respecta a la planificación de su mantenimiento. Estos pasos son:

NOTAS

1 Fase de consulta con los posibles diferentes proveedores del nuevo equipo

- **Acción del proveedor:** al enviar sus ofertas, el proveedor entregará una estimación, en horas por año, del tiempo que precisa su instalación para un eficaz mantenimiento preventivo, y también entregará un ejemplo del plan y de las gamas de una instalación similar.
- **Acción de la empresa cliente:** análisis de este informe, teniendo en cuenta las necesidades de los efectivos de mantenimiento.

2 Fase de estudio del proyecto de la máquina

- **Acción del proveedor:** inicio del plan de mantenimiento preventivo, con ayuda del desglose funcional de la máquina y de la lista de acciones de los clientes elaborada a partir del AMFEC.
- **Acción de la empresa cliente:** control y validación para el acuerdo técnico de la finalización del estudio.
- **Respuesta del proveedor:** corrección del contenido técnico, si hay observaciones.

NOTAS

3 Fase de realización de la máquina o equipo nuevo

- **Acción de la empresa cliente:** reunión para estudiar con el proveedor la consolidación del plan de mantenimiento preventivo respecto a equipos similares que existan en la fábrica cliente.
- **Acción del proveedor:** formalización del plan y de las gamas para las operaciones más difíciles de aplicar.
- **Respuesta de la empresa cliente:** control y validación para el acuerdo técnico del plan.
- **Respuesta del proveedor:** corrección del contenido técnico, si hay observaciones.

4 Fase de puesta en marcha

- **Acción de la empresa cliente:** realización de las fichas de *automantenimiento* y de mantenimiento programado a partir del plan, así como de las gamas suplementarias que se consideren necesarias. Control y validación del plan para el acuerdo técnico de fin de puesta en marcha.
- **Respuesta del proveedor:** corrección del contenido técnico, si hay observaciones.

5 Fase de puesta en producción

NOTAS

- **Acción de la empresa cliente:** aplicación, por parte de los participantes de la producción y mantenimiento, del plan, las fichas y las gamas. Control y validación para el acuerdo técnico de su aplicación.
- **Acción del proveedor:** corrección del contenido técnico, si hay observaciones.

6 Fase de seguimiento del proyecto

Tras la puesta en marcha del proyecto, es conveniente aplicar la estrategia siguiente:

SEGUIMIENTO DEL PROYECTO

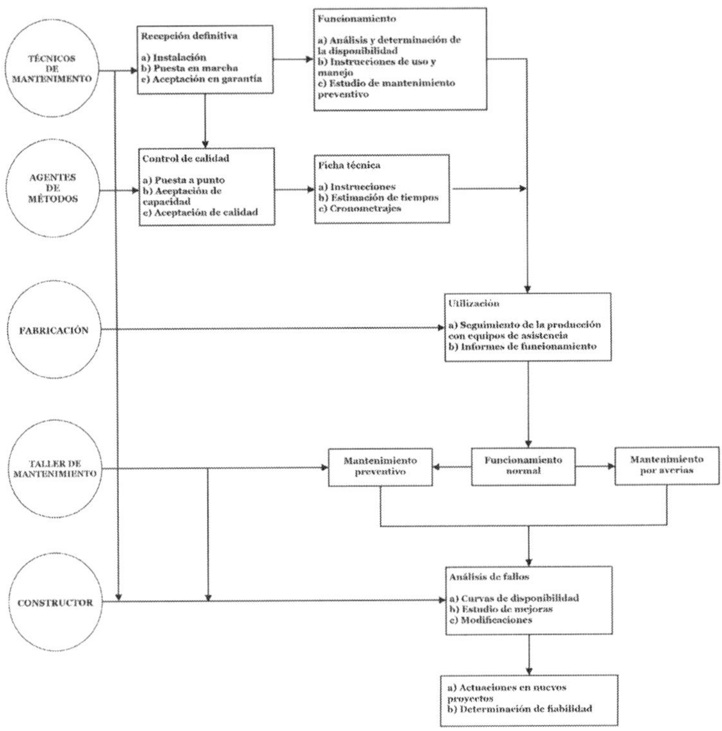

ACEPTACIÓN DE LA FIABILIDAD Y DISPONIBILIDAD

Los servicios de métodos e ingeniería y los técnicos de mantenimiento ya deberán conocer de antemano los objetivos de los parámetros de la seguridad de funcionamiento de los diferentes equipos que componen cada sistema de producción.

NOTAS

Este conocimiento, fruto de un acuerdo con el fabricante de los equipos y un compromiso en su pedido, nos aporta varias ventajas:

- Prever de forma precisa la repercusión de las paradas de una máquina con respecto a otras en cada línea automática.
- Dimensionar los pulmones o *stocks* de piezas que se iban a situar entre máquinas.
- Efectuar simulaciones de productividad y rendimiento operacional de la línea con programas similares al que describiremos en su apartado correspondiente.
- Disponer de indicadores y valores objetivo de la fiabilidad para controlarla en las diferentes etapas de las recepciones de los sistemas.

Con esto en mente, podemos comenzar a prepararnos para recibir los nuevos equipos que hemos seleccionado.

ETAPAS DE PREPARACIÓN Y DE RECEPCIÓN

En primer lugar, los fabricantes deberán documentar, bajo el término de paradas funcionales y de mantenibilidad, los siguientes puntos (valores en minutos):

NOTAS

- Tiempo de cambio de herramientas, utillaje y piezas de desgaste, indicando la frecuencia de cambio.
- Tiempo de cambio de ráfaga para atender la diversidad.
- Tiempo de control y su frecuencia.
- Tiempo para realizar operaciones de *automantenimiento.*
- Valores medios de los tiempos de intervención para reemplazar piezas o conjuntos por averías o por acciones de mantenimiento preventivo programado.

A continuación, los controles se realizarán en dos etapas:

1 Recepción provisional en los talleres del usuario

Se hará con la fábrica, trabajando durante jornadas aproximadas de ocho horas y tomando solamente los valores de los tiempos correspondientes a las paradas funcionales y de mantenibilidad, es decir:

- Los tiempos de cambios de herramientas y utillajes en condiciones normales de explotación.
- Los tiempos de cambio de ráfagas por modelo o diversidad, si procede.
- Los tiempos de control frecuencial.

NOTAS

(continuación...)

- Los tiempos de sustitución de determinados conjuntos o componentes en los que, por experiencia, se prevé que será necesario intervenir.
- Los tiempos empleados en operaciones de *automantenimiento* y mantenimiento programado con necesidad de parar el sistema.

2 Recepción definitiva en los talleres del usuario

Se realizará en un periodo aproximado de treinta horas acumuladas de tiempo de buen funcionamiento con producción efectiva, en las condiciones previstas en el pliego de condiciones.

Durante esta etapa, se anotarán todo tipo de incidencias y paradas y se medirán los tiempos empleados en resolverlas, así como su frecuencia de aparición. A continuación, los fabricantes resolverán los problemas que aparecen en el periodo infantil de utilización del equipo y que distorsionan los valores de fiabilidad y disponibilidad. Esto permitirá comenzar el trabajo en preserie con una cierta garantía de funcionamiento continuo de acuerdo con las previsiones.

Como vemos a continuación, aquí se muestra un modelo de ficha que podría utilizarse en este tipo de controles orientados a un nuevo sistema de producción, ficha que ha de ser parte integrante del pliego de condiciones entregado al fabricante como garantía de la seguridad de funcionamiento que se persigue.

ACEPTACIÓN DE LA FIABILIDAD Y DISPONIBILIDAD (HOJA DE RESULTADOS)				
DESIGNACIÓN DEL MEDIO		CRITERIOS DE ACEPTACIÓN	VALOR CRÍTICO	DECISIÓN
RESPONSABLE		MTBF MEDIDO > 5 / 6 DE MTBF CRÍTICO ESPECIFICADO =		
RESPONSABLE PROVEEDOR		FP. N MEDIDA < 5 / 6 FP. N CRÍTICA ESPECIFICADA =		
FECHA COMIENZO DE LA PRUEBA		DP MEDIDA > $DP = \frac{1\text{-}DP}{5}$ (SIENDO DP LA CRÍTICA ESPECIFICADA) =		
FECHA FIN DE LA PRUEBA		MTTR MEDIDO < 6/5 DE MTTR CRÍTICO ESPECIFICADO =		
LUGAR		TCM MEDIDO = TCM ESPECIFICADO		
FIABILIDAD	TIEMPO DE FUNCIONAMIENTO MEDIO	$MTBF = \frac{\text{TIEMPOS DE FUNCIONAMIENTO}}{\text{NÚMERO DE PARADAS PROPIAS}} = \frac{TF}{NAP} =$ ______ = ... MIN.		ACEPTADO RECHAZADO
	FRECUENCIA DE PARADA PROPIA 1 000 PIEZAS	$FPM = \frac{\text{NÚMERO DE PARADAS PROPIAS}}{\text{NÚMERO DE PIEZAS REALIZADAS}} \times 100 = \frac{NPP}{NPR} \times 100 =$ ...... X 100 = ...		ACEPTADO RECHAZADO
DISPONIBILIDAD	DISPONIBILIDAD PROPIA	$DP = \frac{\text{TIEMPOS DE FUNCIONAMIENTO}}{\text{TIEMPOS DE FUNCIONAMIENTO + TIEMPOS DE PARADA PROPIA}} = \frac{TF}{TF + TAP} =$ ...... = ...		ACEPTADO RECHAZADO
PRONTITUD EN LA NUEVA PUESTA EN MARCHA	TIEMPO MEDIO DE PARADA PROPIA	$MTTR = \frac{\text{TIEMPO DE PARADA PROPIA}}{\text{NÚMERO DE PARADA PROPIA}} = \frac{TPP}{NPP} =$ ...... = ______ MIN.		ACEPTADO RECHAZADO
TIEMPO DE CICLO	TIEMPO DE CICLO REAL MEDIO	$TCM = \frac{\text{TIEMPO DE FUNCIONAMIENTO}}{\text{NÚMERO DE PIEZAS REALIZADAS}} = \frac{TF}{NPR} =$ ______ MIN.		ACEPTADO RECHAZADO
CADENCIA INSTANTÁNEA				ACEPTADO RECHAZADO
TIEMPOS DE CAMBIO				ACEPTADO RECHAZADO

CRITERIOS DE DECISIÓN PARA LA ACEPTACIÓN O RECHAZO DE LA FIABILIDAD Y DISPONIBILIDAD

A pesar de los pasos comentados, la duración de los controles que hemos descrito es corta, por lo que los parámetros calculados en tales periodos de tiempo pueden ser considerados como una muestra.

Teniendo en cuenta este hecho, la aceptación o rechazo de la fiabilidad y disponibilidad se ha de efectuar considerando una **hipótesis tolerante alternativa**. Es decir, si la hipótesis «real» que corresponde a los valores especificados en los pliegos de condiciones es H1, mientras que H2 es una hipótesis alternativa que corresponde a los valores mínimos que deben aceptarse –fijada entre el proveedor (fabricante de cada equipo) y el cliente o utilizador (mantenimiento y fabricación)– la relación será de la siguiente manera:

NOTAS

$$H2 = \frac{5}{6} H1 \text{ para el indicador MTBF}$$

$$H2 = \frac{6}{5} H1 \text{ para el indicador MTTR}$$

Y, por último:

$$H2 = H1 - \frac{(1 - H1)}{5} \text{ para el indicador de disponibilidad (DP)}$$

Vamos a ver un ejemplo sobre una máquina *transfer* para el mecanizado en desbaste del cárter de cilindros del motor, que tenía como valores críticos especificados (objetivos que alcanzar) los siguientes:

MTBF = 500 min.
MTTR = 12 min.
DP = 97,5 %

NOTAS

Los valores mínimos aceptables para el arranque en serie, también fijados en el pliego de condiciones, fueron los siguientes:

$$\text{H2 de MTBF} = \frac{5}{6} \times 500 \text{ min.} = 416 \text{ min.}$$

$$\text{H2 de MTTR} = \frac{6}{5} \times 12 \text{ min.} = 14{,}4 \text{ min.}$$

$$\text{H2 de DP} = 0{,}975 - \frac{1 - 0{,}975}{5} = 0{,}97$$

Y los valores controlados realmente en la recepción definitiva, partiendo de cada subconjunto de la referida máquina, fueron los siguientes:

- MTBF = 432 min., frente a los 416 min. de mínimo tolerable, lo que implicó aceptar la fiabilidad de la máquina.
- MTTR = 14 min., frente a los 14,4 min. de máximo tolerable, lo que implicó aceptar la mantenibilidad del sistema.

NOTAS

(continuación...)

- DP = 0,969 frente al 0,97 de mínimo tolerable, lo que suponía en la práctica aceptar la disponibilidad propia de la máquina.

De esta manera vemos cómo podemos prever el rendimiento de la nueva máquina a través de estos cálculos, para así poder tomar una decisión al respecto.

MODELO DE REFERENCIA PARA ACEPTAR EL MANTENIMIENTO EN UN NUEVO PROYECTO

Para finalizar, incluimos a continuación un modelo de referencia de lo que podría ser un formulario detallado para tomar datos relativos a la fiabilidad de una nueva máquina que se va a adquirir.

Las casillas de respuesta se han rellanado a modo de ejemplo:

NOTAS

Las instalaciones están diseñadas, puestas en marcha y utilizadas con el espíritu de las 5S		
Lo que destaca en el diseño de los medios:		
› Están integradas las mejoras hechas en procesos similares (por ejemplo: acceso y visibilidad de racores hidráulicos).	SÍ	NO
› Se han tenido en cuenta los problemas no resueltos por los usuarios.	SÍ	NO
› Las fuentes de suciedad se han reducido / eliminado.	SÍ	NO
› El diseño permite una limpieza fácil y visualizar la fuente de fallo. Por ejemplo:	SÍ	NO
• Pilares de fijación, tuberías, soportes, etc., permiten el paso de útiles de limpieza (escobas, brochas, etc.).	SÍ	NO
• Se evita la dispersión de contaminantes fuera de su zona de emisión o utilización (virutas, taladrinas, etc.).	SÍ	NO
• Se utilizan revestimientos de pintura que facilitan la limpieza y su color permite ver la suciedad como fuente de fallo.	SÍ	NO
• La limpieza de los utillajes, para disminuir la frecuencia de cambio y alargar su vida.	SÍ	NO
Lo que destaca en la puesta en marcha por los proveedores:		
› La organización y el diseño permiten respetar la limpieza de las instalaciones próximas durante el trabajo.	SÍ	NO

NOTAS

(continuación...)		
Lo que destaca en la puesta en marcha por los proveedores:		
› Está previsto limitar la suciedad y lo inútil desde el comienzo de la implantación.	SÍ	NO
› Definir lo que es responsabilidad de proveedor, del cliente y la relación, para dar solución a los problemas.	SÍ	NO
Lo que destaca en la organización y orden:		
› Está previsto el orden alrededor de las instalaciones: implantaciones de armarios, de soportes y mesas, documentación, etc.	SÍ	NO
› Las herramientas y productos de limpieza están disponibles y adaptados a un espacio.	SÍ	NO
› Están previstos los soportes para ordenar y facilitar los accesos a la documentación, herramientas y accesorios de medida, etc.	SÍ	NO
Lo que destaca en la utilización de los medios:		
› Existen gamas de limpieza. Los tiempos asignados para la limpieza están evaluados y aceptados por la fábrica.	SÍ	NO
› La puesta en marcha del plan 5S está preparada:	SÍ	NO
• Proceso	SÍ	NO
• *Planning*	SÍ	NO
• Acotación 5S	SÍ	NO

NOTAS

Una ergonomía y protecciones de las instalaciones que favorecen la autonomía de los operadores de línea		
Lo que destaca en el diseño de los medios:		
› Los ítems que siguen deben tenerse en cuenta por los metiers<!--autor ??--> correspondientes:		
a) La ergonomía de las instalaciones es satisfactoria:		
• Accesibilidad a: producto fabricado, panel de mandos máquina, utillaje, puestos de medida para meter o evacuar piezas.	SÍ	NO
• Intervención: Posición de movimientos en máquina.	SÍ	NO
De utilización de equipos de control		
Uniones de armarios con su máquina		
Elementos de reglaje		
Material con riesgo de sentido		
De fluidos, tipos de productos		
• Claridad	SÍ	NO
• Luminosidad: puesto de trabajo. Interior de las máquinas	SÍ	NO
• Visibilidad: como, por ejemplo, la protección para las zonas que deben ser controladas con grillajes negros que faciliten la visibilidad de las partes protegidas (mejor contraste).	SÍ	NO
• Penalización: Protecciones fáciles de desmontar (accesibilidad y peso).	SÍ	NO
b) Existe predisposiciones para integrar el Mantenimiento Condicional.	SÍ	NO
c) Los órganos sensibles y utillajes están protegidos de viruta, taladrina, etc.	SÍ	NO
d) El proceso es adecuado al producto y viceversa.	SÍ	NO

NOTAS

Una documentación práctica y accesible diseñada para el usuario		
Lo que destaca del diseño:		
› La documentación es y está bien hecha (de acuerdo a las preconizaciones de Fábrica-SI, etc.).	SÍ	NO
› Permite una buena clasificación, orden, puesta al día y manipulación.	SÍ	NO
› Dispone de ayuda a la intervención, diagnóstico con sinópticos, ayuda al reglaje, ayuda al control, noticias de instrucciones, las características de los útiles, las ayudas para efectuar las medidas, las características de los productos, etc.	SÍ	NO
Lo que destaca de la utilización de los equipos:		
› La documentación «justa y necesaria» está en el puesto de trabajo, previendo su emplazamiento.	SÍ	NO
› Existe una organización para salvaguardar y poner al día la documentación.	SÍ	NO

NOTAS

Un mantenimiento preventivo optimizado		
Lo que destaca del diseño de los equipos:		
› Elaboración: los contenidos del mantenimiento preventivo existen, son optimizados, compatibles con los recursos disponibles (costes / hombres / piezas de recambio).	SÍ	NO
Lo que destaca de la utilización de los equipos:		
› Existe un plan de mantenimiento preventivo finalizado y acorde con la organización que fabrica.	SÍ	NO
› Existen gamas /fichas de automantenimiento y mantenimiento programado.	SÍ	NO
› Existe un plan de realización.	SÍ	NO
› La organización está formada en las operaciones de los PMP.	SÍ	NO
› En el tablero de bordo del puesto se dispone de espacio para: • Gamas • Fichas • Modos de funcionamiento	SÍ	NO
› Se ha desarrollado la política de prevención de riesgos laborales y su gestión es operacional.	SÍ	NO

<table>
<tr><th colspan="3">Los valores de performance y no performance están determinados previsionalmente y son utilizados para pilotar el proyecto</th></tr>
<tr><td>› Los valores de estos indicadores se han determinado en grupo, consensuados, formalizados, visualizados y utilizados.</td><td>SÍ</td><td>NO</td></tr>
<tr><td colspan="3">Lo que destaca en el diseño de los equipos:</td></tr>
<tr><td>› Tiempos de estado: están definidos los tiempos requeridos y los no requeridos.</td><td>SÍ</td><td>NO</td></tr>
<tr><td>› Indicadores: El perímetro de la medida de performances está definido (están identificados los puntos de medida del Ro).</td><td>SÍ</td><td>NO</td></tr>
<tr><td>› Está identificado lo que es una pieza buena al primer golpe.</td><td>SÍ</td><td>NO</td></tr>
<tr><td>› Existen gamas de control y se conocen las tolerancias.</td><td>SÍ</td><td>NO</td></tr>
<tr><td>› El Ro determina la capacidad de acuerdo a la expresión:
Ca = (TRequeri / TcicloTeór) x Ro</td><td>SÍ</td><td>NO</td></tr>
<tr><td>› El Ro está definido, consensuado y calculado de forma uniforme:
Ro = n.º piezas buenas realizadas / n.º piezas teóricamente realizables</td><td>SÍ</td><td>NO</td></tr>
<tr><td>› El No-Ro está identificado por las seis pérdidas principales, tanto en la previsión como en el arranque:
No-Ro = 16 categorías de pérdidas de Ro (pérdidas debidas a los equipos + pérdidas debidas al personal + otras pérdidas) = 1–Ro</td><td>SÍ</td><td>NO</td></tr>
<tr><td>› Prever pilotar el proyecto por la evolución y eliminación de las seis pérdidas.</td><td>SÍ</td><td>NO</td></tr>
</table>

NOTAS

NOTAS

(continuación...)		
Lo que destaca en el diseño de los equipos:		
› Cada indicador incluye un nombre, una definición y un modo de cálculo.	SÍ	NO
› Existen indicadores para introducir la noción de costes de mantenimiento, etc.).	SÍ	NO
› Está asegurada la coherencia de indicadores entre proyectos y proveedores.	SÍ	NO
› Los tiempos ciclo teóricos están validados por el proyecto de fábrica, así como las gamas, en función de la realidad sobre el terreno.	SÍ	NO
a) Útiles de medida de performances:		
• El GMAO está puesto en marcha y permite medir las seis pérdidas principales.	SÍ	NO
• La calidad de la medida está asegurada en la organización y en el sistema informático.	SÍ	NO
• La documentación de las paradas está preparada y asegurada.	SÍ	NO
Lo que destaca de la utilización de los medios:		
a) Organización/ explotación:		
› Las seis categorías de pérdidas están explotadas en el marco del progreso continuo.	SÍ	NO
› Se asegura la mejora de la documentación de las paradas (códigos, intervención, etc.).	SÍ	NO

NOTAS

(continuación...)		
Lo que destaca de la utilización de los medios:		
a) Organización/ explotación:		
› La medida de performances está asegurada a la recepción de los equipos.	SÍ	NO
› Las gamas de fabricación están al día y la realidad del terreno corresponde a lo que dicen las gamas de fabricación.	SÍ	NO

Un respeto del medioambiente y un consumo mínimo de energías		
Lo que destaca en el diseño de los equipos:		
› Las máquinas están concebidas para no generar residuos o que estos sean mínimos.	SÍ	NO
› Existen zonas / bandejas de retención de líquidos.	SÍ	NO
› Los equipos están diseñados para ahorrar energía.	SÍ	NO
› Existen equipos de medida de consumo, cortes, selectivos, etc.	SÍ	NO
› Se ha previsto la evacuación selectiva de residuos (líquidos-sólidos).	SÍ	NO
› Los productos y substancias utilizadas se identifican conforme a la reglamentación en vigor.	SÍ	NO
› Los residuos generados están identificados (naturaleza y cantidad) y los procedimientos de tratamiento y recogida de residuos están definidos.	SÍ	NO

NOTAS

(continuación...)		
Lo que destaca en el diseño de los equipos:		
› Prever la evacuación de efluentes según las instrucciones y normas del sistema de gestión medioambiental.	SÍ	NO
› El nivel de ruido y las vibraciones están identificados.	SÍ	NO
› Está previsto tratar los detergentes, los humos y olores.	SÍ	NO
Lo que destaca en la utilización de los equipos:		
› Existe una organización de evacuación diaria de residuos.	SÍ	NO
› Existe una organización de economía energética cotidiana.	SÍ	NO
› Prevención de ciclos que generen una economía de energías.	SÍ	NO
› Prevención de la zona de estocaje de productos químicos según instrucciones de los servicios de prevención y medioambiente (etiquetado, identificación, condiciones de uso, etc.)	SÍ	NO

NOTAS

La visualización para ayuda y animación.		
a) Una información visual de animación sobre:		
› Los objetivos, resultados, anomalías detectadas, planes de acción (quien hace qué y en qué plazo).	SÍ	NO
› Tablero TPM (informaciones de mejoras), la gestión del automantenimiento, el mantenimiento programado de cada puesto / máquina, detección de anomalías, etc.	SÍ	NO
Lo que destaca en el diseño de los equipos:		
› Los niveles, presiones, movimientos, etc., están visualizados en todos equipos.	SÍ	NO
› Los soportes / tableros de informaciones de la línea están previstos en una zona de máxima visibilidad.	SÍ	NO
› Están previstas las implantaciones de los tableros de bordo / TPM en cada puesto y también de la documentación del puesto.	SÍ	NO
Lo que destaca en la utilización de los equipos:		
› Está prevista la animación sobre los soportes / tablero de bordo que permiten actualizar y gestionar las informaciones para la mejora de la *performance*.	SÍ	NO
› La información de los tableros se explotan de manera fácil y permanente.	SÍ	NO
› La información que debe tratarse está definida claramente.	SÍ	NO
› Está prevista una animación cotidiana alrededor de los tableros de bordo para eliminar todo tipo de pérdidas de Ro.	SÍ	NO

NOTAS

Una organización para asegurar el uso del mantenimiento total		
Lo que destaca de la organización en la dirección proyecto:		
› El contrato de industrialización considera la integración del mantenimiento total en los nuevos proyectos.	SÍ	NO
› Existe un comité de pilotaje y se conocen las misiones de sus miembros para gestionar el TPM en el proyecto.	SÍ	NO
Lo que destaca de la fábrica:		
› El proceso / departamento afectado integra el mantenimiento total en el proyecto hasta el nivel de las unidades de producción.	SÍ	NO
› Existe:		
• Reuniones donde se analizan las 6 pérdidas para mejorar el Ro (reuniones de fiabilidad de progreso, etc.)	SÍ	NO
• Una herramienta de seguimiento de problemas cotidianos.	SÍ	NO
• Sistemas de subida de informaciones y tratamiento de problemas:		
Una animación alrededor de la detección de anomalías.	SÍ	NO
Una organización para la optimización del mantenimiento preventivo de manera cíclica.	SÍ	NO
› Existe un proceso de capitalización de experiencias.	SÍ	NO

✎ NOTAS

(continuación...)		
Lo que destaca de la fábrica:		
› Una organización que tiene en cuenta la mejora de competencias de todos los actores del proyecto.	SÍ	NO
› La organización de la fabricación está preparada y dispone de animadores para asegurar la continuidad de las prácticas TPM.	SÍ	NO

Existe una red de formadores en mantenimiento–TPM y sus herramientas asociadas		
Las formaciones / informaciones abordan los siguientes temas:		
› TPM está en un proyecto incluyendo el proceso de preparación, las referencias de conformidad, los jalones, las relaciones con sus roles y misiones, etc.	SÍ	NO
› Las herramientas y prácticas que deben utilizarse: el plan de mantenimiento preventivo (PMP), el método de optimización del mantenimiento preventivo (OMP), el método de detección de anomalías.	SÍ	NO
› La explotación de los medios: conducción y mantenimiento de las instalaciones, control de calidad.	SÍ	NO
› El sistema de medida de *performances* (GMAO)	SÍ	NO

NOTAS

(continuación...)		
Las formaciones / informaciones abordan los siguientes temas:		
› Los que deben tomar decisiones, planificar, hacer seguimiento sobre costes, inversiones, etc. están informados sobre:		
• El TPM en un proyecto	SÍ	NO
• Las herramientas y prácticas del TPM.	SÍ	NO
› Los que deben actuar de animadores, formadores y evaluar resultados en un proyecto están:		
• Informados y formados en el TPM de un proyecto.	SÍ	NO
• Formados en las herramientas y prácticas del TPM apropiadas de un proyecto.	SÍ	NO
› Todo el resto de personas afectadas en un proyecto (gerentes de máquina, centrales fluidos, compras, etc., están:		
• Informados en el TPM en un Proyecto	SÍ	NO
• Informados en las herramientas y prácticas del TPM	SÍ	NO
› Los responsables y animadores de la fabricación están:		
• Formados en el TPM de un proyecto.	SÍ	NO
• Formados en las herramientas y prácticas del TPM.	SÍ	NO
› Los proveedores están:		
• Formados e informados en las herramientas y prácticas del TPM.	SÍ	NO

NOTAS

(continuación...)		
Las formaciones / informaciones abordan los siguientes temas:		
› Los proveedores están:		
• Formados en las 5S antes de poner en marcha sus equipos para tomar acciones de prevención.	SÍ	NO
› Los técnicos de fabricación y métodos están:		
• Formados en TPM aplicado a la explotación de los equipos.	SÍ	NO
• Formados en las herramientas y prácticas de TPM.	SÍ	NO
› El personal de fabricación y mantenimiento está:		
• Informado del TPM en la explotación.	SÍ	NO
• Formado en las herramientas y prácticas TPM.	SÍ	NO
• Formados para la explotación y conducción de los equipos y líneas.	SÍ	NO

Leyenda: tabla de colores usados:

- La situación está dominada
- Hay zonas que mejorar
- No hay acciones

CAPÍTULO VI
CUARTO PILAR: LA OPTIMIZACIÓN DE LOS PLANES DE MANTENIMIENTO PREVENTIVO A TRAVÉS DE LOS GRUPOS DE MEJORA Y *FIABILIZACIÓN*

INTRODUCCIÓN

NOTAS

Ya tenemos el sistema de producción en disposición de trabajar en serie y también preparada a la organización para conducir las actividades diarias sobre dicho sistema. Sin embargo, la realidad presenta múltiples problemas que aparecen en el día a día de la producción industrial y en el funcionamiento de sus equipos, que hacen que la eficacia no llegue a ser la óptima. Por tanto, debemos de lograr eliminar todo tipo de problema y, con ello, las causas de pérdidas de rendimiento operacional.

Esta «**eliminación de pérdidas**» debe ser una actividad estructurada alrededor de una metodología aplicada de forma sistemática. Se trata de identificar, cuantificar y tratar las pérdidas a través de un método estándar de resolución de problemas. Nosotros nos basaremos en los bucles del **ciclo PDCA**, de corta duración e interactivos, pues se trata de una herramienta con la que he practicado y adquirido experiencia, y que permite visionar de forma sencilla la eliminación de una causa elemental de pérdida.

Para llevar a cabo esta tarea, es necesario formalizar **grupos de análisis** o de ***fiabilización***, en los que los operadores de fabricación y profesionales de mantenimiento sean los principales actores, asistidos por técnicos de fabricación, mantenimiento e ingeniería. Los líderes de estos pequeños grupos de trabajo dirigirán incluso las mejoras individuales sobre los equipos o máquinas.

Para animar esta acción se recomienda situar los resultados de las acciones de mejora efectuadas en lugares visibles, para así motivar a todos los participantes de los grupos.

Asimismo, es imprescindible dar la suficiente importancia a las pérdidas ocasionadas por las paradas pequeñas y

NOTAS

crónicas, las cuales, en general, se deben a problemas transitorios que exigen un mínimo tiempo de intervención pero arrastran muchos tiempos muertos de espera, debido a la propia organización de los operadores (por ejemplo: una pieza atascada en una alimentación, un ciclo cortado por un sensor o un final de carrera flojo, etc.).

En ocasiones, estos problemas se abandonan por diferentes motivos, como puede verse en el gráfico siguiente, pensando que no conllevan grandes penalizaciones, pero la experiencia nos dice que pesan incluso más que las pérdidas por averías con tiempos de intervención superiores a diez o quince minutos.

En estos casos, hay que dedicar el suficiente tiempo a observar y conocer el fenómeno con ayuda de los operarios de producción, estudiando al efecto las posibles contramedidas del fenómeno. Esto requiere paciencia y perseverancia hasta lograr los resultados deseados, por lo que es necesario hacer comprender a los trabajadores la relación entre los objetivos y las acciones de mejora. En este contexto, es conveniente tomar soluciones rápidas a las sugerencias aportadas por los operarios de fabricación.

Las acciones de mejora deben planificarse por el tiempo y se debe acordar quién va a ser el responsable de su realización y seguimiento.

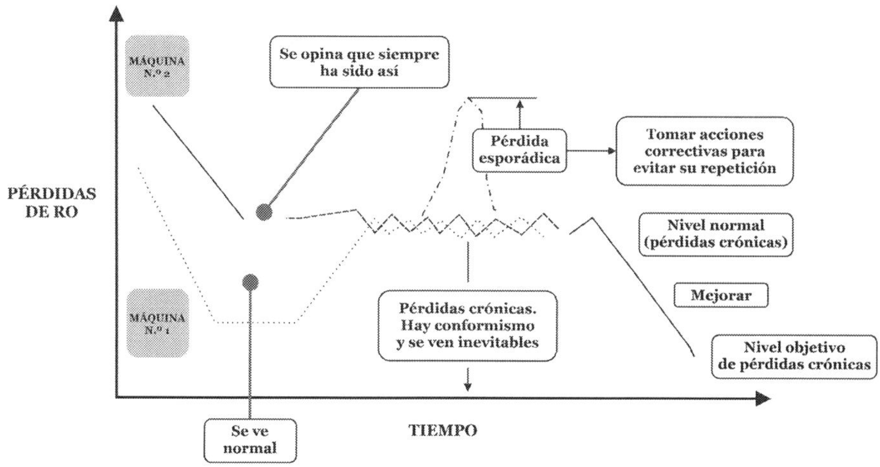

EL CICLO PDCA PARA EL ANÁLISIS DE PROBLEMAS Y LA ELIMINACIÓN DE PÉRDIDAS

Cuando un empleado encuentra un problema al aplicar sus estándares en su trabajo, lo recomendable es cuantificarlo, es decir, analizarlo identificando las causas y proponiendo soluciones, para así fijar nuevos estándares.

Un proceso muy útil para resolver problemas es el uso del **ciclo PDCA** (por sus siglas en inglés: «planificar, hacer, controlar y actuar») o la rueda de Deming. Estas serían sus fases:

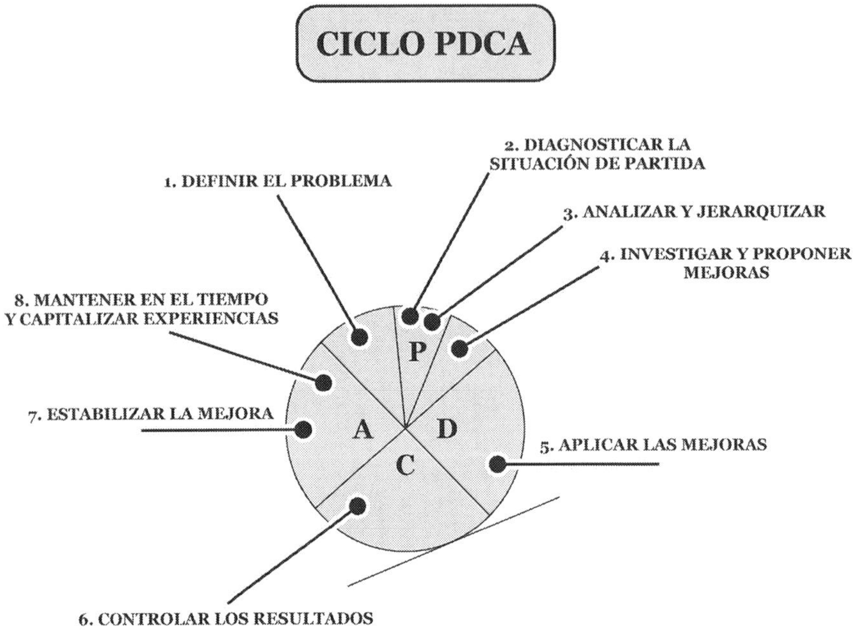

Este ciclo, sencillo y fácil de recordar, puede utilizarse en toda la compañía para analizar y resolver diferentes tipos de pérdidas debidas a disfuncionamientos o problemas.

Sin embargo, hay que tener en cuenta que, para ponerlo en marcha, se deben aplicar las fases correspondientes a «controlar» y «actuar» sobre los estándares antes de pasar a la fase de «planificar». En la etapa de «controlar» compararemos los resultados con nuestros objetivos, para así «actuar» y, en consecuencia, mejorar. Una vez fijados los objetivos, tendremos que pensar cómo cumplirlos, de modo que entraremos ya en la etapa de «planificar» con los datos disponibles.

NOTAS

En cualquier caso, para tener éxito en la generalización del ciclo PDCA, debemos comenzar poco a poco y enfocándonos a problemas sencillos.

EJEMPLO DE APLICACIÓN DEL CICLO PDCA

Observemos este gráfico. En él se puede apreciar cómo hemos seguido los pasos del ciclo PDCA para la eliminación de pérdidas en una línea de preparación de pisos de automóvil. Estos pasos son:

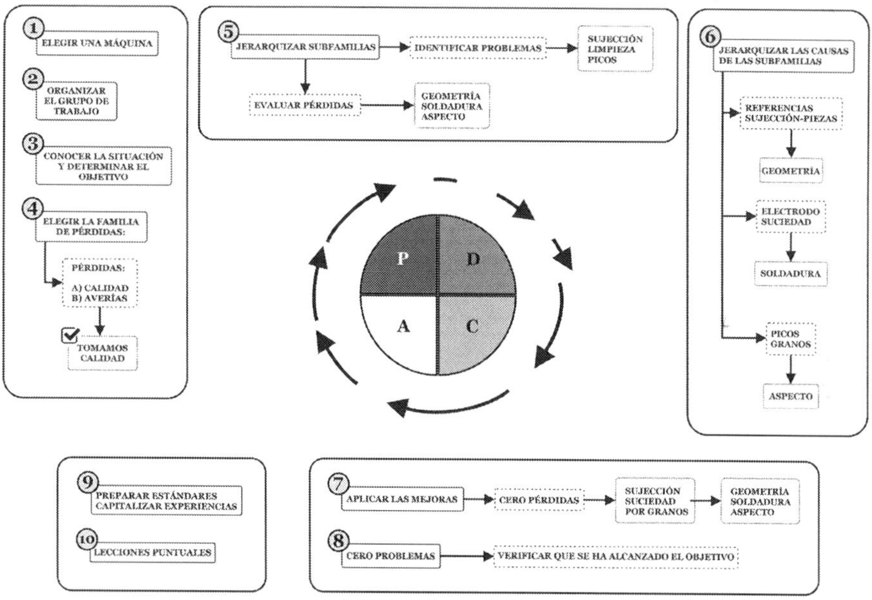

1

Extracción de datos generales de la línea de preparación de pisos, seleccionando el puesto u operación que más penaliza en cuanto a pérdidas de rendimiento.

NOTAS

2

Constituir el grupo de trabajo.

3

Conocer la situación de partida en lo que respecta a pérdidas de rendimiento (por ejemplo, 15 %) y determinar un objetivo (como podría ser llegar al 5 %).

4

De entre las diferentes familias de pérdidas, elegir la que más penalizaciones está causando, como podría ser, «las pérdidas por problemas de calidad».

5

Jerarquizar estas pérdidas por subfamilias:

- Geometría de pieza.
- Soldadura.
- Aspecto.

NOTAS

5

(continuación...)

Y jerarquizar también las causas de cada subfamilia:

- Geometría: sujeción de pinzas a chapa.
- Soldadura: falta de limpieza.
- Aspecto: picos en bordes.

6

Jerarquizar los porqués de dichas causas:

- Sujeción:
  - referencias malas
  - problemas en pinzas
  - defectos en las piezas de chapa que entran al puesto
- Limpieza:
  - electrodos sucios
  - suciedad en el puesto y zonas de referencia o posición
- Aspecto:
  - picos en bordes de chapa
  - granos pegados

NOTAS

7

Aplicar mejoras y constatar los resultados. En nuestro ejemplo, podemos constatar que desaparecieron los problemas de calidad por:

- Defectos de geometría debidos a problemas de sujeción de pieza.
- Defectos de soldadura por suciedades.
- Defectos de aspecto por picos en pieza.

8

Verificar que el objetivo se ha alcanzado, llegando a una pérdida de rendimiento del 5,5 % (nuestro objetivo de ejemplo era un 5 %).

9

Preparar estándares y gamas, para así evitar la repetición de los problemas y capitalizar la experiencia en puestos u operaciones similares de otros procesos y líneas de producción.

10

Presentar las mejoras a todo el personal de la línea de preparación de pisos como «lección puntual» de eliminación de pérdidas.

Puede ser interesante que el grupo de trabajo elabore un acta de las reuniones para el seguimiento de las acciones sobre una hoja similar a esta:

NOTAS

<table>
<tr><td rowspan="4">Razón social:</td><td rowspan="4">ACTA DE ACCIONES DE ELIMINACIÓN DE PÉRDIDAS</td><td>Área:</td></tr>
<tr><td>Proceso:</td></tr>
<tr><td>Línea:</td></tr>
<tr><td>Fecha:</td></tr>
</table>

<table>
<tr><td colspan="3">Tipo de problema:</td></tr>
<tr><td colspan="3">Tipo de pérdida:</td></tr>
<tr><td colspan="3">Acción:</td></tr>
<tr><td colspan="3">Porqué de la acción:</td></tr>
<tr><td colspan="3">Responsable de la acción:</td></tr>
<tr><td colspan="3">Fecha de realización:</td></tr>
<tr><td colspan="3">Objetivos:</td></tr>
<tr><td colspan="3">Indicadores:</td></tr>
<tr><td colspan="3">Resultados:</td></tr>
<tr><td colspan="2">Las causas-efectos más importantes:</td><td>Acción:</td></tr>
<tr><td colspan="2">1.ª</td><td></td></tr>
<tr><td colspan="2">2.ª</td><td></td></tr>
<tr><td colspan="2">3.ª</td><td></td></tr>
<tr><td colspan="2">4.ª</td><td></td></tr>
<tr><td colspan="3">Estado de avance (seguimiento de las acciones):</td></tr>
<tr><td colspan="2">Acción:</td><td>Fecha realización:</td></tr>
<tr><td colspan="2">1.ª
2.ª
3.ª
4.ª</td><td></td></tr>
<tr><td>Otros documentos adjuntos:</td><td>Firma del responsable:</td><td>Fecha:</td></tr>
<tr><td></td><td></td><td></td></tr>
</table>

NOTAS

GRUPOS DE *FIABILIZACIÓN*

Si analizamos las acciones tomadas en el eje de mejora del rendimiento operacional de los procesos productivos, la más importante es eliminar todo tipo de parada y disminuir los tiempos de intervención en las que se produzcan.

Esto se consigue creando un «grupo de *fiabilización*», que podríamos definir así:

> Un **grupo de *fiabilización*** es un conjunto multifuncional formado por representantes de todas las funciones involucradas en un proceso (fabricación, mantenimiento, técnicos de procesos, calidad, logística, ingeniería, etc.), cuyo *objetivo* es asegurar y mejorar el funcionamiento fiable de un sistema de producción. En él, se pueden mezclar varios niveles jerárquicos, llegando incluso a participar los operarios de fabricación, si fuera necesario.

Estos grupos siempre tendrán un animador implicado y motivado que, en general, será el responsable del proceso que se quiere *fiabilizar*. Las misiones de este animador serán las siguientes:

- **Informar** a todos los miembros, en la primera reunión, de las reglas de funcionamiento del grupo y los métodos que emplear para la resolución de problemas.

NOTAS

- **Convocar y dirigir las reuniones**, realizando un informe y señalando responsables y fechas para acometer los planes de acción decididos por el grupo.
- **Definir** los objetivos y plazos que el grupo debe asumir, apoyándose en las experiencias y en la situación de partida de acuerdo con unos indicadores bien identificados.
- **Planificar** todas las reuniones.
- **Asegurar** el seguimiento de las acciones y de los objetivos.
- **Recopilar** los documentos y datos necesarios para cada reunión.

FUNCIONES DE LOS GRUPOS DE *FIABILIZACIÓN*

Las principales tareas de un grupo de *fiabilización* son las siguientes:

1 Evaluar

Con la ayuda de una lista única de problemas, los grupos de fiabilización harán un seguimiento de todo tipo de disfuncionamientos que existan en los procesos y sistemas de producción, para así valorar su posición con respecto a los objetivos.

Interpretarán los problemas para identificar sus causas en el modo indicado abajo. Por ejemplo: la disponibilidad operacional de una máquina que haga un embotellamiento

NOTAS

en un proceso, el rendimiento operacional o la tasa de no calidad.

TRABAJAR EN GRUPO PARA INTERPRETAR LOS PROBLEMAS E IDENTIFICAR LAS CAUSAS REALES

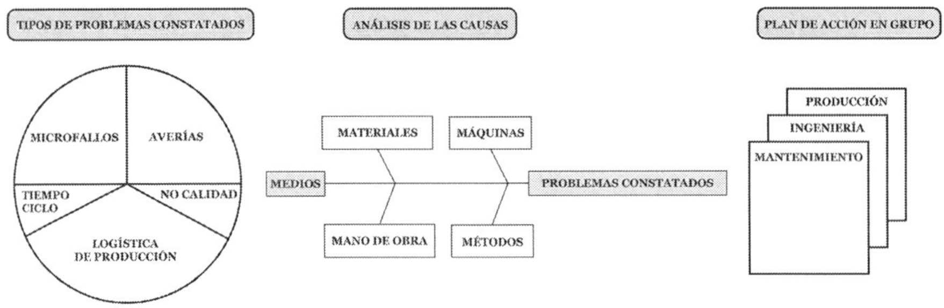

2 Informar

Se apoyarán en los indicadores intermedios de progreso para recabar y difundir información con el fin de mejorar los procesos. Por ejemplo, el tiempo de funcionamiento medio de la máquina que haga un embotellamiento (MTBF) o su tiempo medio de parada.

3 Jerarquizar

Ordenarán los problemas que se hayan encontrado según su prioridad y gravedad, elaborando diagramas de Pareto que reflejen las causas de disfuncionamiento por averías, incidencias, no calidad, etc.

NOTAS

4 Animar

Animarán y motivarán a todos los implicados en los procesos para mejorar los aspectos organizativos y los tocantes a las relaciones cotidianas, así como los relativos a la explotación y al retorno de información de cualquier tipo de intervención a todos los niveles.

5 Sistematizar

Se apoyarán en métodos clásicos y en las herramientas básicas de calidad para la resolución de problemas. En particular, deberán conocer y practicar el ciclo PDCA.

NIVELES DEL CICLO PDCA EN LOS GRUPOS DE *FIABILIZACIÓN*

El ciclo PDCA puede ser una buena herramienta de gestión y progreso de los grupos de *fiabilización*. Sin embargo, en ocasiones su aplicación puede presentar dificultades en la práctica, pues es posible que aparente ser una herramienta complicada, sobre todo en la dinámica cotidiana.

Para evitar esta sensación de complejidad podemos establecer diferentes **niveles de aplicación** según la periodicidad que se haya establecido para el control de la mejora de objetivos (diaria, semanal, mensual o anual). Cada uno de ellos corresponde a diferentes niveles jerárquicos de la organización:

NOTAS

1

Nivel de aplicación bajo

Todo se decide en función de la necesidad inminente. Es una forma de tratar urgencias diarias con pocas verificaciones y análisis, por lo que los planes de acción son de ejecución inmediata.

Su punto positivo es que involucra a todos los empleados, animándolos a ser reactivos y a resolver pequeños problemas con rapidez. Si estos se repiten, tenderán a pensar en la mejora o eliminación del problema y podrán exponer sus ideas en reuniones de nivel superior.

2

Nivel medio-bajo

Existen planes de acción a corto plazo (semanal), aunque no sean muy numerosos. Por ejemplo, un análisis diario de los disfuncionamientos o averías de una unidad de producción para apreciar desviaciones en los resultados obtenidos en la jornada anterior.

En este nivel, la fase de control del ciclo PDCA es muy suave y los empleados afectados pueden sentir que no hay tiempo para analizar bien los problemas. Como consecuencia, estos análisis son simples opiniones de los participantes en la reunión diaria, de modo que las soluciones solo se basan en impresiones y experiencias. Sin embargo, la cara positiva de este nivel es que, en ocasiones, permite empezar a practicar un ciclo PDCA completo.

NOTAS

2

(continuación...)

En algunas empresas se conoce a este tipo de análisis como «la hora del progreso», pues se trata de un punto de encuentro de la organización sobre el terreno (operadores de fabricación, profesionales de mantenimiento, técnicos de procesos y calidad, responsables de unidades de producción y servicio, etc.) para reflexionar sobre las acciones tomadas el día anterior, pensando a largo plazo.

Solamente así, con perspectiva de futuro, podemos prevenir los problemas que podrían presentarse mañana y mantener la disciplina de trabajo en el tiempo.

En este tipo de reuniones se crean estrategias simples (planes de acción sobre los disfuncionamientos y fallos del día anterior) aprovechando las oportunidades que nos ofrece la realidad de las experiencias vividas y, por tanto, el aprendizaje sobre los fracasos. Más abajo se muestra una **acta de reunión** de este tipo de encuentro.

3

Nivel de aplicación medio

Se reflexiona semanalmente, y en grupo, sobre los indicadores relacionados con el funcionamiento de los sistemas de producción, en base a los datos y gráficos disponibles.

NOTAS

3

(continuación...)

Por ejemplo, la evolución de la disponibilidad de la máquina que produce el embotellamiento de una línea de producción a lo largo de la semana, o la evolución del rendimiento operacional de dicha línea, de su tasa de no calidad, de las devoluciones de clientes, etc.

Los participantes en las reuniones de este nivel comienzan a practicar ciclos PDCA completos:

- Se toman planes de acción («qué hacer»).
- Se responsabiliza a un participante en la reunión para que los ejecute («quién, cómo y cuándo»).
- Se controla su progreso en la siguiente reunión.
- Se mantiene el rigor del plan para evitar la repetición de los problemas tratados.

En algunas empresas, llamamos a este grupo de nivel de análisis de problemas «grupo de *fiabilización*» en su sentido más puro (abajo incluimos un ejemplo del desarrollo de un plan de acción y mejora de estos grupos).

4

NOTAS

Nivel de aplicación medio-alto

Se trata, en general, de reuniones mensuales para discutir y analizar asuntos de todo tipo, como pueden ser:

- Problemas de organización (evolución del mantenimiento preventivo programado y del *automantenimiento*, recursos disponibles, etc.).
- Problemas de calidad (por averías, degradaciones de los tiempos ciclo, evolución de los *stocks*, etc.).
- Lanzamiento de un nuevo producto o modificaciones en uno ya existente.
- Desviaciones de costes (analíticas de productos, mantenimiento, etc.).

RAZÓN SOCIAL	ACTA DE REUNIÓN: GESTIÓN COTIDIANA DE PROBLEMAS (CICLO PDCA) SITUACIÓN A FECHA: 08/06/24	PROCESO

LÍNEA: Carter de cilindros **MÁQUINA**: OP.60 **PROBLEMA**: Rotura *bridaje* rotativo «QUIRI» de la estación 10 **FECHA**: 16/05/24 **Responsable de la gestión de este asunto**: Sr. _________(Turno _____)
CAUSA/DIAGNÓSTICO: Desconocida por el momento (es el segundo *bridaje* de este tipo que se rompe en esta máquina, en otro puesto), pero el efecto es: ROTURA DEL VÁSTAGO POR LA ZONA DEL PRISIONERO.

<table>
<tr><td colspan="3">ACCIONES INMEDIATAS PARA REANUDACIÓN DE LA FABRICACIÓN:
Por falta de recambio en almacén (está solicitado desde el 15/02/24):
• Utilizar elemento de puesto K9, hasta recibir recambio.
• Reparar pieza (vástago) averiada en T. utillaje.
• Reclamar recambio a proveedor.
SITUACIÓN AL FIN DE LA REPARACIÓN:
• Total parada máquina: 8 h (a las 11:00 h del 16/05/24)
• Pieza averiada YA REPARADA (en stock en n/taller)
• Recibido recambio original el 18/05/24</td></tr>
<tr><td colspan="3">ACCIONES DEFINITIVAS PARA EVITAR QUE SE REPITA Y GARANTIZAR LA CAPITALIZACIÓN:
1. Recopilar todo el historial de máquina para análisis de causa (Sr.___________)
2. Gestionar con proveedores (R.A. y QUIRI) análisis científico del fallo (Sr._____)
3. En función de lo anterior:
• Cambiar componente por el adecuado según aplicación
• Modificar máquina para evitar defecto
• Responsable: Sr.___________</td></tr>
<tr><td>SITUACIÓN DE ACCIONES DEFINITIVAS:</td><td>Resp.</td><td>Plazo</td></tr>
<tr><td colspan="3">1. REALIZADO
2. REALIZADO
3. PENDIENTE ANÁLISIS POR PARTE DE «QUIRI», DADO QUE R.A. Sr. ______ en curso TIENE ALGUNAS HIPÓTESIS QUE DEBE CONTRASTAR.
4. RECALAMAR A «QUIRI» QUE ACELEREN TRABAJOS y SUMINISTRO Sr.__________ DE RECAMBIOS PENDIENTES.</td></tr>
<tr><td colspan="3">FECHA FIN DEL ASUNTO Y ARCHIVO EN HISTÓRICO:
Firma Resp.</td></tr>
</table>

DESARROLLO DE UNA ACCIÓN DE MEJORA

	Línea:	N.º orden:	Fecha entrada:	Responsable:
ÁREA: MECANIZADO	CULATA	18	01 abril 2024	Sr. García

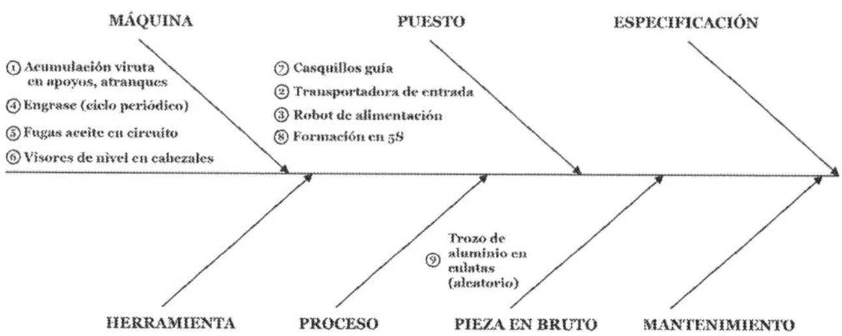

ENUNCIADO DEL PROBLEMA

Máquina con peor disponibilidad en la línea

OPERACIÓN / MÁQUINA: Operación - 20

SOLUCIONES ADOPTADAS: Varias acciones, reflejadas en la hoja de planificación / historial de realización

(SI PROCEDE, APORTAR CROQUIS O FOTOS)

ANÁLISIS DE BENEFICIOS POR CONCEPTOS:

		CALIDAD	DP MAG.	MATERIAL	HERRAM.	ENERGÍA	ROL LÍNEA	PRODUCTOS	MO	T. CICLO
ACTUAL:			29 % Abril							
PREVISTO:			80 %							
REAL:										

PLANIFICACIÓN DE LA ACCIÓN E HISTORIAL DE REALIZACIÓN

N.º Orden 20

Etapa N.º		Respons. ejecución	Fecha prevista	Fecha ejecución
①	Acumulación de viruta			
	a) Instalar tubos de regado	RA	S-9-24	10-03-24
	b) Aplicar sugerencia de limpieza en puesto 121	FMD.	S-9-24	10-03-24
②	Transportador de entrada			
	a) Sustituir rodillos de fricción por fijos, en zona de entrada y salida camino	FMD	S-16-24	S-19-24
③	Robot de alimentación. Defectos en toma en pieza, mal posicionamiento de termoformados, paradas del robot.			
	a) Instalar avisador de parada	FMD	S-22-24	
④	Engrase (ciclo periódico). Pérdida de tiempo en paradas de larga duración.			
	a) Modificar programa de autómata.	FMD	S-15-24	S-18-24
⑤	Fugas de aceite en circuito (aleatorio)			
	a) Revisar / reparar circuito de aceite	FMD	JUNIO-24	
⑥	Visores de nivel en cabezales. Problemas ergonómicos en la verificación de los niveles			
	a) Cambio en ubicación de visores	FMD	JUNIO-24	
⑦	Desgaste prematuro de casquillos-guía, cotas de mecanizado fuera de especificación			
	a) Establecer frecuencial de cambio	FMD	S-17-24	S-19-24
	b) Petición de recambios s/frecuencial	FMD.	S-17-24	S-19-24
	c) Aplicación de sugerencia, ensayo mejora de casquillos, cambio de material	Calid. / Proc.	SIN DETERM.	
⑧	Formación en 5S			
	Realizar curso en 5S	Sr. García	S-17-24	
⑨	Trozos de aluminio en culata (restos de fundición, aleatorio)			
	a) Comunicar a proveedor el incidente (siempre que surge)	Calid. / Proc.	Siempre que surge	

NOTAS

ANIMACIÓN DIARIA Y SEMANAL DE PROBLEMAS O AVERÍAS

Como mencionamos con anterioridad, los responsables de las líneas de producción también deben encargarse de la **animación**. Llevarán a cabo esta tarea en **reuniones diarias**, donde informarán a los grupos de análisis de los disfuncionamientos que una línea ha tenido el día anterior, tomando como base el documento «**parte diario de producción**» y gestionando los problemas en una lista única de problemas.

Asimismo, se organizarán **reuniones semanales** para analizar los disfuncionamientos observados por los operarios y reflejados sobre etiquetas o sobre las fichas de *automantenimiento*. En estas reuniones también se dará solución a los temas pendientes de la semana y se representará, a través de *logigramas*, la metodología de análisis de problemas por pérdidas de rendimiento operacional de la línea de producción. Abajo mostramos dos ejemplos.

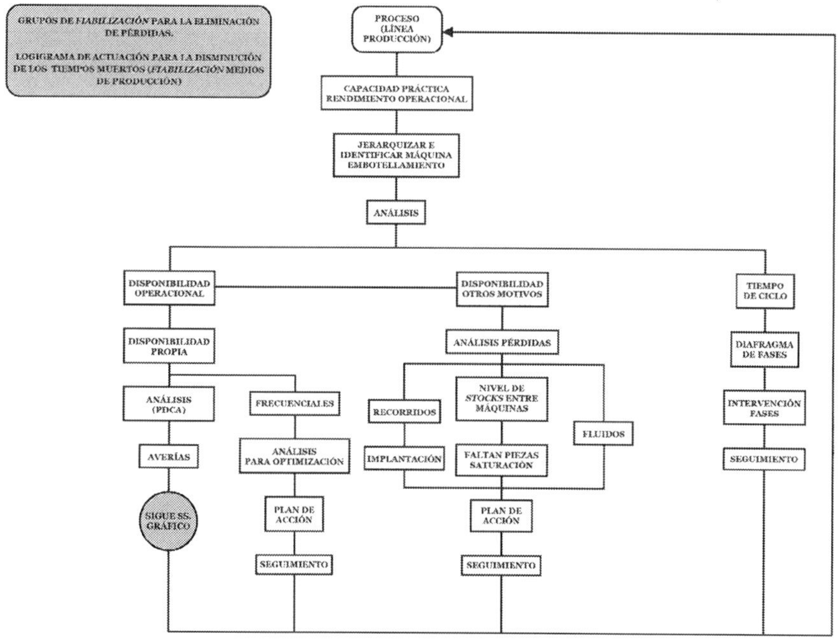
GRUPOS DE *FIABILIZACIÓN* PARA LA ELIMINACIÓN DE PÉRDIDAS.
LOGIGRAMA DE ACTUACIÓN PARA LA DISMINUCIÓN DE LOS TIEMPOS MUERTOS (*FIABILIZACIÓN* MEDIOS DE PRODUCCIÓN)
PROCESO (LÍNEA PRODUCCIÓN)
CAPACIDAD PRÁCTICA RENDIMIENTO OPERACIONAL
JERARQUIZAR E IDENTIFICAR MÁQUINA EMBOTELLAMIENTO
ANÁLISIS
DISPONIBILIDAD OPERACIONAL
DISPONIBILIDAD OTROS MOTIVOS
TIEMPO DE CICLO
DISPONIBILIDAD PROPIA
ANÁLISIS PÉRDIDAS
DIAFRAGMA DE FASES
ANÁLISIS (PDCA)
FRECUENCIALES
RECORRIDOS
NIVEL DE *STOCKS* ENTRE MÁQUINAS
FLUIDOS
INTERVENCIÓN FASES
AVERÍAS
ANÁLISIS PARA OPTIMIZACIÓN
IMPLANTACIÓN
FALTAN PIEZAS SATURACIÓN
SEGUIMIENTO
SIGUE SS. GRÁFICO
PLAN DE ACCIÓN
PLAN DE ACCIÓN
SEGUIMIENTO
SEGUIMIENTO

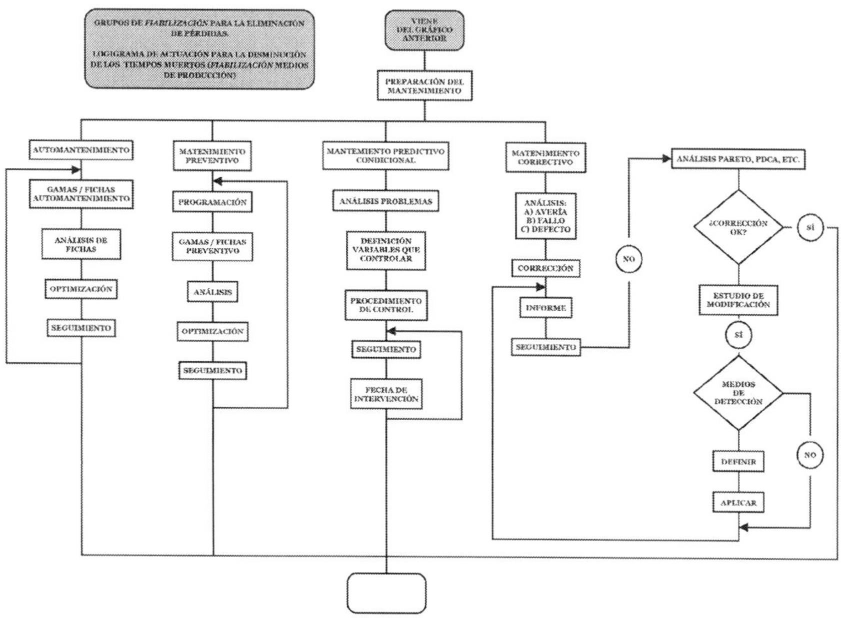
GRUPOS DE *FIABILIZACIÓN* PARA LA ELIMINACIÓN DE PÉRDIDAS.
LOGIGRAMA DE ACTUACIÓN PARA LA DISMINUCIÓN DE LOS TIEMPOS MUERTOS (*FIABILIZACIÓN* MEDIOS DE PRODUCCIÓN)
VIENE DEL GRÁFICO ANTERIOR
PREPARACIÓN DEL MANTENIMIENTO
AUTOMANTENIMIENTO
MATENIMIENTO PREVENTIVO
MANTEMIENTO PREDICTIVO CONDICIONAL
MATENIMIENTO CORRECTIVO
ANÁLISIS PARETO, PDCA, ETC.
GAMAS / FICHAS AUTOMANTENIMIENTO
PROGRAMACIÓN
ANÁLISIS PROBLEMAS
ANÁLISIS: A) AVERÍA B) FALLO C) DEFECTO
¿CORRECCIÓN OK?
SÍ
ANÁLISIS DE FICHAS
GAMAS / FICHAS PREVENTIVO
DEFINICIÓN VARIABLES QUE CONTROLAR
NO
CORRECCIÓN
OPTIMIZACIÓN
ANÁLISIS
PROCEDIMIENTO DE CONTROL
INFORME
ESTUDIO DE MODIFICACIÓN
SEGUIMIENTO
OPTIMIZACIÓN
SEGUIMIENTO
SEGUIMIENTO
SÍ
SEGUIMIENTO
FECHA DE INTERVENCIÓN
MEDIOS DE DETECCIÓN
NO
DEFINIR
APLICAR

NOTAS

Esta metodología deberá ser conocida por todos los miembros de cada grupo, con el fin de estructurar y unificar el proceso de análisis de mejora y eliminación de pérdidas en base a los siguientes **ejes de actuación**:

- Averías:
  - Repetitivas o crónicas:
    - Con disminución sistemática del tiempo de funcionamiento.
    - Con degradación de la calidad en la producción realizada.
  - Imprevistas de larga duración.
- Preparaciones, reglajes y puestas a punto:
  - Rigidez de las instalaciones.
  - Falta de rigor y formación en las actuaciones de los operadores.
- Paradas cortas:
  - Por rearmes de la instalación sin buscar una solución al problema, no contabilizando el tiempo perdido por este motivo.
- Defectos de calidad:
  - Existen variaciones en el proceso.
  - No están estudiados todos los modos de fallo del proceso.
- Bajo rendimiento en el arranque de las nuevas instalaciones:
  - Inestabilidad en las condiciones de explotación de la fabricación.
  - Formación insuficiente del personal de mantenimiento y explotación de las instalaciones.

NOTAS

(continuación...)

- Pérdidas del tiempo de ciclo:
  - Tiempo de ciclo degradado tras intervenciones de reparación.
  - Mejora del tiempo de ciclo de la máquina.
- Análisis y optimización de gamas de mantenimiento preventivo, etc.
- Análisis de las operaciones de *automantenimiento* para corregir los fallos observados por operadores y optimizar gamas.
- Análisis de las intervenciones de mantenimiento correctivo.
- Análisis de parámetros en operaciones de mantenimiento predictivo.

Además, podemos implantar la animación sobre tres **ejes de trabajo**, en base al tratamiento de pérdidas y problemas sobre la pirámide de Heinrich:

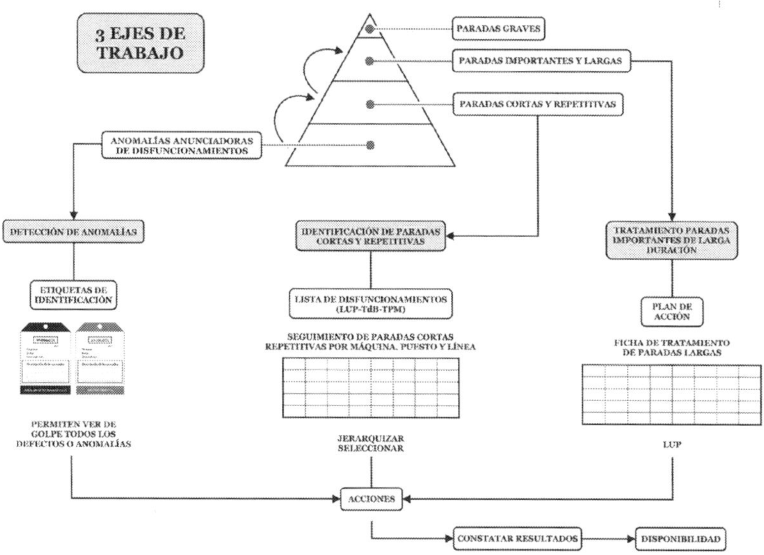

NOTAS

Como se observa en la imagen, los tres ejes son:

1

Detección de anomalías

Se trata de convertir esta actividad en cotidiana, a través de la identificación por etiquetas. Esta animación de primer nivel tiene por objetivo conseguir que se resuelvan todas las anomalías detectadas en el plazo más breve posible.

Se puede efectuar con ayuda de un tablero de puesto, con casilleros de etiquetas resueltas y etiquetas pendientes de resolver.

2

Identificación de pérdidas por paradas cortas y repetitivas

En este segundo nivel de animación, el objetivo es jerarquizar las pérdidas y seleccionar las herramientas de resolución de problemas que ya hemos comentado para solucionarlas, buscando las acciones necesarias para evitar que se reproduzcan las paradas.

Esta tarea se puede realizar en reuniones semanales del grupo con una duración corta. En ellas, se aportarán los datos precisos para trabajar lo más rápido posible y se organizará la animación tal y como aparece en el ejemplo del capítulo III.

NOTAS

3

Tratamiento de paradas graves y de larga duración

El tercer y último nivel de animación consiste en utilizar la herramienta «**lista única de problemas**», en la que aparecen todas las paradas graves y de larga duración. Una vez al mes, un grupo de *fiabilización* analizará esta lista, jerarquizará sus elementos por costes, duración y demás, y seleccionará las acciones que se deban poner en marcha para evitar la repetición de los problemas.

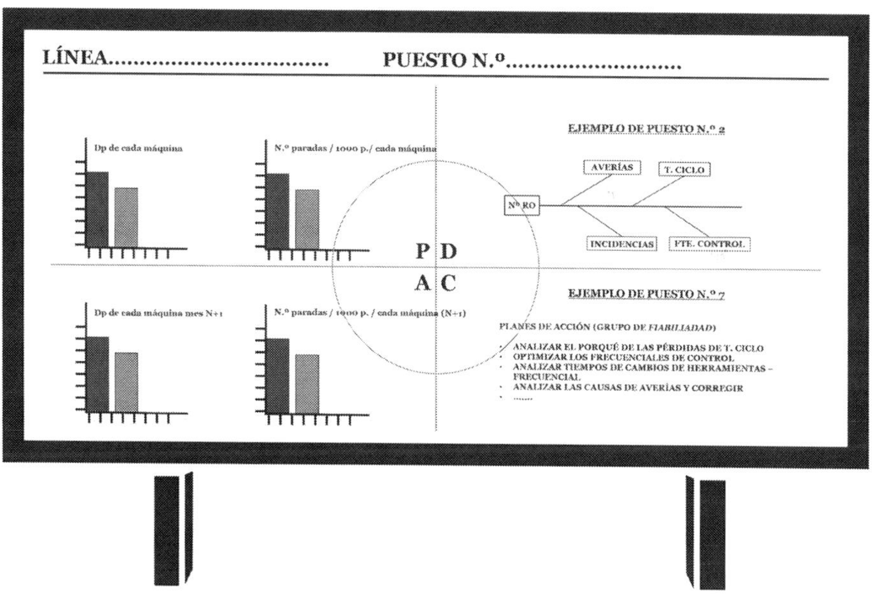

A continuación se muestra un ejemplo de este tipo de lista sobre una línea de mecanizado de culatas de motor:

N.º	OP.	FUNC.	TIPO	DESCRIPCIÓN PROBLEMA	F/D	F/P F/R	RES-PON-SABLE	
1344	130D	130D	FMD	Modificar planos de buses de control TI 612.	2/01		SAN	E
1345	140D	FAB	FMD	Máxima atención a limpieza de puestos de fresado.	2/01	28/01	GAL	
1346	140D	FAB	FMD	Máxima atención a limpieza puestos fresado.	2/01	20/01	SAN	
1347	140D	FAB	FMD	Máxima atención a limpieza puestos fresado.	2/01	27/01	MA	
1348	130D	MET	OTR	Modificar ficha técnica adaptando el TI 612 al bruto. Pasante/no pasante.	2/01		COR	E
1349	120TB	MET	OTR	Mecanizar 200 tapas para modelo K4M DIA 3/1/24 identificar.	2/01	3/01	PA	
1350	160D	FAB	OTR	Mecanizar 30 piezas MAPU hasta Op. 180D inclusive. Una vez mecanizadas, volver el mecanizado del TI 414 a punteado y llamado.	2/01	3/01	GAL	
1351	160E	MAT	FMD	Gestionar con Siemens defecto de pérdida de programa.	3/01	25/02	L.B	
1352	150D	FAB	FMD	Máxima atención a limpieza puestos de fresado.	3/01	28/01	GA	
1353	150D	FAB	FMD	Máxima atención a limpieza puestos de fresado.	3/01	20/01	SAN	
1354	150D	FAB	FMD	Máxima atención a limpieza puestos de fresado.	3/01	28/01	MA	
1355	160D	FAB	OTR	Validar modos de funcionamiento.	3/01	28/01	MA	
1356	PZ161	MAT	FMD	Pérdida de programa.	7/01	8/01	L.B	
1357	160E	MAT	FMD	Observar fallos de retraso inicio ciclo husillos 3 y 4.	8/01	13/01	L.B	
1358	170E	MAT	FMD	Puesta en servicio sistema precalentamiento cuba de agua.	8/01	9/01	L.B	
1359	0	MET	FMD	Recepción del correcto funcionamiento de pantallas AIF en toda la línea.	8/01		BE	E

1360	150D	CGO	HER	Árbol de palier central con defecto de reglaje. Atención al montado de plaquitas. Debe verificarse el ángulo de incidencia.	8/01	5/02	AM	
1361	130TB	MAT	OTR	Lunes día 13/01 se meterá taladrina de red.	8/01	20/01	ME	
1362	0	FAB	OTR	Pedir taquillas personales para UETC.	8/01		C.A.	E
1363	170E	MAT	FMD	Verificar precalentamiento este fin de semana.	9/01	13/01	L.B.	
1364	170E	FAB	FMD	El viernes día 3/01/25 no quitar seccionador en turno de noche.	9/01	13/01	SAN	
1365	170E	MAT	FMD	Comunicar al responsable Sr. Herrera la limpieza cada tres semanas.	9/01	13/01	ME	
1366	130D	MAT	FMD	Modificar planos de guías según notas adjuntas. Referencias: W23483138, W234831837, W234831839.	9/01	13/01	ME	
1367	120D	CGO	HER	Montar contratuerca autoblocante para evitar desplazamiento axial del árbol (hacer extensible al resto de árboles).	9/01	13/01	AM	
1368	120D	CGO	HER	Revisión general de amarre placas y cartuchos.	9/01	13/01	AM	

Tipo:
OTR = Otros.
CAL = Calidad.
HER = Herramientas.
FMD = Fiabilidad – mantenibilidad.
LUG = LUG.
CAP = Capitalización.
PRB = Probe.
V5 = Validación 5.
BE = Estudios.
SEG = Seguridad.
MA = Medioambiente.

Línea cabecera:
FUNC = Función.
F/D = Fecha denuncia.
F/P = Fecha prevista.
F/R = Fecha realización.

Función:
MET = Métodos.
FAB = Fabricación.
CAL = Calidad.
CGO = Centro reglaje.
MAT = Mantenimiento.
BRIG = Brigadas.
MR = Miguel Ros.
FDP G&L = Gidins.
GH = Gehring.
RA=Renault automation.
LB = LAM-BI
MEC = Mecalix.
SIT = Sietam.
AG = Agulló.
OMS = Omsat.
EKI = Ekin.

NOTAS

En la reunión de este ejemplo, convocada por el responsable del proceso, se ha de hacer un análisis para:

- Identificar los problemas que penalizaron a las máquinas con paradas superiores a, por ejemplo, a sesenta minutos.
- Observar si se tomaron las acciones correctas.
- Promover acciones definitivas a corto y medio plazo que eviten la repetición de dichas paradas.

Los participantes en la reunión pueden ser:

- El responsable del proceso, quien, a su vez, será el animador de la reunión del grupo.
- Los técnicos de fiabilidad de mantenimiento, procesos y calidad.
- Los técnicos de ingeniería y métodos.
- Los proveedores internos o externos, si procede.
- El responsable de la unidad de producción del turno correspondiente.
- El operario afectado por el problema que haya que analizar, si procede, y en todo caso, el responsable de su unidad.

Este análisis pondrá en marcha acciones correctivas sobre las paradas más graves de la línea, planificando intervenciones y designando a los responsables de su realización y seguimiento. Un modelo de **orden del día** puede ser el siguiente, basado en el proceso anteriormente descrito en las figuras representadas arriba:

NOTAS

1 Análisis de resultados del rendimiento operacional

Este análisis incluirá:

- Una relación ordenada por las causas de la falta de rendimiento, aportada por el banco de datos que se disponga.
- Un examen de la causa principal de paradas por tiempo de avería y otras tareas frecuenciales, identificando la máquina.
- Un examen de la degradación del tiempo de ciclo de cada máquina.
- Una evaluación de las pérdidas por falta de calidad de las máquinas.
- Planes de acción en el documento tipo, señalando el plazo y el responsable.

Además, para las acciones que necesiten una inversión por degradación del proceso, se actualizará el documento de aportes técnicos para llevar a las máquinas hasta el estado de referencia, a través de una restauración con ayuda de los servicios de ingeniería.

NOTAS

2 Revisión de las acciones de aplicación del *automantenimiento* y mantenimiento programado

Incluyendo:

- Un balance de las acciones planificadas en la reunión del mes precedente.
- Una planificación de acciones para el mes (formación, auditorías, optimización de gamas, etc.).

3 Seguimiento de las organizaciones implantadas

Se llevará a cabo un control del modo de funcionamiento del taller en relación con otros servicios prestatarios. Si hay disfuncionamientos que penalizan el rendimiento del proceso, se tomarán acciones para corregirlos y se obligará a respetar las organizaciones y el rigor en la aplicación de normas y procedimientos para así lograr el mantenimiento de los estándares previstos.

4 Análisis del progreso

Se examinará la evolución de los puestos y de los tiempos de gama asignados.

NOTAS

5 Actualización de datos

Se pondrán al día las capacidades o volúmenes de producción de cada línea, proceso o sistema de producción, en función de los rendimientos consolidados.

6 Organización de la formación en competencias

Consiste en hacer un análisis mensual de la evolución del plan de formación necesaria para todo el personal integrado en el proceso, con el fin de asegurar su buen funcionamiento global. Para ello, será necesario tomar las siguientes acciones:

- Actualizar las competencias de todos los miembros.
- Actualizar un cuadro de competencias de las unidades que permita visualizar las que son necesarias en el tiempo para cada puesto y las adquiridas por el personal que trabaja en el proceso (unidades de producción y de servicio).

A continuación, en el próximo capítulo, estudiaremos en mayor profundidad este último punto, de vital importancia para la consecución de nuestros objetivos de mantenimiento.

CAPÍTULO VII
QUINTO PILAR: FORMACIÓN Y ENTRENAMIENTO EN HABILIDADES TÉCNICAS. GESTIÓN DE COMPETENCIAS EN EL MANTENIMIENTO DE LOS SISTEMAS DE PRODUCCIÓN

INTRODUCCIÓN

NOTAS

Si tomamos los conocimientos, habilidades y cualidades de una persona, los unimos a la red de recursos que ofrece el entorno laboral y nos imaginamos cuál sería el resultado de aplicarlos efectivamente a una situación de trabajo concreta, podemos hacernos una idea de qué nivel de «competencia» puede tener ese trabajador para desarrollar la tarea. No obstante, hasta que la persona no haya realizado la actividad en cuestión, no es posible verificar ni evaluar su aptitud real.

En este sentido, podríamos definir el concepto de «competencia» de la siguiente manera:

> Una **competencia** es una capacidad específica que debe desarrollar un empleado y que puede ser observada y evaluada en el desempeño de la tarea y en sus resultados.

A lo largo de este capítulo, examinaremos cómo podemos conseguir que todos los trabajadores desarrollen, perfeccionen y mantengan al día estas habilidades especiales, que resultarán cruciales para el desarrollo de sus tareas en el puesto de trabajo, incluyendo las actividades de mantenimiento.

DESARROLLO DE COMPETENCIAS PARA LA MEJORA DE LAS CAPACIDADES TÉCNICAS EN EL PUESTO DE TRABAJO

Cuando hablamos de «competencia» (en singular), nos referimos a la habilidad de **combinar recursos**. Estos

NOTAS

recursos constituyen lo que llamamos el «**saber hacer**». Así, una persona competente en su oficio o en su puesto de trabajo es aquella que sabe utilizar todos los recursos que tiene a su disposición y puede transformarlos en actos profesionales.

Las «competencias» (en plural) son los productos obtenidos a partir de este proceso de combinación de recursos, expresados en términos de actividad profesional.

La **profesionalidad**, entonces, es un conjunto ordenado de competencias, que constituyen el «**saber actuar**».

Las competencias se formulan siempre con **verbos de acción** (ser capaz o tener la capacidad de + verbo de acción) sobre un ámbito de actuación más bien amplio.

Después de un curso de formación teórico-práctico, una persona puede haber adquirido ciertos conocimientos y habilidades, pero si no sabe utilizarlos en la situación de trabajo, no habrá adquirido nuevas competencias; o lo que es lo mismo, puede tener varios «saber hacer» y ningún «saber actuar».

Esto significa que la **formación** es la principal herramienta para crear recursos sobre los que se pueden construir competencias, pero no las produce por sí sola. El proceso de gestión de competencias solo puede funcionar en las siguientes condiciones:

NOTAS

- Si existe la tarea, o lo que es lo mismo, si existe una necesidad concreta de desempeño de una actividad en un puesto de trabajo.
- Si existe el recurso o potencial de la persona, o si este se puede crear a través de la formación y su posterior evaluación.
- Si dicha formación se aplica y es efectiva sobre el terreno, es decir, en el puesto de trabajo para el que se pensó el recurso.

En nuestro caso y dentro del contexto de la actividad que nos ocupa, la creación y adquisición de competencias está íntimamente ligada a la mejora del manejo y mantenimiento de los sistemas de producción y a eliminar todo tipo de disfuncionamiento. El objetivo es que el trabajador sea capaz de pensar siempre en la ley de la causa-efecto, alcanzando la **habilidad de relacionar las causas probables más simples con las más complejas**.

Así pues, es preciso definir un **plan de formación** adaptado al puesto de trabajo y, por tanto, individualizado sobre cada uno de los actores de las funciones implicadas en los procesos básicos de la empresa.

El eje de este plan de formación es doble:

1. Se formará hacia la **mejora de competencias** técnicas, de resolución de problemas y de relaciones humanas.
2. Se formará hacia la **polivalencia** en los puestos de trabajo, para conseguir la total adecuación de todos los implicados a sus respectivas tareas.

NOTAS

Con todo esto en mente, podemos definir el concepto de «formación» de la siguiente manera:

Entendemos por «**formación**» toda actividad orientada a mejorar la competencia y habilidad de una persona en el desempeño de su función, con el fin de aumentar la calidad de sus tareas.

Así, el punto de partida para definir un plan de formación no es la necesidad de formación en sí misma, sino la necesidad de las competencias en cuestión. Por consiguiente, no hay que pensar en términos de «cursos», sino que debemos reflexionar sobre lo que requiere cada situación, es decir, qué habilidades profesionales necesitamos para alcanzar nuestras metas.

Esto significa que necesitamos conocer qué tipo de competencias hacen falta en una **unidad de trabajo**, independientemente de las personas que la compongan. Para ello, disponemos, en general, de diferentes fuentes de información. Entre otras:

- Procesos y nuevos proyectos.
- Oficios o especialidades necesarias.
- Disfuncionamientos y pérdidas que pueden deberse parcialmente a deficiencias de competencia.

Si no conocemos las competencias requeridas en una unidad de trabajo, no podremos evaluar las que existen en sus miembros para establecer el cuadro de necesidades. Esto es:

NOTAS

- Necesidades de formación y entrenamiento.
- Necesidades de reclutamiento o contratación.
- Necesidades de movilidad.

El plan de formación que así se defina debe recoger el conjunto de características que de él se esperan:

- Objetivos de competencias que deban adquirirse.
- Población que se desee formar.
- Plazo para adquirir las competencias necesarias.
- Condiciones para producir las competencias.

EL BINOMIO HOMBRE-MÁQUINA EN LA EFICACIA DEL SISTEMA INDUSTRIAL

Una de las bases para la eficacia del sistema industrial se sustenta en la mejora del **binomio hombre-máquina**:

Por un lado, existe una demanda creciente de fiabilidad en los sistemas y una necesidad de luchar contra las averías, fallos e incidencias en ellos, por motivos que repercuten notablemente sobre la eficacia del sistema productivo. Estos motivos son:

- Diversificación de **productos o piezas** que se fabriquen en pequeños lotes, con grandes exigencias de calidad.

NOTAS

(continuación...)

- Diversificación y complejidad de los **equipos de producción** (CNC, robots, automatizaciones, informática, precisión, etc.).

Debido a esto, también se pide, por otro lado, la máxima eficacia en el hombre a través de:

- Una mayor **cualificación** y habilidad para capitalizar experiencias a través del autoaprendizaje.
- Ganas de **trabajar en grupo**, con una notoria evolución de la ética profesional y la motivación.

Si observamos este gráfico, vemos que las medidas contra las averías, fallos e incidencias de todo tipo sobre los equipos e instalaciones de producción nos conducen a una necesidad de formar a sus usuarios, para lograr así una correcta utilización y mantenimiento.

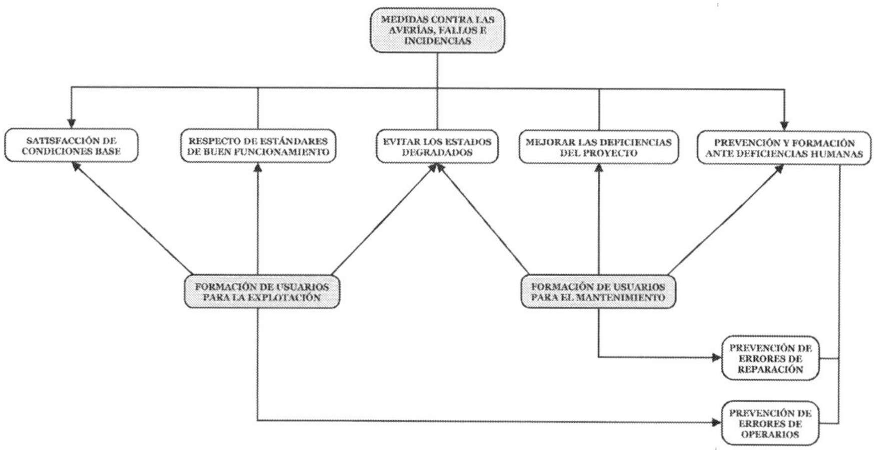

Tal y como ya hemos indicado, en el contexto de una eficaz gestión de competencias necesarias para un determinado puesto de trabajo y su correspondiente plan de formación, el trabajador debe ser capaz de encontrar las anomalías y fallos «latentes físicos», para eliminarlos con rapidez gracias a su conocimiento de la función del componente que ha fallado.

Pero lo que más nos interesa es lograr formar a los operarios y profesionales para que descubran la **causa** que puede conducir a una avería, fallo o producto defectuoso, para lo que han de ser capaces de practicar la prevención por inspecciones o participar en la mejora.

Además, el trabajador debe tener la habilidad de definir cuantitativamente las condiciones de buen funcionamiento de una máquina o equipo productivo, manteniendo y vigilando su estado de referencia a través del mantenimiento preventivo (con tareas tanto de *automantenimiento* como de mantenimiento programado).

NOTAS

En conjunto, hemos de lograr que el profesional pueda eliminar los fallos que originan «mala calidad» debidos a alguno de estos motivos:

- Falta de cualificación para descubrirlos.
- Falta de interés o motivación.
- Falta de formación en el conocimiento de las funciones de los elementos que fallan.
- Falta de conocimientos en la repercusión de un fallo, menospreciándolo y haciendo que, en consecuencia, se vuelva crónico o catastrófico.

Para manejar con éxito estos objetivos, se han de preparar **estándares de actividades**, como se observa en el gráfico inferior, que nos servirán como base para que el operario pueda ser formado de una manera teórico-práctica y entrenado para dominar el proceso, la conducción de sus equipos y su mantenimiento; en definitiva, para dominar su puesto de trabajo.

ESTÁNDARES DE ACTIVIDADES

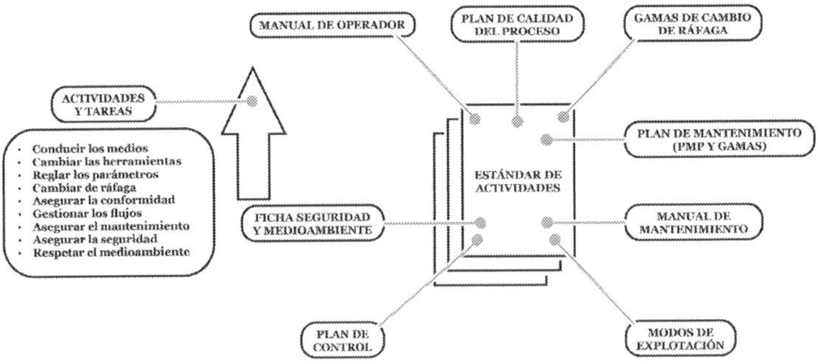

UN ESTÁNDAR = UNA GAMA = UN SOPORTE DE FORMACIÓN

RAZONAMIENTO PARA LA MEJORA DE CONOCIMIENTOS Y HABILIDADES

NOTAS

Con todo lo que hemos señalado hasta ahora, nos encaminamos hacia una reflexión que da sentido al concepto de «regulación» en el comportamiento del trabajador sobre la máquina:

> La **regulación** es una actividad en la que el sentido y la práctica basados en la experiencia y el juicio del profesional se utilizan al máximo.

Incluso tratándose de un mismo operador o de máquinas similares, el tiempo dedicado a la regulación y, por tanto, a lograr una determinada eficacia, varía de una intervención a otra. Por ello, es importante buscar procedimientos estándar (de nuevo, véase un ejemplo en el gráfico mostrado arriba) para formar con el mismo razonamiento a todos los operadores, tanto en la explotación como en las operaciones de *automantenimiento* y de mantenimiento programado.

Con esto en mente, debemos recordar que el aprendizaje se basa en la acumulación de **experiencia**. Esto implica tomar decisiones e intervenir en situaciones en las que existe la posibilidad de cometer un fallo, del cual se adquirirán nuevos **conocimientos**. Esta voluntad de crecer profesionalmente es lo que más marca la diferencia entre las habilidades de un trabajador y otro.

Pero ¿qué entendemos por «conocimiento»? Estas son algunas definiciones especialmente relevantes en el contexto de la formación profesional:

NOTAS

- Nakaigawa señala que el conocimiento es «la capacidad de actuar reflexivamente en relación con un fenómeno».
- El diccionario Webster[2] lo define como «la condición de saber algo con una familiaridad adquirida a través de la experiencia o la asociación».
- La definición de Skill es una mezcla de las dos anteriores, que resulta así: «el conocimiento es la capacidad de actuar correcta y reflexivamente en base a unos saberes adquiridos, relacionados con el buen funcionamiento de un sistema y con los fenómenos o fallos que se puedan presentar en el mismo».

Todas estas definiciones, además, son válidas en diferentes niveles de aprendizaje; de ahí que debamos elaborar un **plan de formación y capacitación técnica** de todos los operadores de fabricación y profesionales de mantenimiento. Esto hará que se responsabilicen para actuar en diferentes niveles de intervención de acuerdo con sus competencias, y que estén preparados para desenvolverse con las distintas familias de elementos, componentes y problemas que se presentan en su entorno de trabajo.

En síntesis, los objetivos que buscamos con este plan de formación son los siguientes:

2. Puede consultarse en https://www.merriam-webster.com/ (N. del E.).

NOTAS

- Lograr que las competencias de los trabajadores tengan los **niveles adecuados** para un buen funcionamiento y mantenimiento de las máquinas y equipos de producción.
- Conseguir que, con estas competencias, los miembros que componen las unidades de producción sean capaces de tratar de forma **autónoma** gran parte de sus problemas. Esto será posible si conocen las instrucciones de reglajes, calidad, mantenimiento, etc., lo que facilitará, como consecuencia, que sepan intervenir sobre los equipos.
- Practicar la prevención y la *fiabilización* a través del **análisis** en caliente y en directo de los problemas.

Veamos cómo podemos conseguir estos objetivos a través de un ejemplo real:

Si analizamos las 150 últimas intervenciones por averías y fallos en un proceso automatizado de mecanizado de culatas de motor, podemos clasificarlas en diferentes familias y trazar un diagrama de Pareto similar al del gráfico.

NOTAS

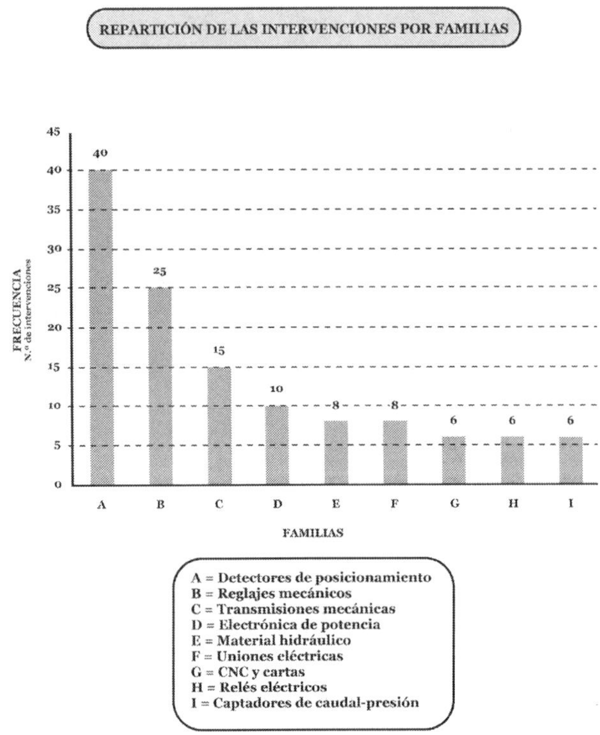

En él, las intervenciones están clasificadas por frecuencia y por familia del componente sobre el que se ha actuado debido a la parada por fallo de:

- Detectores de posicionamiento: 40 casos.
- Reglajes mecánicos: 25 casos.
- Transmisiones mecánicas: 15 casos.
- Electrónica de potencia: 10 casos.
- Material hidráulico: 8 casos.
- Uniones eléctricas: 8 casos.
- CNC y cartas electrónicas: 6 casos.

NOTAS

(continuación...)

- Relés eléctricos: 6 casos.
- Captadores de caudal-presión: 6 casos.
- Fusibles: 6 casos.
- Motores eléctricos: 5 casos.
- Herramientas y portaherramientas: 4 casos.
- Otros: 11 casos.

A continuación, si observamos el tipo de intervención y quien la realizó, podemos construir la siguiente clasificación:

REPARTICIÓN DE LAS INTERVENCIONES POR LA CUALIFICACIÓN

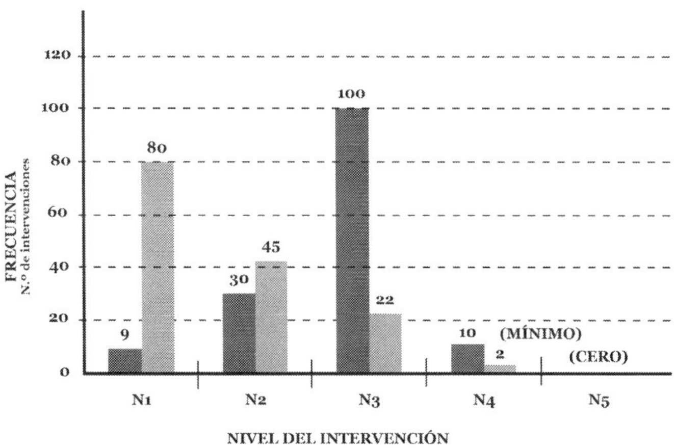

N1 = Operador de fabricación
N2 = Profesional de fabricación
N3 = Profesional de mantenimiento
N4 = Técnico de mantenimiento
N5 = Mantenimiento contratado

NOTAS

- N1 (operador en la línea de producción): 9 casos.
- N2 (operador/experto o profesional en la línea de producción): 30 casos.
- N3 (profesional de mantenimiento): 100 casos.
- N4 (técnico de mantenimiento): 7 casos.
- N5 (técnico externo a la línea de producción): 4 casos.

Como lo que buscamos es una mayor autonomía en los miembros que componen una unidad de producción integrada en un proceso, hemos de lograr cambiar este porcentaje de intervenciones de forma modulada y controlada. Esto lo conseguiremos a través de una eficaz gestión de competencias, adquiridas a través de planes de formación y prácticas personalizadas. Durante este proceso, siempre buscaremos lo óptimo y lo «justo necesario» para garantizar el funcionamiento continuo de los sistemas de producción en base a los problemas reales de los equipos.

Por tanto, es necesario construir **módulos de formación teórico-práctica** que abarquen las diferentes familias de componentes, conjuntos y equipos que existen en cada proceso. Con ello, lograremos instruir a los operarios y profesionales integrados en la fabricación, con la implicación y colaboración de los profesionales y técnicos de mantenimiento, que controlarán permanentemente la situación.

Si observamos de nuevo el gráfico, veremos además que en él se muestran los resultados que se han obtenido en el ejemplo antes reseñado en cuanto a la frecuencia de intervención en cada nivel, después de un plazo entre seis y doce meses practicando esta estrategia. De estos datos, podemos extraer dos conclusiones:

NOTAS

- Los problemas más frecuentes requieren competencias simples.
- Los problemas menos frecuentes requieren competencias consolidadas a nivel de profesionales y técnicos expertos.

TALLER DE HABILIDADES Y ENTRENAMIENTO

HABILIDAD TÉCNICA

Vamos a comenzar definiendo qué entendemos por «habilidad técnica» en el contexto que nos ocupa:

> Una **habilidad técnica** es un conjunto de capacidades que los operadores de fabricación consiguen a través de un proceso formativo, teórico, práctico y de entrenamiento, con el fin de crear las competencias requeridas en su puesto de trabajo.

Podemos dividir las habilidades técnicas en dos grupos: comunes y específicas del puesto u oficio.

NOTAS

> La **habilidad técnica común** es la que corresponde a operaciones comunes a todos los puestos de trabajo. Por ejemplo: actividades de mantenimiento de un grupo hidráulico de una máquina.
>
> La **habilidad técnica específica** puede ser a su vez dividida en dos tipos:
>
> - Específica de un **puesto de trabajo**.
> - Específica de un **profesional** o técnico de mantenimiento (por ejemplo: desmontar un cabezal multibrocha o una electrobrocha).

Dependiendo de la tarea que se deba llevar a cabo, necesitaremos que los profesionales estén formados en uno o varios tipos de habilidades técnicas. Por ello, debemos planificar los talleres de la forma más concreta posible, como veremos a continuación.

MANUAL DE ACTIVIDADES PARA DESARROLLAR LAS HABILIDADES TÉCNICAS

Tras la enumeración de las funciones, actividades y tareas, y la elaboración de estándares asociados para su ejecución, es preciso confeccionar los estándares de formación teórico-práctica, los cuales han de contener todas las tareas que permitan conocer e identificar:

> - El porqué de la actividad.
> - El problema físico, en caso de disfuncionamiento.
> - Todos los trabajos que realizar tanto en caso de fallo o en su prevención.
> - La formación teórica y cómo practicarla en un taller de habilidades técnicas preparado al efecto.
> - Los niveles de dificultad y su evaluación.

NOTAS

TALLER DE HABILIDADES TÉCNICAS ESTÁNDAR DE FORMACIÓN TEÓRICO-PRÁCTICO										TECNOLOGÍA ENGRASE	EQUIPO PARA ENGRASE CENTRAL
N.º OP	DESCRIPCIÓN DE LA OPERACIÓN / TAREA	REFERENCIA EQUIPO	NIVEL DE DIFICULTAD (1 a 4)				EVALUACIÓN DE LA PRÁCTICA			POR QUÉ	PROBLEMA FÍSICO / DISFUNCIONAMIENTO
			1	2	3	4	A	S	F		
1	Disfuncionamiento de una electrobomba para engrase central.		1							Comprobar el funcionamiento de una electrobomba en un circuito de lubrificación centralizada	Un funcionamiento defectuoso originará que los ditribuidores no se carguen de aceite y, por consiguiente, tengamos una lubricación defectuosa.

FUNCIONAMIENTO DE UNA ELECTROBOMBA PARA ENGRASE CENTRAL:

Estas electrobombas están previstas para alimentar distribuidores-dosificadores de aceite en un circuito de lubricación automática centralizada.
La automatización de los puntos de engrase se realiza mediante la programación de un tiempo de espera entre lubricaciones consecutivas y la actuación de la central de engrase durante un tiempo seleccionable. Si al cabo del mismo no ha llegado presión al circuito de lubricación, salta la condición de alarma. Dicho estado se activa a sí mismo por la falta de aceite en el depósito de la central. La condición de alarma activa un relé que permite el paro de la máquina.
La falta de nivel de aceite bloquea el funcionamiento de la central de engrase. Una vez puesto el nivel de aceite, la bomba sigue el ciclo programado.

a) Si reponemos el nivel de aceite durante el tiempo de marcha, la bomba arranca automáticamente y desaparece la condición de alarma.

b) Si reponemos el nivel de aceite durante el tiempo de espera, la condición de alarma persiste hasta que recibe la orden de arranque, ya sea manual o automáticamente.
El botón de engrase manual realiza una operación de engrase independientemente del ciclo programado.

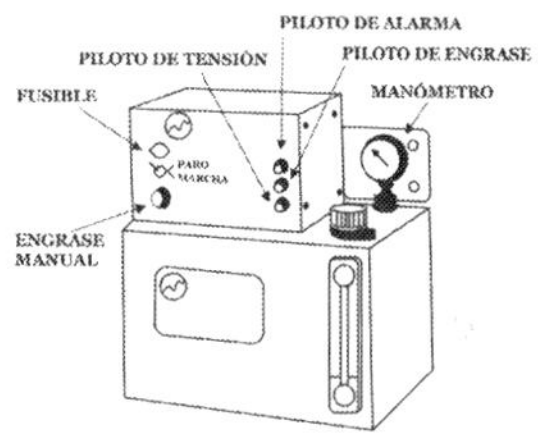

QUÉ HACER PARA PREVENIR	SEGURIDAD Y MEDIOAMBIENTE	NO HACER NUNCA	QUÉ HACER EN CASO DE FALLO
Mantener el nivel de aceite en los límites adecuados.	Limpieza de la bomba, evitar fugas, derrames en el suelo. En caso de derrame, recoger residuos y cumplir los procedimientos establecidos e instrucciones de trabajo IT-ST-16.	Hacer funcionar la bomba con el depósito vacío.	Verificar el nivel de aceite en el visor transparente. Verificar que las señales de aviso funcionan correctamente. Verificar que llega aceite a los distribuidores-dosificadores.

En el gráfico siguiente se muestra un esquema de la estrategia que estamos comentando para llegar a preparar un **taller de habilidades técnicas** equipado con lo «justo necesario».

NOTAS

Debido a las múltiples tareas que se nos pueden presentar, es importante elaborar una clasificación por orden de frecuencia o tiempo de intervención que nos permita priorizar su análisis. Una vez pasado el primer filtro, se confeccionarán las hojas de estándares de tareas, evaluando el grado de dificultad y sus requerimientos.

ESTRATEGIA DE FORMACIÓN EN HABILIDADES TÉCNICAS EN UNIDAD DE PRODUCCIÓN

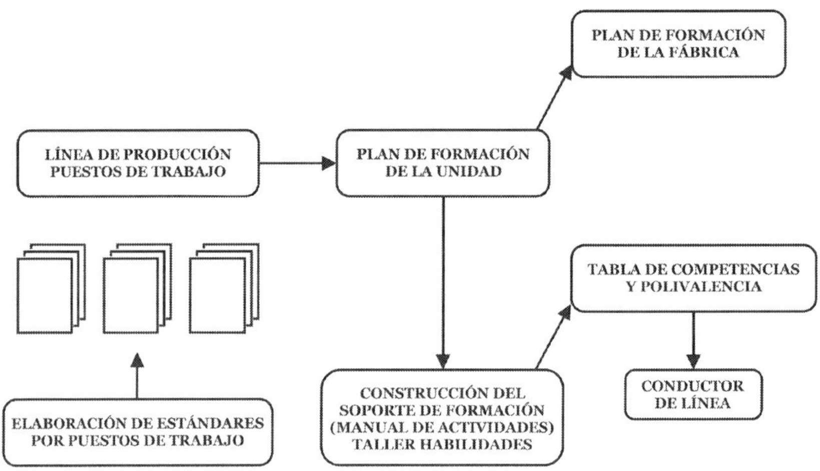

Finalmente, tras preparar las hojas de estándares de formación que completan el manual de actividades, los responsables de las unidades de producción evaluarán, dentro del contexto de gestión de competencias que ya hemos descrito, los conocimientos y carencias de cada operador o profesional, así como su nivel alcanzado en el puesto de trabajo.

NECESIDADES Y CONTENIDO DE UN TALLER DE HABILIDADES

NOTAS

En resumen, disponer de un espacio dedicado a un **taller de habilidades** nos permitirá entrenar a los operadores de manera teórico-práctica en:

- Controles visuales.
- Diagnósticos.
- Reglajes.
- Desmontajes y montajes de componentes.
- La realización de intervenciones de mantenimiento correctivo y preventivo.
- El conocimiento de las funciones de un conjunto y las tecnologías aplicadas sobre las máquinas.

Además, también nos facilitará:

- Aprender el vocabulario de las máquinas y de sus equipos.
- Conocer las referencias de diferentes componentes de las máquinas.
- Trabajando en grupo, analizar fallos de los equipos y a transmitir a otros las experiencias prácticas sobre ellos.

El contenido de estos talleres puede incluir, entre otros materiales:

- Conjuntos de máquinas enteros o seccionados.
- Maquetas de las funciones de diferentes máquinas.
- Componentes mecánicos de máquinas, de sistemas hidráulicos, neumáticos, eléctricos, etc.
- Panoplias de puesta en marcha real de estos componentes o conjuntos y paneles de hidráulica, neumática, etc.
- Diferentes herramientas de utilización común.

En este gráfico podemos ver la implantación de un taller de este tipo en una industria de mecanizado de piezas de motor:

IMPLANTACIÓN DEL TALLER DE HABILIDADES

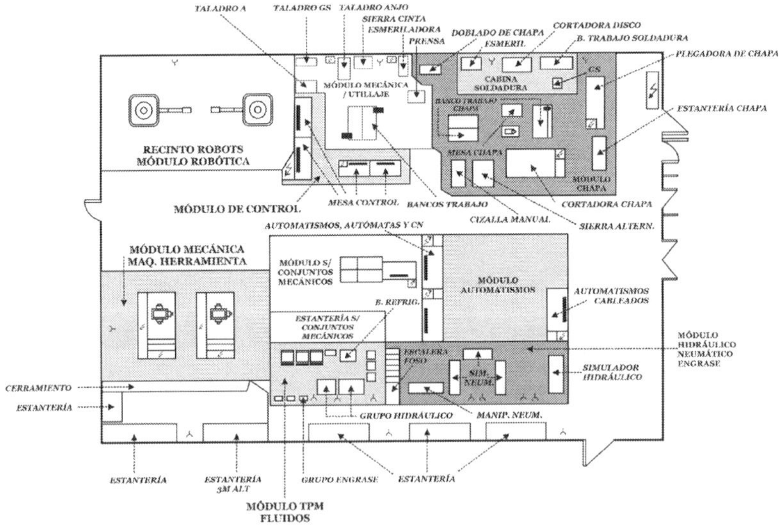

NOTAS

Además, hemos de preparar unos modos de funcionamiento para este tipo de talleres, con el fin de que se utilicen estando en orden y de manera tanto planificada como continua.

En resumen, una buena formación del personal, debidamente organizada y adecuada a las necesidades de la empresa o sección, es de vital importancia para el buen funcionamiento del sistema productivo. Nunca debemos, por tanto, pasar por alto este paso en la introducción del mantenimiento preventivo, pues su ausencia tendría notorias consecuencias negativas tanto a corto como a largo plazo.

CAPÍTULO VIII
GESTIÓN DE COSTES DE MANTENIMIENTO Y SU CONTROL

INTRODUCCIÓN

NOTAS

El coste del mantenimiento por unidad producida determina, como es evidente, la repercusión del mantenimiento en la producción.

Esto significa que se debe prestar una calidad de servicio máxima para obtener una disponibilidad total, pero también que el coste de mantenimiento nunca debe ser superior al coste de paradas de la producción. Si observamos este gráfico, vemos que el punto óptimo corresponde al valor mínimo de la curva del coste total. Este valor, a su vez, indica la máxima disponibilidad o valor óptimo del rendimiento operacional de un sistema de producción, con un coste por intervenciones de mantenimiento igual a los costes de las paradas de producción.

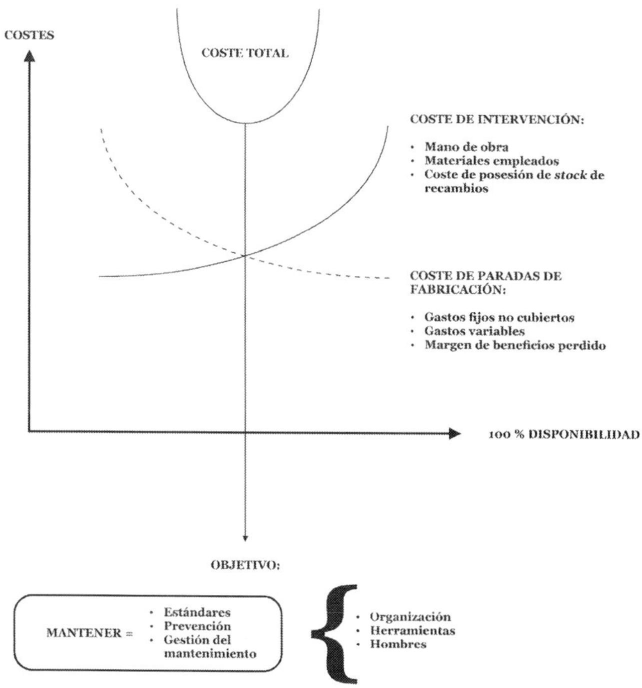

NOTAS

De esto podemos sacar dos conclusiones:

- El «**coste mínimo**» del mantenimiento de un sistema de producción no tiene sentido en sí mismo.
- El concepto de «**disponibilidad máxima**» de un sistema no tiene sentido en sí mismo.

Por tanto, hemos de tener presentes las siguientes realidades:

- Explotar un sistema **no es** mantenerlo con el mínimo coste.
- Explotar un sistema **no es** conseguir su buen funcionamiento continuo a cualquier precio.
- Explotar un sistema **no es** lograr una disponibilidad máxima sin examinar lo que aporta.

Al contrario, para hacer un uso coherente y eficaz de nuestros recursos de producción, debemos tener en cuenta todos estos factores y la manera en la que interactúan o se afectan mutuamente. De este modo:

Explotar o «utilizar» un sistema de producción es conseguir una disponibilidad tal que el **beneficio** producido por la última unidad de disponibilidad lograda sea **igual** al **coste del mantenimiento** necesario para obtener dicha disponibilidad.

En este sentido, las acciones que se deben tener en cuenta en el análisis de costes de mantenimiento están representadas aquí:

✎ NOTAS

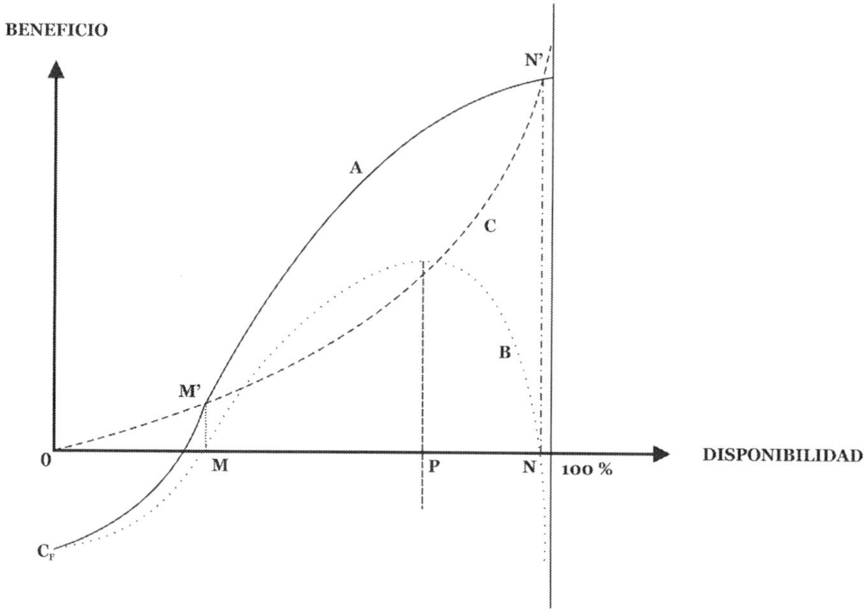

RELACIÓN DISPONIBILIDAD / BENEFICIO

Curva A: Beneficio de la empresa en función de la disponibilidad, sin considerar el costo de mantenimiento
Curva B: Beneficio neto a productividad constante.
Curva C: Costo de mantenimiento.

En este capítulo, vamos a tratar exclusivamente el apartado de «**índices**» o «**indicadores de gestión**» del mantenimiento, pues el resto son más conocidos, ya que corresponden a cualquier tipo usual de gestión económica y de organización empresarial.

NOTAS

DIRIGIR LAS ACTIVIDADES DEL MANTENIMIENTO A TRAVÉS DE INDICADORES

Está claro que, si conocemos una meta o destino y la planificamos en el tiempo con la dirección adecuada, podemos controlar todos los comportamientos de la organización y de los procesos y así establecer un plan, apoyándonos en sistemas retroactivos de información.

De este modo, para asegurar un buen trabajo en equipo, hemos de crear y definir unos **indicadores de medida** de resultados y procesos en relación con unos objetivos. Estos indicadores han de ser precisos y estar cuantificados en base a la experiencia y la tasa de aprendizaje de la organización, pues solo así obtendremos de ellos la información que necesitamos.

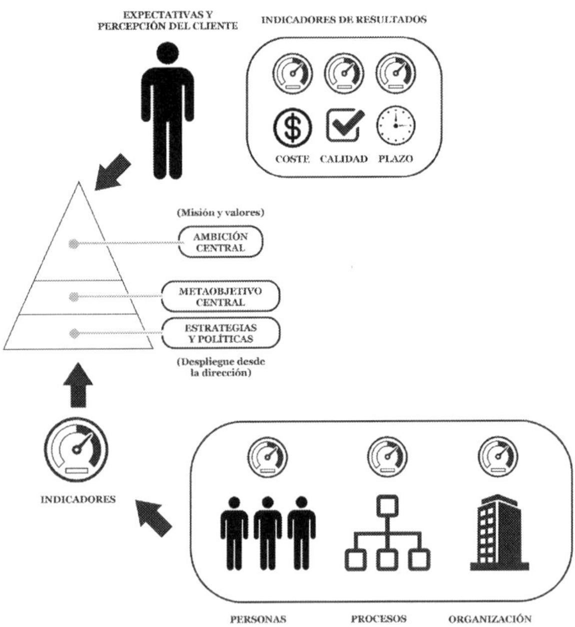

NOTAS

Para aclarar qué entendemos exactamente por «indicador», podríamos decir que:

> Un **indicador** es un parámetro numérico que facilita la información sobre un factor crítico identificado en la organización, en los procesos o en las personas, respecto a las expectativas o percepción de los clientes en cuanto a coste, calidad y plazos.

Los indicadores, una vez identificados en base a las actividades que tratar en cada nivel para alcanzar los objetivos asignados, pueden dividirse en los cuatro grandes bloques de acción de la **calidad total**:

1. Indicadores de **calidad**, para medir el cumplimiento de las especificaciones del proceso, producto o servicio, con el fin de satisfacer las expectativas del cliente.
2. Indicadores de **plazos**, para medir aspectos de la productividad de los procesos, el grado de servicio proporcionado al cliente por la cumplimentación de programas, niveles de stocks, rendimiento de las instalaciones productivas, tiempo medio de parada, tiempo medio de intervención, etc.
3. Indicadores de **costes**, para medir el «consumo» de los recursos en cada proceso, el rendimiento de la organización, el coste de obtención de calidad, el coste de mantenimiento, etc.
4. Indicadores de **animación** y motivación de los empleados, para medir aspectos relacionados con el clima social, como los niveles de participación en sugerencias, las horas de formación por empleado, los accidentes laborales, etc.

NOTAS

Como ya hemos mencionado, es conveniente disponer de un **tablero de a bordo** en cada nivel del despliegue de objetivos y, por tanto, en cada unidad de proceso. Este tablero nos va a facilitar el seguimiento de resultados alcanzados en periodos determinados, como podemos ver en el ejemplo, que muestra la evolución de los indicadores a nivel de responsables de áreas y procesos, desplegándose desde el primer nivel de la dirección.

TABLERO DE INDICADORES DE MANTENIMIENTO

INDICADORES		MEDIA		RESULTADOS MENSUALES												OBJET. 2026
		2024	2025	ENE	FEB	MAR	ABR	MAY	JUN	JU/AG	SEP	OCT	NOV	DIC		
Dominio de procesos	N.º de paradas / 1000 piezas															
	N.º de paradas / 1000 piezas / máquina															
	Tasa de realización MP / Programado															
	N.º de averías / 1000 piezas															
	Índice de auditorías N0-N1															
Reducción de costes	Coste total de mantenimiento (acumulado)															
	% costes correctivo / total (media)															
	Coste mantto. correct. (acumul. en mill. €)															
	% de coste mantenimiento / valor activos															
Mejora continua	Rendimiento operacional (medio)															
	Horas de MP / programado															
	N.º de problemas tratados															
	% de problemas resueltos															
Implicación y animación de RR.HH.																
	N.º reuniones comité TPM															
	N.º intervenciones correctivas MOD															
	N.º intervenciones correctivas MOD															
	N.º intervenciones correctivas mantto.															

Además, para que toda la organización disponga de un mismo vocabulario, es conveniente también disponer de un **glosario de indicadores** que comprenda su definición, objetivo, modo de cálculo, etc. He aquí un ejemplo:

<table>
<tr><td></td><td>INDICADORES DE PERFORMANCE
DE LÍNEAS DE PRODUCCIÓN</td><td></td></tr>
<tr><td colspan="3">TÍTULO DEL INDICADOR: CADENCIA NOMINAL TEÓRICA DE LA LÍNEA
ABREVIATURA: B3</td></tr>
<tr><td colspan="3">OBJETIVO Y CONTENIDO TÉCNICO:

Número de piezas buenas que un taller de fabricación desea producir teóricamente por día con una organización determinada y en el horario de referencia o base del taller.</td></tr>
<tr><td colspan="3">UNIDAD DE MEDIDA: N.º de piezas buenas.
MODO DE CÁLCULO:
$\text{N.º piezas buenas} = \frac{60}{\text{tiempo ciclo (máx. en min.)}} \times RO \times TR \text{ (en h/día)}$

Ejemplo: TC máx. = 0,3 min.
RO = 0,7
TR = 22,25 horas
$B3 = \frac{60}{0{,}3} \times 0{,}7 \times 22{,}25 = 3\,115$ piezas/día</td></tr>
<tr><td colspan="3">PERÍMETRO DE LA MEDIDA:
N.º de piezas buenas que salen por el último puesto de la línea.</td></tr>
<tr><td colspan="3">OBSERVACIONES:
RO = indicador del rendimiento operacional de una línea de fabricación.
TR = indicador del tiempo requerido para trabajar una línea de fabricación.</td></tr>
<tr><td colspan="3">RESPONSABLE DE LA INFORMACIÓN: Servicio técnico (métodos de trabajo)</td></tr>
</table>

Utilidad para el seguimiento de la eficacia en productividad.

NOTAS

PREPARACIÓN DEL CÁLCULO DE LOS INDICADORES DE COSTES DE MANTENIMIENTO

Para llegar a estos indicadores o índices es necesario disponer, en primer lugar, de algunos de los siguientes datos:

- **Horas dedicadas al mantenimiento correctivo por averías**

  Este dato totaliza las horas ocupadas en atender averías en los distintos centros o procesos productivos. Se contabiliza mediante el parte de averías emitido por las líneas de producción y cumplimentado por los responsables del mantenimiento una vez reparada la avería, y refleja las horas totales de la reparación o mantenimiento correctivo por rotura o avería.

- **Importe en euros correspondiente a las horas de mantenimiento correctivo por averías**

  Es el producto del dato anterior multiplicado por el valor, en horas, asignado al centro de gastos de mantenimiento.

- **Importe en euros del material empleado en mantenimiento correctivo**

  Este dato se obtiene de totalizar, en euros, el valor de los materiales empleados en las intervenciones por mantenimiento correctivo sobre cada centro de gastos de producción.

NOTAS

(continuación...)

- **Coste total del mantenimiento correctivo por averías**

  Este valor se consigue sumando el importe de la mano de obra empleada en atender averías al importe de los materiales empleados en dicha tarea.

- **Horas de mantenimiento preventivo**

  Se calcula totalizando las horas de las gamas de mantenimiento preventivo. En su momento ya indicamos que en cada gama debe venir reflejado el total de horas dedicadas a la revisión o a la inspección preventiva.

- **Importe, en euros, de las horas dedicadas a trabajos preventivos**

  Es el producto del número de horas dedicadas a intervenciones de mantenimiento preventivo multiplicado por el valor en horas asignado al servicio de mantenimiento.

- **Importe, en euros, del material empleado en mantenimiento preventivo**

  Obtenemos este dato al totalizar, en euros, el valor de los materiales utilizados en las inspecciones preventivas realizadas en los diferentes centros de producción.

- **Coste total de mantenimiento preventivo**

  Es la suma del valor total, en euros, de la mano de obra y de los materiales utilizados.

- **Coste total de la mano de obra utilizada en mantenimiento correctivo y preventivo**

  Es la suma total, expresada en euros, de las intervenciones debidas a averías y las dedicadas al mantenimiento preventivo.

NOTAS

(continuación...)

› **Coste total de materiales empleados en intervenciones de mantenimiento**

Es la suma total, calculada en euros, del valor de los materiales utilizados en intervenciones de mantenimiento correctivo y preventivo.

› **Coste total de mantenimiento**

Es decir, el coste total de las intervenciones del personal de mantenimiento en trabajos tanto de mantenimiento correctivo como preventivo, sumando los materiales que se hayan empleado en estas intervenciones.

› **Horas dedicadas a otros trabajos**

Resultan de totalizar las horas dedicadas a solicitudes de trabajos especiales (modificaciones, aplicación de mejoras, etc.) y a trabajos internos, es decir, los propios del servicio de mantenimiento para su orden y funcionamiento.

› **Horas de mantenimiento disponibles**

Son las horas de presencia de los profesionales del servicio de mantenimiento, y que se repartirán entre las horas dedicadas a otros trabajos y el número de horas realmente trabajadas en el mantenimiento correctivo y preventivo.

› **Número de horas realmente trabajadas en actividades propias de mantenimiento**

Es el número total de horas dedicadas a la corrección de averías, sumadas a las dedicadas al mantenimiento preventivo. Estas horas estarán reflejadas en el historial.

NOTAS

(continuación...)

› **Horas de paradas de máquinas y equipos productivos**

Es el número total de horas que han estado paradas las máquinas en cada centro o línea de producción por averías, ocasionando pérdidas. Este ratio se obtiene al restar lo que señalan los apartados de emisión y reparación en los partes de averías. El mantenimiento preventivo debe lograr disminuir estas horas.

› **Horas de presencia del personal de producción**

Son las horas que los operarios pertenecientes a los diversos centros o líneas de producción pasan en el trabajo. Se emiten periódicamente por los servicios de gestión de la producción.

› **Horas de producción**

Corresponden a la diferencia entre las horas de presencia de la mano de obra de producción y las horas de inactividad por paradas del sistema productivo. Se reflejará por cada centro o línea de producción.

› **Coste de las pérdidas por paradas de producción debidas a mantenimiento correctivo por averías**

Es el producto de multiplicar el número de horas de paradas por averías por el valor en horas asignado a cada centro de gastos o línea de producción.

› **Coste total de la producción**

Es el producto de multiplicar el número de horas de presencia del personal de producción por el valor, en horas, asignado a cada centro o línea de producción.

NOTAS

A continuación se muestra un ejemplo de seguimiento de los costes de mantenimiento más importantes, que nos permite compararlos periódicamente con los objetivos integrados en los presupuestos de los servicios de fabricación y mantenimiento.

EVOLUCIÓN DE INDICADORES Y COSTES DE MANTENIMIENTO

INDICADORES	ENE	FEB	MAR	ABR	MAY	JUN	JU/AG	SEP	OCT	NOV	DIC	MEDIA
Índice de extensión del M. (preven. + mejr + autom.) (IEMP)	74.9	71,1	68,6	78,9	70,7	64,0						71,4
Índice de costes del M. (preventivo + mejoras) (ICMPM)	37.9	38,2	35,1	59,9	45,9	39,5						42,7
Índice de costes de mante nimiento referido a la producción (ICMRP)	20,4	19,5	19,0	28,2	18,7	18,3						20,7
Índice de reducción de costes de mantenimiento (IRCM)	1,86	1,96	1,85	2,12	2,46	2,16						2,7
Costo total mantenimiento Dpto. Motor (Millones €) (CTMM)	0,32	0,27	0,34	0,42	0,25	0,20						1,8

Observaciones:

$$\text{IEMP} = \frac{\text{Índice extensión man. (preve + mejor. + autom.)}}{\text{Total horas Intervención mantenimiento}} \times 100$$

$$\text{ICMPM} = \frac{\text{Coste total mant. (preve + mejor.)}}{\text{Coste total de mantenimiento}} \times 100$$

$$\text{ICMRP} = \frac{\text{Coste total mantenimiento}}{\text{Coste total de transformación (V.T.) de fabricación}} \times 100$$

$$\text{IRCM} = \frac{\text{Índice de costes m. (prev. + mejor.)}}{\text{Índice costes mant. ref. produc.}} \times 100$$

CTMM = Coste total (correctivo + preventivo) = coste M.O. + materiales + otros costes (sin limpieza)

CAPÍTULO IX
PLAN DE AUDITORÍAS INTERNAS DEL MANTENIMIENTO

INTRODUCCIÓN

NOTAS

Una vez tenemos claro todo lo que queremos conseguir con nuestro plan de mantenimiento preventivo y cuáles son los pasos que debemos seguir para diseñarlo e implantarlo, el siguiente escalón será asegurar que nuestras metas se están logrando y que la aplicación del proyecto se mantiene en el tiempo.

Para ello, es fundamental elaborar un **plan de auditorías internas del mantenimiento**. Nuestros objetivos con ello son:

- Asegurar la **autonomía** del taller en la dinámica del mantenimiento y en la conservación de la calidad de los equipos.
- Verificar que el taller está inmerso en un **plan de mejora continua** y que existe un seguimiento riguroso de los planes de acción.
- Fijar periódicamente nuevas **metas**.
- Proteger el respeto y protección del **medioambiente** y de las **condiciones de trabajo**.

Tenemos la experiencia de que, en todas las acciones a largo plazo, hay un alto riesgo de que los resultados y el rigor se degraden con el tiempo.

Por lo tanto, el rol de un buen dirigente, es decir, del responsable de desarrollar un proyecto como el que estamos describiendo, será mantener viva en el tiempo la aplicación del plan y procurar que no decaiga su nivel de exigencia en todas las situaciones cotidianas.

NOTAS

Dentro de un plan general de auditorías como evaluación permanente de un taller (ISO-9000, ISO-14000 y otros de referencia) vamos a reseñar un tipo de auditoría muy práctica, de complejidad baja-media, que nos ayudará a mantener viva la organización en el desarrollo de un proyecto de mantenimiento global.

Como todo plan de auditoría, este consistirá en «verificar sobre el terreno» si se está haciendo todo lo que se tiene que hacer y detectar en qué aspectos no se hace lo suficiente. Se analizará todo esto a través de un cuestionario de preguntas similares a las que aparecen en los modelos de auditorías que se presentan en los anexos adjuntos, en los que el auditor evaluará un **índice de riesgo** o de nivel de satisfacción de la función auditada.

Este índice de riesgo será motivo de seguimiento a través de planes de acción correctiva, que evaluarán:

- Los resultados obtenidos.
- Las necesidades.
- Los objetivos de índices de satisfacción que deban alcanzarse.
- La eficacia obtenida a través de la medida de nuevos resultados dentro de una dinámica participativa.

MODELO DE UN PLAN DE AUDITORÍAS INTERNAS DE SEGUIMIENTO DE UN PROYECTO DE MANTENIMIENTO PREVENTIVO

NOTAS

DEFINICIÓN

Este plan, presentado como modelo, es un análisis metódico orientado a determinar si las actividades principales y resultados relativos a la implantación del mantenimiento preventivo satisfacen las disposiciones preestablecidas, y si, además, se aplican de modo eficaz, evitando su degradación en el tiempo.

OBJETIVO

El objetivo es evaluar globalmente la aplicación del proyecto sobre el terreno, cuantificando los riesgos y valorando el peligro de accidentes (tanto de personas como de instalaciones), el tratamiento de residuos, etc., y recomendando las acciones correctivas que proceda. Para ello, podemos utilizar unas guías similares a las que aparecen en los anexos de este libro.

ACOTACIÓN

La acotación de cada criterio que sea preciso analizar se obtiene con la ayuda del producto de dos valores:

NOTAS

- Nivel de riesgo del criterio (R)
- Nivel de conformidad del criterio (C)

Por tanto la acotación del índice de riesgo del criterio (IRC) será:

$$IRC = R \times C$$

Todo IRC mayor que cero y menor que cincuenta debe ser objeto de estudio para mejorar. Y, en el caso opuesto, todo IRC mayor que cincuenta debe ser objeto de una acción correctiva.

NIVEL DE RIESGO

El **nivel de riesgo** permite jerarquizar los criterios y ponderar así el peligro de «no calidad» de cada uno de ellos.

Para ello, se toman dos valores fijos:

- Un nivel de riesgo medio tendrá un valor = 5
- Un nivel de riesgo alto tendrá un valor = 10

NIVEL DE CONFORMIDAD

NOTAS

El **nivel de conformidad** permite evaluar el estado de realización de un criterio y su aptitud para respetar el objetivo buscado. Puede tomar estos cuatro valores:

0 = satisfactorio
4 = aceptable
7 = inaceptable (no ofrece garantías)
10 = inexistente

ÍNDICE DE SATISFACCIÓN

El **índice de satisfacción (IS)** del desarrollo y aplicación del proyecto en un determinado taller o proceso auditado en un momento dado es un indicador relativo que toma un valor comprendido entre el cero y el cien por ciento. Tomará el valor del cien por ciento cuando todos los IRC sean iguales a cero (C = 0).

Podemos calcular este índice de la siguiente manera:

- Calculamos primero la suma de los niveles de riesgo (R) de todos los criterios contenidos en la hoja de referencia.
- Calculamos la suma de los IRC de todos los criterios contenidos en tal hoja de referencia.

NOTAS

(continuación...)

› Calculamos el porcentaje de IS a través de la siguiente fórmula:

$$\% \text{ de IS} = 100 - \frac{100 \text{ IRC}}{7R}$$

REALIZACIÓN DE LA AUDITORÍA

La auditoría estará bajo la supervisión del responsable de mantenimiento de la compañía, y la puede dirigir un técnico de mantenimiento («piloto»), a quien le acompañarán el responsable del proceso de producción y un técnico.

El piloto de la evaluación puntuará cada criterio de la auditoría y cumplimentará todos los apartados de la hoja de referencia siguiendo las explicaciones recibidas por el jefe de equipo, los profesionales y el técnico del proceso, además de guiarse por su apreciación personal como experto en estas actividades. Finalizará la evaluación en una hoja similar a la que figura en el apartado siguiente, con las recomendaciones oportunas, que recogerá la conformidad de los interesados en el resultado final de la auditoría.

Este puede ser un esquema del proceso de las auditorías internas del mantenimiento preventivo:

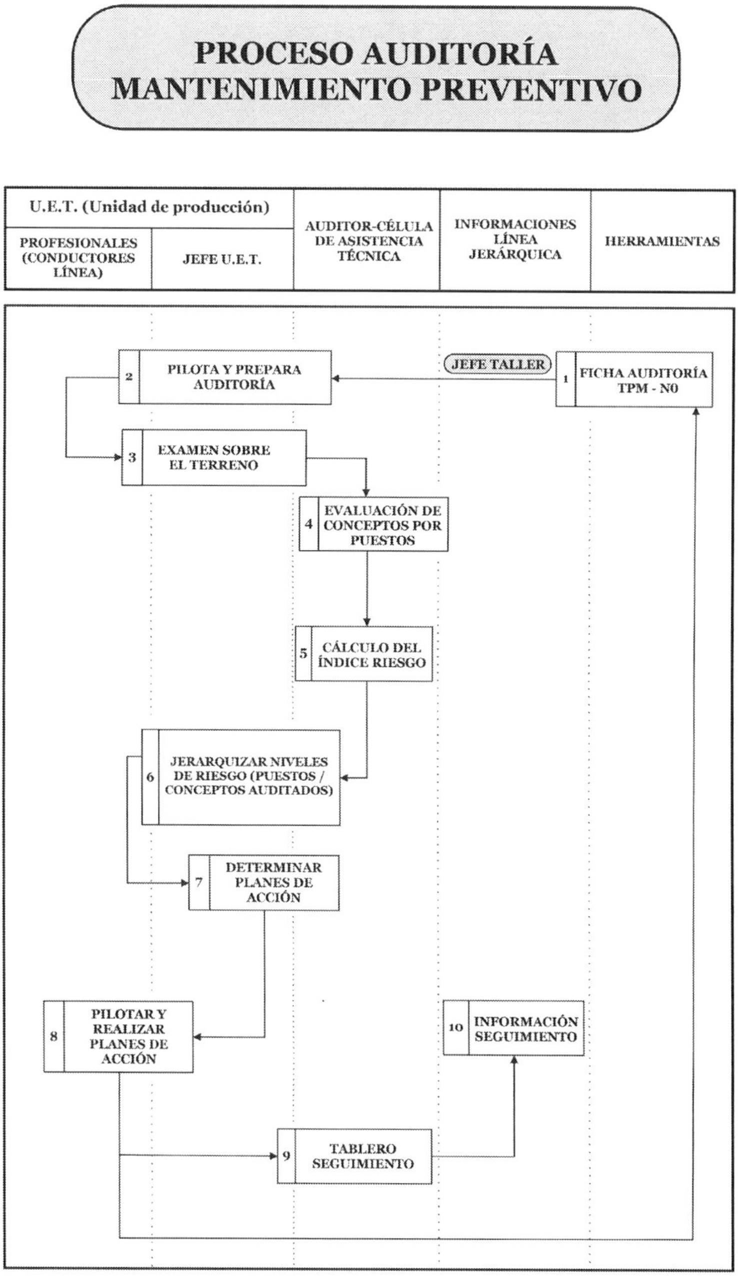
PROCESO AUDITORÍA
MANTENIMIENTO PREVENTIVO
U.E.T. (Unidad de producción)
PROFESIONALES (CONDUCTORES LÍNEA)
JEFE U.E.T.
AUDITOR-CÉLULA DE ASISTENCIA TÉCNICA
INFORMACIONES LÍNEA JERÁRQUICA
HERRAMIENTAS
1 FICHA AUDITORÍA TPM - N0
JEFE TALLER
2 PILOTA Y PREPARA AUDITORÍA
3 EXAMEN SOBRE EL TERRENO
4 EVALUACIÓN DE CONCEPTOS POR PUESTOS
5 CÁLCULO DEL ÍNDICE RIESGO
6 JERARQUIZAR NIVELES DE RIESGO (PUESTOS / CONCEPTOS AUDITADOS)
7 DETERMINAR PLANES DE ACCIÓN
8 PILOTAR Y REALIZAR PLANES DE ACCIÓN
9 TABLERO SEGUIMIENTO
10 INFORMACIÓN SEGUIMIENTO

NOTAS

HOJA DE REFERENCIA DE AUDITORÍAS INTERNAS DE EVALUACIÓN DEL PROYECTO DE MANTENIMIENTO PREVENTIVO

A continuación se muestra un modelo de hoja de evaluación de un proyecto de mantenimiento preventivo que los responsables de la auditoría deberán rellenar:

HOJA REFERENCIA DE AUDITORÍAS INTERNAS DE UN PROYECTO DE MANTENIMIENTO PREVENTIVO

EVALUACIONES

1

	SÍ	NO	R	C	IRC
PROCEDIMIENTO DE APLICACIÓN:					
A) APLICACIÓN DE LAS ETAPAS DEL PROYECTO					
¿Se han aplicado los diferentes apartados en el orden adecuado?			10		
CONFORMIDAD DEL ENTORNO Y DEL MEDIO PRODUCTIVO 5S					
A) ORGANIZACIÓN:					
¿No hay cosas inútiles? ¿Están clasificadas las útiles? ¿Existe una lista de utillajes y herramientas necesarios para el desarrollo de las tareas propias de cada puesto de trabajo?			10		
B) ORDEN:					
¿Existen y están ordenados los útiles y herramientas necesarios, incluidos los de limpieza?			10		
C)LIMPIEZA INICIAL DE MÁQUINAS:					
¿Existe constancia del estado de referencia respecto a la limpieza de las máquinas? ¿Se han localizado los focos de suciedad y se han buscado soluciones para eliminarlos?			10		
D) MANTENIMIENTO DE LA LIMPIEZA:					
¿Existe una gama o ficha técnica donde figuren las zonas que deben mantenerse limpias y los medios que deben utilizarse, con una frecuencia establecida?			10		
E) RIGOR:					
¿Se respetan las consignas y planes de limpieza establecidos así como la distribución de tareas?			10		
F) ENGRASE DE MÁQUINA Y MEDIOS PARA ELLO:					
¿Existen y son correctos?	SÍ	NO	R	C	IRC
G) PRESENCIA DE GAMAS DE MANTENIMIENTO PREVENTIVO Y CONSIGNAS:					
¿Existe una ficha específica de tipos de aceite, grasas que deban usarse y sus equivalentes? ¿Están identificados los puntos de engrase y limpieza en los estándares específicos? ¿Están identificados o visualizados los niveles de engrase?			10		
H) ERGONOMÍA SATISFACTORIA:					
Los accesos a los puntos de limpieza y engrase son fáciles y están identificados?			10		

(2)

FORMACIÓN:

A) FORMACIÓN DEL PERSONAL:

¿Se ha formado el personal en las tareas propias del mantenimiento siguiendo lo establecido en sus gamas?
¿Figura el seguimiento en su ficha de formación y gestión de competencias? ¿Está formado en detectar anomalías?
¿Existe reciclado de formación en técnicas y tecnologías de mantenimiento y constancia de ello en su ficha personal de formación?

		10		

B) FORMACIÓN DE LOS MANDOS:

¿Se constata una buena disposición del mando al aplicar y animar el proyecto? El mando, ¿conoce los procedimientos al respecto?

SÍ	NO	R	C	IRC

PROCESO DE EXPLOTACIÓN DEL MANTENIMIENTO:

A) ACTUALIZACIÓN DE LAS GAMAS DEL MANTENIMIENTO PREVENTIVO:

¿Se actualizan las gamas y frecuencias según el historial del equipo productivo, con la participación de todos los implicados? Y, en consecuencia, ¿se actualiza el plan de mantenimiento preventivo?

		10		

B) EJECUCIÓN DE TAREAS DE MANTENIMIENTO PREVENTIVO:

¿Se realizan correctamente las gamas en atención a su frecuencia? ¿Son adecuadas al puesto?

		10		

C) VERIFICACIÓN DE FICHAS DE MANTENIMIENTO PREVENTIVO:

¿Se verifica la correcta ejecución de las tareas indicadas en las fichas de mantenimiento preventivo por muestreo?

		10		

D) NOTIFICACIÓN DE ANOMALÍAS:

El profesional, ¿anota en la ficha los disfuncionamientos y anomalías que no ha podido resolver?

		10		

E) ACCIONES CORRECTIVAS:

¿Se anotan las anomalías y defectos que no se pueden resolver de inmediato sobre etiquetas o documentos visuales?
¿Se toman las acciones correctivas necesarias para corregir los disfuncionamientos y anomalías anotados en la ficha o etiqueta?

SÍ	NO	R	C	IRC

F) PLANIFICACIÓN DE TAREAS:

¿Existe una planificación de tareas de mantenimiento preventivo que asegure el 100 % de ejecución de las actividades programadas?

		5		

G) CONSIGNAS DE USO:

¿Existe una ficha de instrucciones sobre cómo hacer una limpieza y engrase de la máquina así como del resto de las operaciones de la ficha (si fuesen necesarias)?
¿Se respetan las consignas de seguridad?
¿Se respetan las consignas de control?
¿Se respetan las consignas sobre piezas de desgaste y recambios?

		10		

H) TRAZABILIDAD Y CUMPLIMIENTO DE PROCEDIMIENTOS DE EJECUCIÓN DE TAREAS DE MANTENIMIENTO PREVENTIVO:

¿Se cumple el recorrido que debe seguir cada ficha de mantenimiento preventivo?
¿Se controla la ejecución de las tareas programadas para reprogramarlas si es necesario?

		5		

③

MEDIDA / VISUALIZACIÓN:

A) PRESENCIA DIARIA DEL TABLERO DE ACTIVIDADES:

¿Existe información sobre el rendimiento, número de paradas, etc., y está colocada en lugar visible y accesible?			5		

B) SISTEMA DE MEDIDA:

¿Se dispone de un sistema de medida fiable para cumplimentar la información de actividades y resultados?			10		

C) ANÁLISIS:

¿Se analizan regularmente y de forma participativa los indicadores y se proponen acciones de mejora en todos los aspectos de pérdidas?			10		

D) CARGA DE TRABAJO:

¿Existen índices comparativos de los trabajos pendientes y de los realizados?			5		

NUEVOS PROYECTOS:

A) NUEVOS PROYECTOS:

¿Se han capitalizado experiencias para nuevos proyectos? ¿Se han confeccionado y aplicado las gamas de mantenimiento preventivo en nuevos equipos?			5		

SÍNTESIS DE LA EVALUACIÓN DE LA AUDITORÍA

RESULTADO DE LA EVALUACIÓN		ACCIONES CORRECTIVAS	
IRC	**CANTIDAD**	**PLAZO**	**RESPONSABLE**
IRC = 0			
0 < IRC < 50			
IRC >= 50			
TOTAL IRC			
IS			

RECOMENDACIONES DEL AUDITOR

FIRMA	AUDITOR / EVALUADOR	TÉCNICO PROCESO	RESPONSABLE UD. PRODUCCIÓN

ANEXOS.
BASE DEL EDIFICIO DEL MANTENIMIENTO PREVENTIVO

ANEXO 1.
RIESGOS MEDIOAMBIENTALES Y DE SEGURIDAD Y CONDICIONES DE TRABAJO

INTRODUCCIÓN

NOTAS

Vamos a terminar de completar el edificio del proyecto del mantenimiento preventivo al que eludimos más arriba con algunos anexos que inciden en su base, relacionados con el medioambiente, la seguridad y las condiciones de trabajo y el consumo energético.

NOTAS

HOJA DE REFERENCIA PARA EVALUAR RIESGOS MEDIOAMBIENTALES Y DE SEGURIDAD Y CONDICIONES DE TRABAJO

HOJA REFERENCIA PARA EVALUAR RIESGOS MEDIOAMBIENTALES Y DE SEGURIDAD Y DE CONDICIONES DE TRABAJO

EVALUACIONES	SÍ	NO	R	C	IRC
PROCEDIMIENTO DE APLICACIÓN:					
A) APLICACIÓN DE LAS ETAPAS DEL PROYECTO					
¿Se respetan los procedimientos de gestión medioambiental y las instrucciones de trabajo asociadas, así como las de seguridad y condiciones de trabajo?			10		
CONFORMIDAD DEL ENTORNO Y DEL MEDIO PRODUCTIVO:					
¿Existe un lugar concreto para los residuos generados?			10		
¿Están bien indicados los contenedores de residuos? ¿Las papeleras tienen fácil acceso?			10		
¿Se limpian de forma regular los recipientes para basuras y desechos?			10		
¿Es correcto el tratamiento de trapos y guantes impregnados de aceite?			10		
¿Es correcta la presencia de gamas de limpieza y engrase y consignas medioambientales y de seguridad? ¿Existen salpicaduras de aceite o taladrinas en el suelo?			10		
¿Se aprecia un rigor en el tratamiento de los temas relacionados con el medioambiente y la seguridad?			10		
¿Se respetan las normas y consignas establecidas en las actividades de cada puesto?			10		
¿Se usan los documentos asociados a la gestión medioambiental? ¿Son conocidos por todos?			10		
FORMACIÓN:					
¿Ha sido formado el operario en las tareas específicas del puesto?			10		
¿Existe buena disposición de los mandos en la gestión y control medioambiental? ¿Conocen los procedimientos e instrucciones del medio ambiente y de seguridad y condiciones de trabajo?			10		
TAREA COTIDIANA / EXPLOTACIÓN:					
¿Se actualizan los procedimientos de manera regular? (fichas, gamas, etc.)			10		
¿Se ejecutan las gamas de limpieza? (zonas de salpicaduras, suelos resbaladizos, etc.)			10		

(1)

2

A) VERIFICACIÓN DE LA EJECUCIÓN DE LOS PROCEDIMIENTOS Y OPTIMIZACIÓN DE CONSIGNAS Y PROCEDIMIENTOS DE SEGURIDAD Y MEDIO AMBIENTE:					
¿El operario anota las irregularidades encontradas (hecho constatado)?			10		
¿Se informa al operario de las acciones correctivas llevadas a efecto?			10		
¿La relación de aspectos medioambientales significativos está al día?			10		
¿Están planificadas las tareas relacionadas con el medioambiente (diarias, semanales, etc.)?			5		
B) EJECUCIÓN DE LAS CONSIGNAS E INSTRUCCIONES DE MEDIOAMBIENTE Y DE SEGURIDAD Y CONDICIONES DE TRABAJO:			10		
¿Se respeta la trazabilidad en la recogida de residuos y la utilización de las prendas de protección?			5		

MEDIDA / VISUALIZACIÓN:					
A) INSTRUCCIONES DE MEDIO AMBIENTE Y SEGURIDAD Y CONDICIONES DE TRABAJO VISIBLES:			5		
¿Se realizan las tareas planificadas relacionadas con el medio ambiente?			10		
¿Existe un seguimiento de todas las acciones de mejora en el sistema de gestión medioambiental y de las condiciones de trabajo?			10		
¿Se analizan de forma regular los temas relacionados con el medio ambiente y la seguridad (accidentes, etc.)?			5		

SÍNTESIS DE LA EVALUACIÓN DE LA AUDITORÍA

RESULTADO DE LA EVALUACIÓN		ACCIONES CORRECTIVAS	
IRC	**CANTIDAD**	**PLAZO**	**RESPONSABLE**
IRC = 0			
0 < IRC < 50			
IRC >= 50			
TOTAL IRC			
IS			

3

RECOMENDACIONES DEL AUDITOR			
FIRMA	**AUDITOR / EVALUADOR**	**TÉCNICO PROCESO**	**RESPONSABLE UD. PRODUCCIÓN**

ANEXO 2.
PREPARAR UN GRUPO DE TRABAJO PARA EL AHORRO ENERGÉTICO EN LA EMPRESA

INTRODUCCIÓN

NOTAS

En la actualidad, los precios de la energía sufren constantes incrementos por diferentes motivos, y el irreversible proceso de crecimiento, en todas las empresas, de los costes fijos de producción sobre los variables provoca que cada vez se dé más importancia al **ahorro energético**.

En el entorno industrial, la reducción de los consumos de energía no tiene solo un interés económico, sino que conlleva también un compromiso con la mejora medioambiental. Se pueden tomar muchas acciones encaminadas a conseguir estas metas: algunas de ellas tan solo pueden abordarse en el diseño de las instalaciones, mientras que otras posteriores, de modificaciones y mejoras, implican, por lo general, inversiones importantes.

Sin embargo, olvidamos con frecuencia aquellas acciones que suponen un gasto muy reducido o que incluso no suponen coste alguno en su aplicación. Por ejemplo, pequeños mantenimientos efectuados por el propio personal que maneja los equipos e instalaciones, una explotación correcta y planificada por parte de los usuarios, etc. Este tipo de medidas, aunque aparentemente insignificantes, suponen una notable reducción en el consumo energético.

En el presente análisis, aportaremos una serie de propuestas dirigidas a todas aquellas personas que, en su función diaria, pueden y deben colaborar de forma directa o indirecta en el ahorro de los diversos tipos de energía.

OBJETIVO

Reducir el consumo de los diferentes tipos de energía (electricidad, aire comprimido, combustible, gas natural,

NOTAS

etc.), teniendo en cuenta el impacto de ellos sobre el presupuesto anual de una industria, que puede llegar al 10 % del total.

Para conseguir esta reducción, es precisa la implicación de todos los usuarios mediante un estricto y continuado seguimiento de las acciones.

MEDIDAS PROPUESTAS

GENERALES

- **Por parte de los usuarios**:
  - Establecimiento de normas propias y específicas de arranque y parada de las instalaciones a su cargo.
- **Por parte de los servicios técnicos**:
  - Adecuación de las áreas de consumo para el control por unidad de producción.
  - Control del rendimiento óptimo de las instalaciones generales (no específicas).
  - Regulación de los caudales de acuerdo con las demandas.
  - Adecuación de los contratos con los suministradores de las diferentes energías con arreglo a los consumos.

CONCRETAS

NOTAS

- Definir las horas de parada en fines de semana y durante las operaciones de limpieza y mantenimiento.
- Reducir al máximo el número de instalaciones en funcionamiento (cámaras, extractores, alumbrados generales y específicos, etc.).
- Reducir, en lo posible, el trabajo de grupos aislados en sábados, domingos y noches, cuando estos trabajos sean imprescindibles.
- Avisar con antelación suficiente al departamento de servicios técnicos para tratar de dar energía solamente al área que lo necesite.
- Desconectar máquinas en periodos no productivos.
- Optimizar los turnos de producción ajustándolos horarios con una tarifa eléctrica más económica.
- Optimizar el volumen de riego en equipos de refrigeración con taladrinas y en jardinería.
- Hacer una campaña específica y permanente de corrección de fugas de aire.
- Optimizar los horarios de carga de baterías (desconexión de rectificadores).
- Desconectar y optimizar el alumbrado general.
- Desconectar los transformadores durante el fin de semana.
- Cerrar las válvulas de aire en naves de producción durante el fin de semana.
- Ajustar al mínimo los horarios de puesta en servicio de instalaciones de todo tipo, por ejemplo, las centrales de taladrinas y los equipos de refrigeración.

NOTAS

(continuación...)

- Eliminar el lavado con temperatura de piezas y otros elementos o pasar al lavado en frío generalizado.
- Concienciar a todo el personal de la necesidad del ahorro energético.

FORMA DE TRABAJAR

ORGANIZACIÓN

En primer lugar, es necesario definir una estructura, con el apoyo de la dirección, que pilote y anime el plan de «reducción de costes de energías consumidas». A continuación se muestra un ejemplo:

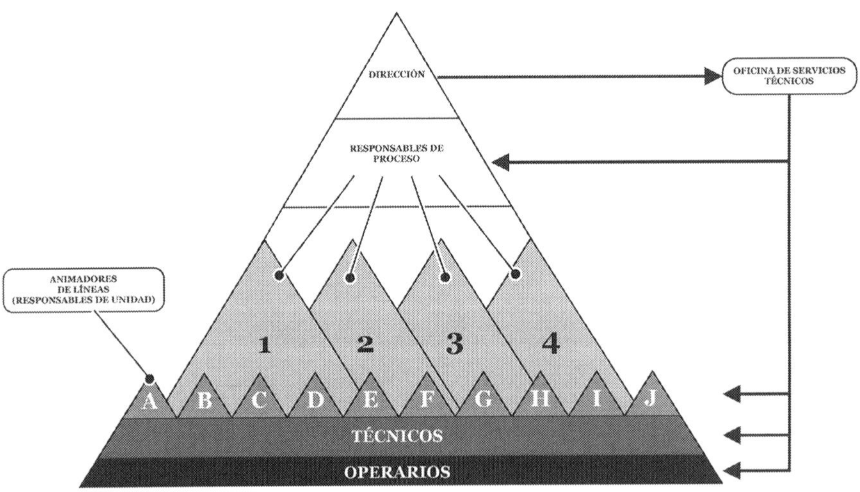

NOTAS

El piloto de la acción formará un grupo de trabajo y procurará que se cree en la primera reunión, y entre todos, un procedimiento que guíe el funcionamiento del grupo.

PLANES DE ACCIÓN

En este procedimiento, se debe definir una ficha de seguimiento de las acciones de mejoras y ahorros energéticos de cada unidad de producción. Además, se hará un seguimiento mensual de los resultado:

<table>
<tr><td rowspan="4">RAZÓN SOCIAL</td><td rowspan="4">FICHA DE ACCIONES DE ECONOMÍA DE ENERGÍA</td><td>DPTO.:</td></tr>
<tr><td>U.P.:</td></tr>
<tr><td>LÍNEA:</td></tr>
<tr><td>FECHA:</td></tr>
</table>

<table>
<tr><td colspan="3">TIPO DE ENERGÍA:</td></tr>
<tr><td colspan="3">TIPO DE ECONOMÍA DE ENERGÍA:</td></tr>
<tr><td colspan="3">ACCIÓN:</td></tr>
<tr><td colspan="3">PORQUÉ DE LA ACCIÓN:</td></tr>
<tr><td colspan="3">RESPONSABLE DE LA ACCIÓN:</td></tr>
<tr><td colspan="3">LUGAR DE REALIZACIÓN:</td></tr>
<tr><td colspan="3">OBJETIVOS:</td></tr>
<tr><td colspan="3">INDICADORES:</td></tr>
<tr><td colspan="3">RESULTADOS:</td></tr>
<tr><td colspan="2">LAS ETAPAS MÁS IMPORTANTES:</td><td>FECHA PREVISTA:</td></tr>
<tr><td colspan="2">1.ª</td><td></td></tr>
<tr><td colspan="2">2.ª</td><td></td></tr>
<tr><td colspan="2">3.ª</td><td></td></tr>
<tr><td colspan="2">4.ª</td><td></td></tr>
<tr><td colspan="2">5.ª</td><td></td></tr>
<tr><td colspan="3">ESTADO DE AVANCE (SEGUIMIENTO DE LAS ETAPAS)</td></tr>
<tr><td colspan="2">ETAPA:</td><td>FECHA REALIZACIÓN:</td></tr>
<tr><td colspan="2"></td><td></td></tr>
<tr><td>OTROS DOCUMENTOS ADJUNTOS:</td><td>FIRMA DEL RESPONSABLE:</td><td>FECHA:</td></tr>
<tr><td></td><td></td><td></td></tr>
</table>

ARRANQUE DEL PLAN

NOTAS

Una vez estructurada la forma de trabajar, en la siguiente reunión se pueden identificar las pistas de progreso en el plan de ahorro energético que nos ocupa, elaborando un documento similar al que se muestra de ejemplo:

RAZÓN SOCIAL	DPTO. RESPONSAB.	PILOTAJE REDUCCIÓN CONSUMOS ENERGÍA ELÉCTRICA		
LÍNEAS AFECTADAS	**Línea mayor pot. cons. Kw**	**Piloto**	**Responsables afectados**	**Pistas progreso**
Árbol de levas	106 689		Sr. X	DESCONECTAR MÁQUINAS EN PERÍODOS NO PRODUCTIVOS OPTIMIZAR FRECUENCIAS CONSUMOS HERRAMIENTAS OPTIMIZAR TURNOS DE PRODUCCIÓN EN HORARIOS Y PERÍODOS CON TARIFA ELÉCTRICA MÁS ECONÓMICA OPTIMIZAR EQUIPOS REFRIGERACIÓN TALADRINA OPTIMIZAR VOLUMEN DE RIEGO EN EQUIPOS REFRIGERACIÓN CAMPAÑA SUGERENCIA CORRECCIÓN FUGAS DE AIRE ELIMINAR LAVADO A TEMPERATURA PANELES SOLARES PARA CALENTAMIENTO DE AGUA SANITARIA OPTIMIZAR HORARIO DE CARGA DE BATERÍAS
Biela E7J	69 046			
I-89 C.C Bielas y cigüeñal	21 600	Sr. AY		
Cigüeñal	165 472			
Taller afilado	4 000			
Vestido culata	5 891			
I-96 C. F. Rect Árbol de levas	51 069		Sr. AA	
I-98 C.R. Agua desm. biela	3 759		Sr. BB	
Volantes + corona	222 617		Sr. AB	
I-100 C.R. Agua desm. volantes	5 679	Sr. AY		
Tapa Bancada	17 808			
Carter Cilindros	128 778			
I-99 C.R. Agua desm. cigüeñal	3 839			
Culata	143 898			
Compresores / agua / parque	261 773	Sr. AA		
Compresores (potencia)	920 106	Sr. AA		
Montaje motor	78 709		Sr. CA	
Mje. motor X	236 588	Sr. CB		
Calidad	19 772			
Servicio técnico	48 247	Sr. AA		
Carga baterías	167 247	Sr. DA		
Culata flexible	262 203	Sr. CB	Sr. CA	
Elemento giratorio L2	2 768			
Elemento giratorio L1	11 164			
Alumbrado nave	250 305	Sr. AA		DESCONECTAR MÁQUINAS EN PERÍODOS NO PRODUCTIVOS OPTIMIZAR FRECUENCIAS DE CONSUMOS HERRAMIENTAS OPTIMIZAR TURNOS PRODUCCIÓN EN HORARIOS Y PERÍODOS CON TARIFA ELÉCTRICA MÁS ECONÓMICA OPTIMIZAR EQUIPOS DE REFRIGERACIÓN TALADRINA OPTIMIZAR VOLUMEN DE RIESGO EN EQUIPOS DE REFRIGERACIÓN CAMPAÑA SUGERENCIA CORRECCIÓN FUGAS AIRE ELIMINAR LAVADO A TEMPERATURA PANELES SOLARES PARA CALENTAMIENTO DE AGUA SANITARIA OPTIMIZAR HORARIO DE CARGA DE BATERÍAS
I-321 C.F. árbol de levas X 6 %	92 700		Sr. AA	
Camisa	58 208		Sr. DB	
I-20 C.F. camisa X	44 693	Sr. EA		
I-11 C.F. camisa X	5 620			
Elemento portador	6 483			
Árbol levas	314 952			
I-323 reenvío árbol levas	18 144	Sr. EA		
Árbol de levas flexible	140 168			
I-SD1 Reenvío árbol levas flexible	7 765			
Carter cilindros XX	406 477	Sr. AB	Sr. CB	
Culata K4	364 279			
I-349b C.F. carter cilindros	26 110		Sr. AA	
I-349 C.F. carter cilindos	48 165		Sr. AY	
I-320 C.F. 6 % culata Y	63 811	Sr. CB		
I-319 C.F. 8 % culata Y	63 811			
I-316 C. Refrig. culata Y y C. Cil X	338 208			
Carter cilindros YY	428 678	Sr. AY	Sr. DA	
I-92 C.F. culata motor	24 003		Sr. CB	
Cigüeñal Kxx	414 450	Sr. DB	Sr. AA	
I-326 C.F. rec. cigüeñal	25 336			
I-17 C.F. rec árbol / bielas / cigüeñal	29 414		Sr. AA	
I-18 C.F. mec coronas / carter	82 071			
I-159 C.F. carter, cigüeñal	236 165	Sr. DB		
I-322 C.F. mec. cigüeñal	87 328			
Cigüeñal YY	409 455			
I-133 C.F. cigüeñal YY C.F.	85 711			

NOTAS

Para hacer un seguimiento exhaustivo de las acciones de mejora puestas en marcha y de sus resultados, es conveniente identificar una serie de indicadores, tales como:

- Consumo de energía eléctrica por unidad de producción.
- Consumo de gas natural por unidad de producción.
- Consumo de aire comprimido.
- Consumo de fuelóleo.

Todos estos datos se plasmarán sobre un tablero similar a este:

TABLERO AHORRO DE ENERGÍA

INDICADOR	Media/24	ENERO	FEB.	MARZO	ABRIL	MAYO	JUNIO	JUL./AG.	SEPT.	OCT.	NOV.	DIC.	OBJETIVO 2025
Auditorías internas													N.º auditorías del S.G.M.A. 100% del plan (n.º)
Cumplimentación auditorías M.A.													Índice satisfacción = 7,5
Consumo de agua en m³ acumulados	309 671												Volumen agua – 2 % 303,478 m³)
Volumen vertidos lavadoras	8,02												– 1,5 % s/2 000 mot. / equiv. (7,9 lt M.E.)
Volumen vertidos taladrinas	22,14												– 1, – % s/ 2 000 mot. / equiv. (21, 92 lt M.E.)
Retirada residuos tipo urbano	2,05												– 2, – % s/ 2 000 mot. / equiv. (2, 01 kg M.E.)
Formación y sensibilización (reciclaje instrucc. trabajo)	84,02 %												100 % plant. (3 h / hombre / año)
Desarrollar plan de comunicación S.G.M.A.													Revisión de la evolución bimestral del plan
Acciones de *benchmarking*	2												2 acciones
Integrar en programa de áreas planes del C.A. energía													Elaborar programa con planes de acción del C.A. Energía
Consumo energía eléctrica	83,49												– 3, – % s/ 2 000 mot. / equiv. (80, 98 Kw / M.E.)
Elaborar programa M.A. por factoría / áreas													Seguimiento bimestral del programa medioambiente
Actualización puntual listas y fichas aspectos medioambientales													Seguimiento bimestral el c. medioambiente

ANEXO 3.
EL MANTENIMIENTO CONTRATADO COMO AYUDA AL MANTENIMIENTO PREVENTIVO

INTRODUCCIÓN

NOTAS

El presente anexo no pretende ser exhaustivo, sino que tan solo trata de aportar ideas bajo una visión general del tema que nos ocupa. Cada empresa sabrá adecuar la situación a sus necesidades, tamaño y política, teniendo en cuenta que este es un tipo de mantenimiento preventivo con intervenciones de quinto nivel.

En cualquier caso, nuestros objetivos o criterios sociotécnicos van a ser siempre comunes: conseguir, con el mantenimiento contratado, que los sistemas productivos estén en funcionamiento continuo el mayor tiempo posible y al menor coste, con una calidad permanentemente evaluada.

Este objetivo ha de ser complementario al de la política interna de cada empresa, en relación con las organizaciones del mantenimiento y la fabricación, que se orientarán hacia la máxima eficacia y productividad.

Así pues:

> Se entiende por **mantenimiento contratado** aquel que lleva a cabo cierto personal ajeno a la plantilla de una empresa, ya sea a través de contratos cerrados, contratos de mano de obra, asistencia técnica, etc.

Se trata, en suma, de una herramienta más a disposición de los servicios de mantenimiento que puede ser muy útil si se armoniza con sus objetivos generales.

NOTAS

POR QUÉ SE CONTRATA MANTENIMIENTO

No es aconsejable contratar mantenimiento para reducir la propia plantilla, pero sí existen muchas otras razones válidas para hacerlo. Algunas de ellas pueden ser:

- Para atender el mantenimiento de instalaciones generales, centralizadas y edificios.
- Para atender cargas puntuales de trabajo sin aumentar la propia plantilla.
- Por exigencias contractuales impuestas a un proveedor, o porque el proveedor de un equipo nos va a atender durante el periodo de garantía.
- Por no encontrar en el mercado profesionales cualificados y generalistas en tecnología punta, los cuales solamente se integran en empresas de servicios muy cualificadas.
- Por exigencias legales de intervención a través de empresas homologadas por la administración en materias o tareas concretas.
- Para evitar conflictos en tareas que, por razones de especialización y cualificación, no conviene confiar al personal propio.
- Para agilizar trabajos poco cualificados y rutinarios (limpieza general, vigilancia, etc.).

En cualquier caso, el mantenimiento contratado sigue generando un cierto rechazo, puesto que las empresas, a menudo, no entienden que un contrato de este tipo no conlleva mermar su capacidad de trabajo, sino que, en la mayoría de los casos, se trata solamente de una ayuda puntual o de una transferencia de trabajos de alto conteni-

NOTAS

do profesional. Estas situaciones especiales, además, dan ocupación a más profesionales y, por tanto, crean nuevos puestos de trabajo en vez de disminuirlos.

Sin embargo, es cierto que, con el mantenimiento contratado, tanto continuo como intermitente, se introduce un pequeño elemento de incertidumbre en la propia empresa, ya que se hace coexistir en ella a personal que se rige por diferentes convenios.

Además, en cualquier caso, el mantenimiento contratado por sí solo no implica necesariamente una disminución de costes ni tampoco una mejor calidad en los resultados.

CÓMO SE MIDE LA RENTABILIDAD GLOBAL DEL MANTENIMIENTO CONTRATADO

No es fácil cuantificar la **rentabilidad** del mantenimiento contratado. Su pertinencia dependerá, en todo caso, de cuál sea su influencia en la consecución de los objetivos de mantenimiento.

Así, en términos generales, podría medirse mediante la aplicación de los mismos sistemas de control, con especial atención a la relación disponibilidad–costes y al estado de la instalación, en los casos del mantenimiento contratado integral.

NOTAS

¿ES CONVENIENTE UN MANTENIMIENTO CONTRATADO INTEGRAL?

En general, se considera muy difícil la **contratación integral** en empresas tecnológicamente muy variadas y cambiantes. Sin embargo, es posible en aquellas que, aun siendo complejas, desarrollan una tecnología más convencional.

No obstante, podemos citar una serie de razones por las que no suele ser conveniente un mantenimiento contratado integral:

- Puede resultar estratégicamente peligroso dejar los aspectos fundamentales de la empresa en manos de terceros, poniendo así al descubierto las tecnologías propias.
- A la larga, encarece el mantenimiento.
- Se pierde la capacidad de efectuar estudios de mejoras o modificaciones, que requieren la experiencia y los historiales de un mantenimiento propio, si bien estas funciones pueden incluirse en el contrato.
- Se pierde la posible cantera de mandos intermedios y personal especializado.

En cualquier caso, lo que, evidentemente, no podemos ni debemos contratar nunca es la propia gestión del mantenimiento, la supervisión de los trabajos o la planificación general.

A QUIÉN Y CÓMO SE DEBE CONTRATAR

NOTAS

Siempre debe ser el departamento de mantenimiento quien prepare una lista de requisitos técnicos o un «cuaderno de cargas» con la suficiente claridad, que deberán gestionar comercialmente los departamentos de compras de la compañía.

Los sistemas y métodos de trabajo, así como los medios que deban utilizarse, se fijarán por la **empresa contratista**, siempre que deseemos hacerla responsable de los resultados obtenidos. No obstante, en la práctica, encontramos que la capacidad de planificación de muchas de estas empresas es limitada, por lo que es conveniente contrastar el plan previsto por la parte contratista y el que haya sido elaborado por el propio mantenimiento (especificado en el cuaderno de cargas), con el fin de llegar a un acuerdo, que será el protocolo final del contrato.

Este contrato deberá contener únicamente aquellas prestaciones que estemos dispuestos a exigir. Cuando la técnica del trabajo sea desconocida para el mantenimiento, será la empresa contratista, en la fase de oferta, quien determine el alcance de los trabajos.

Además, los aspectos que reflejen ciertas condiciones derivadas de las leyes y normativas vigentes deben tener total efectividad. Hemos de tener en cuenta que, detrás de un contencioso entre contratante y contratista, puede haber especificaciones técnicas y responsabilidades mal definidas e incompletas.

Con todo esto en mente, concluimos que solamente las empresas que sean capaces de manejar su propio mantenimiento están en condiciones de controlar el mantenimiento contratado. En caso de no disponer de una estructura técnica capacitada para realizar dicho control, que comienza en el propio contrato, debemos acudir a entidades cualificadas.

NOTAS

OTROS TIPOS DE MANTENIMIENTO CONTRATADO

El rápido desarrollo del campo de la electrónica y la construcción de máquinas ha permitido la fabricación económica y fiable de equipos sofisticados con aplicaciones de lo que venimos llamando en los últimos años «**nuevas tecnologías**» (robots, CNC, autómatas, aplicaciones informáticas, etc.).

Esta tendencia se puede justificar solamente cuando se consigue mantener dichos equipos de tal forma que sus tiempos de parada sean mínimos, lo que presupone disponer de un propio potencial humano de mantenimiento con elevada cualificación profesional. También es evidente que con el aumento del uso de las nuevas tecnologías se aprecia una mayor atención por parte de la dirección de la empresa hacia el mantenimiento, y dado que la aplicación de equipos de alta tecnología aumenta permanentemente, se acelera la necesidad de que el usuario disponga de su propio servicio de mantenimiento. Hay que tener en cuenta que, a menudo, este tipo de máquinas representan un cuello de botella en la producción, de forma que las paradas largas con difíciles diagnósticos perjudican directamente a la productividad y, con ello, al beneficio de la empresa.

Así, ya que la aplicación de equipos de alta tecnología está en permanente aumento, se acelera la necesidad de que el usuario disponga de su propio servicio de mantenimiento.

Aunque la fiabilidad actual de los equipos modernos ha aumentado mucho, los primeros CNC[3] de hace años estaban llenos de problemas de diseño. Con mucha frecuencia,

3. CNC significa «control numérico por computadora», una forma de programar autómatas (N. del E.).

esto provocaba que los usuarios, especialmente aquellos que tenían posibilidades muy limitadas de autoayuda, perdieran la confianza en estas tecnologías.

NOTAS

Hoy en día, los especialistas bien formados y cualificados para el mantenimiento de las nuevas tecnologías deberían estar en situación de reducir los tiempos de parada a valores mínimos aceptables. Además, los CNC modernos, autómatas programables y otras máquinas similares ofrecen ya medios de diagnóstico y de ayuda con una fiabilidad de funcionamiento desconocidas anteriormente. A esto hay que añadir que el usuario se ha vuelto menos tolerante a los fallos, especialmente a los intermitentes y repetitivos.

Sin embargo, es una utopía esperar obtener la «fiabilidad espacial» de los equipos electrónicos a un precio que la industria normalmente no estaría dispuesta a soportar. Por ello, el usuario debe tomar la iniciativa de incluir, en su planificación, el cuidado y mantenimiento preventivo de sus sistemas productivos equipados con nuevas tecnologías.

La primera medida preventiva es seguir exactamente las **recomendaciones del fabricante** y preparar una estrategia propia en la «función de mantenimiento», pues de lo contrario dependeremos fuertemente de las asistencias técnicas. Esto no solo implicaría un aumento de los costes, sino que también repercutiría en las esperas ante paradas de difícil diagnóstico, pues, desgraciadamente, estos servicios no siempre están disponibles para actuar en tiempo de respuesta inmediato.

No obstante, podemos mejorar estos tiempos de parada con ayuda de los contratos de mantenimiento que suelen existir entre usuario y fabricante de los equipos, con respuesta de asistencia técnica inmediata.

NOTAS

Teniendo esto en cuenta, conviene tomar las siguientes acciones:

- Según nuestras posibilidades, incorporar las ofertas de servicio y de diagnóstico de los fabricantes a la planificación del mantenimiento, con visitas periódicas de prevención y análisis del estado de los equipos.
- Participar en cursillos específicos con personal de manejo y explotación de los equipos, y formar oportunamente a los profesionales especializados.
- Solicitar al fabricante, con suficiente antelación, la documentación de la máquina o equipo, para que el personal técnico del usuario la verifique hasta obtener una total satisfacción en su utilización.
- Enviar al propio personal técnico de mantenimiento y de explotación a la recepción y puesta en marcha de los equipos en los talleres del fabricante, con el fin de familiarizarles con las nuevas tecnologías incorporadas.

Así pues, pese a algunos de los posibles inconvenientes que hemos expuesto, hoy en día se está extendiendo la aplicación del mantenimiento contratado.

Si bien la opinión general entre los responsables de producción y mantenimiento sigue siendo que la gestión tecnológica de los sistemas de producción debe realizarse en la propia empresa, con el fin de evitar perder en la misma el «saber hacer» en todos los actores de la producción, esto no excluye la necesidad de desarrollar adecuadamente este quinto nivel de intervención.

NOTAS

En efecto, tal y como ya expusimos en capítulos anteriores, hay un justo **equilibrio** que se debería alcanzar: se llamará al mantenimiento exterior cuando el nivel de especificidad de las máquinas lo requiera, pero en el interior de los talleres se deberá motivar y formar lo necesario como para asumir las tareas de los primeros niveles de intervención. Sin embargo, esto no es fácil conseguir, por lo que es conveniente desarrollar el mantenimiento contratado en dos vertientes:

- **Visitas periódicas**, programadas y acordadas ante averías con diagnósticos complejos, de los propios constructores de los equipos especiales incorporados en algunas máquinas (CNC, informática de taller, equipos de control, etc.).
- **Presencia permanente contratada** de especialistas generalistas muy cualificados en tecnología punta (autómatas, robots, CNC, etc.), como complemento al propio mantenimiento interno de la industria y a los contratos antes mencionados.

Este segundo tipo de especialista contratado, que quedará integrado la empresa, debe ser un profesional de taller experto en automatismos, con ciertas habilidades complementarias para mantener los equipos y máquinas de la empresa contratante que incorporan nuevas tecnologías (CNC, autómatas, informática industrial, etc.). Por ello, ha de poseer, preferentemente:

NOTAS

- Títulos en la especialidad de electrónica que se requiera.
- Experiencia mínima de dos años en el manejo, diagnóstico y mantenimiento de dichos equipos (véase un ejemplo en el listado del anexo 1).
- Experiencia en el empleo de aparatos de medida y programación (maletas de autómatas, osciloscopios, etc.).
- Motivación para trabajar con eficacia y completar su formación permanentemente en nuevos equipos y sus especificidades.

Sin estas cualidades, es posible que el profesional contratado se vea desanimado rápidamente o que se resigne en su difícil misión, de modo que puede llegar incluso a presentar problemas de integración. Esta situación se puede corregir o suavizar de dos maneras:

- Con el apoyo de la **empresa contratante**, facilitando el contacto con los equipos y máquinas para que adquieran la experiencia complementaria lo más rápido posible.
- Con ayuda de la **empresa contratista**, que ofrecerá formación teórica y práctica específica, a través de planes desarrollados por los fabricantes de los equipos y tecnologías aplicadas.

Las encuestas y evaluaciones personales y de equipo que realice la empresa contratante, a las que ya hemos hecho mención, pueden facilitar la preparación de estos planes de formación, gracias a la información sobre las deficiencias que aparecen en cada profesional. Aquí mostramos un ejemplo:

RESUMEN DE DATOS OBTENIDOS DE ENCUESTAS

EMPRESA CONTRATADA:			TALLER DE:		CULATAS LÍNEAS VARIAS		
NOMBRE / APELLIDOS	**ENCUESTAS REALIZADAS POR:**		**NIVEL DE PROFESIONALIDAD EN DIAGNÓSTICO Y REPARACIÓN SOBRE 26 CRITERIOS**				
			OFICIAL 1.ª	OFICIAL 2.ª	OFICIAL 3.ª	ESPEC.	SIN CALIFICAR
Sr. R	MANTTO.	3	3,84 %	7,69 %	4,61 %		3,86 %
	FABRICAC.	3	3,84 %	14,1 %	32,05 %		50 %
Sra. S	MANTTO.	3		34,61 %	21,79 %	16,66 %	26,94 %
	FABRICAC.	3		16,66 %	10,25 %		73,09 %
Sra. T	MANTTO.	3	7,69 %	38,76 %	57,69 %		3,86 %
	FABRICAC.	3	2,56 %	11,53 %	32,05 %		33,86 %
Sra. X	MANTTO.	3	11,53 %	28,20 %	37,17 %	5,12 %	17,98 %
	FABRICAC.	1			42,30 %		57,70 %
Sr. Z	MANTTO.	3		21,79 %	17,94 %	5,12 %	55,15 %
	FABRICAC.	1			34,61 %		65,38 %
NIVEL DEL EQUIPO EN % POR CATEGORÍAS SEGÚN CRITERIO DE:	MANTTO.		4,61 %	24,61 %	43,84 %	5,38 %	21,56 %
	FABRICAC.		1,28 %	14,87 %	63,24 %		21,41 %

NOTAS

Dichos planes de formación, sintetizados y de forma general para cada equipo, pueden tener los siguientes contenidos:

- Conocimiento de los elementos de las máquinas, incluyendo los accionamientos de avances de ejes y cabezales, así como los elementos especiales hidráulicos y neumáticos (servo, válvulas, etc.).
- Equipamiento eléctrico-electrónico y circuitos de conexión.
- Sistemas de medida y regulación, en particular los sistemas de transmisión y accionamiento.
- Técnicas de control numérico: elementos de control eléctrico-electrónicos para el tratamiento de impulsos y datos. Aparatos de conexión, medida y visualización.
- Condiciones básicas de los CNC o robots. Particularidades de cada uno de ellos y sus complementos o *softwares*.
- Fundamentos de la programación de los CNC y búsqueda y reconocimiento de fallos en la programación.
- Diagnóstico de fallos: teoría para localizar fallos, sistema lógico de búsqueda y reconocimiento de fallos.
- Identificación de la documentación y su manejo para reparaciones planificadas y no planificadas. Gestión de modificaciones de la documentación para eliminar fallos.

NOTAS

TENDENCIAS ACTUALES DEL MANTENIMIENTO CONTRATADO

La revista *Ingeniería y gestión de mantenimiento* presentó hace tiempo[4] un resumen de un foro abierto con las opiniones tanto de los responsables de empresas contratantes como de las suministradoras de mantenimiento que habían sido contratadas. En este resumen se detectaron varias tendencias que van en línea con las que se apreciaban en otros estudios anteriores. La opinión generalizada muestra un incremento moderado tendente a contratar servicios de mantenimiento. Los participantes del foro consideraban que la gran ventaja de este tipo de mantenimiento era su flexibilidad, lo cual se valora especialmente en instalaciones que requieren paradas programadas anuales.

Los usuarios de estos servicios mencionan los trabajos repetitivos contratados como los contratados a precio fijo, como pueden ser algunas de las actividades de mantenimiento preventivo. Los suministradores de servicios de mantenimiento contratado, por otra parte, afirmaban tropezar con dos dificultades:

- La **poca importancia** que se da en las empresas al mantenimiento.
- La tendencia generalizada a buscar la **reducción de costes**, lo que dificultaba ofrecer servicios con una calidad adecuada.

4. La revista a la que alude el autor, de la editorial Alción, ya no existe. No obstante, actualmente hay información similar en https://www.revistaimg.com/ (N. del E.).

NOTAS

Tanto los usuarios como los suministradores de servicios deseaban alcanzar una mayor especialización y calidad en los servicios contratados, y ambos coincidían en que la clave estaba en la **formación** adecuada del personal.

En cuanto al efecto cada vez mayor de la incidencia legislativa sobre las actividades industriales, pensaban que, en una primera fase, generaba dificultades, pero, a la larga, su efecto era positivo.

EVALUACIÓN PERMANENTE DEL MANTENIMIENTO CONTRATADO

POSIBLES FORMAS DEL MANTENIMIENTO CONTRATADO

El mantenimiento que se contrate externamente presenta tres modalidades distintas, desde el punto de vista económico:

- Por administración.
- Por precios unitarios.
- Por precio cerrado.

Lo más recomendable es la modalidad de «precio cerrado» en los contratos y «por administración» en las asistencias técnicas y sucesivas modificaciones.

Las ventajas e inconvenientes de la modalidad de **precio cerrado** son las siguientes:

NOTAS

Ventajas:

- Garantía del coste final.
- Mejor control del presupuesto del mantenimiento.
- Estabilidad en los niveles de costes históricos.

Inconvenientes:

- Lentitud en el proceso de contratación, por la dificultad de definir de forma exhaustiva el alcance del trabajo.
- Posible conflicto entre las partes, por exigencias económicas complementarias debidas a una definición defectuosa del alcance de las tareas que se hayan contratado.
- Puede implicar la contratación ilegal de mano de obra.

PREPARACIÓN DEL CONTRATO

En los contratos debe aparecer la siguiente información:

- Trabajos de **mantenimiento preventivo**, con:
  - Inventario de los equipos que deban mantenerse.
  - Relación de las tareas que deban realizarse.

NOTAS

(continuación...)

- Trabajos de **mantenimiento correctivo**, con:
  - Análisis de la situación de los equipos sobre los que se va a contratar el mantenimiento.
  - Análisis de las dificultades de diagnóstico.
  - Valoración de las reparaciones que sea preciso efectuar.
- Cláusulas de **seguridad e higiene**, con vistas a desarrollar formación específica en la materia con la empresa que definitivamente se haya contratado.

Estos contenidos se elaborarán entre el equipo de técnicos de mantenimiento propio y los de la empresa que vaya a contratarse.

RESPONSABILIDAD TÉCNICA DE LOS CONTRATOS Y SU CONTROL

Los servicios de mantenimiento son los responsables de todos aquellos trabajos, contratados o no, que guarden relación con su actividad, por lo que sus técnicos evaluarán permanentemente la eficacia de tal contratación.

El **control de la calidad** del mantenimiento que haya sido contratado incluye las siguientes tareas:

NOTAS

- Elaborar, desde el principio, **especificaciones técnicas** de los trabajos, incluyendo los requisitos de calidad al primer golpe de intervención e identificando un indicador de seguimiento.
- Establecer **índices de satisfacción** a través de auditorías y encuestas simples.
- **Supervisar** determinadas intervenciones de importancia, especialmente para restablecer las condiciones de calidad de los equipos productivos.
- Medir la **rentabilidad** global del mantenimiento que se contrate en relación a su capacidad de alcanzar los objetivos generales, con especial atención a la relación disponibilidad-costes y al estado de las tecnologías o equipos contratados.

En todo caso, debemos tener en cuenta que la calidad de servicio de las empresas contratadas no es la más idónea para las exigencias actuales de las contratistas, lo cual se debe a los siguientes problemas:

- Tareas altamente cualificadas que es necesario realizar, que requieren grandes profesionales y con experiencia, lo cual es difícil de encontrar y preparar.
- Necesidad de disponer de manera puntual de recursos materiales (equipos y herramientas muy variados y costosos).
- Exigencia en tiempos de respuesta rápida para los diagnósticos y las reparaciones.

NOTAS

PROCESO DEL MANTENIMIENTO CONTRATADO

En el gráfico adjunto se muestra un modelo de proceso para el desarrollo del mantenimiento que se contrate. Veamos cada una de las diferentes fases:

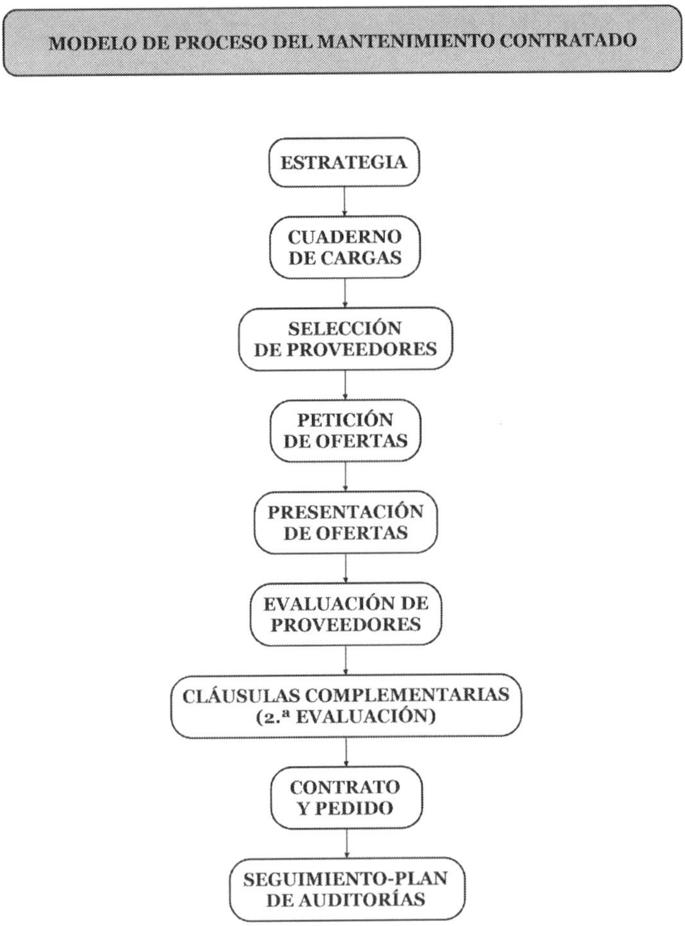

ESTRATEGIA

NOTAS

En este apartado, la empresa contratista reflexionará y documentará la **estrategia** y los **objetivos** que desea alcanzar con la contratación de una determinada actividad del mantenimiento. Por ejemplo:

> Se desea contratar el mantenimiento de edificios e instalaciones centralizadas, con el fin de mejorar sus condiciones con una puesta al día y una realización al cien por ciento de los planes de mantenimiento preventivo. El objetivo ligado a esta estrategia es conseguir un funcionamiento continuo de las instalaciones centrales y auxiliares a la producción.

La estrategia figurará en el **cuaderno de cargas** que se presentará a los diferentes proveedores en el momento de pedir ofertas.

Puede ser interesante exigir, a su vez, la política y la estrategia de la empresa que se contrate, la cual deberá incluir en la oferta. Un buen ejemplo es la de Siemens: «ser reconocidos en el mercado como una compañía líder en ofrecer a nuestros clientes servicios y soluciones tecnológicas de alto valor añadido para su negocio, de forma rentable».

Entre los objetivos estratégicos, podemos citar los siguientes, correspondientes a los que me presentó una compañía contratada en su momento:

NOTAS

- Implantar una mejora continua del valor añadido.
- Alinear nuestras soluciones y servicios con nuestras capacidades y las demandas de nuestros clientes.
- Definir indicadores para los procesos clave de negocio y poner en marcha las herramientas para su medición.
- Alinear al cuadro de mando con los objetivos estratégicos de la empresa.
- Incrementar el índice de satisfacción de nuestros colaboradores.
- Realizar nuestras actividades industriales asegurando una correcta actuación medioambiental y tomando las medidas necesarias para prevenir la contaminación, tanto en nuestra empresa como en las de nuestros clientes.

CUADERNO DE CARGAS

La elaboración de este documento por parte de la empresa contratante es fundamental, pues se debe entregar a los proveedores a los que se les solicite la oferta, con el fin de que se adapten a dicho documento y las ofertas sean uniformes, algo que facilitará su posterior análisis.

Un modelo de cuaderno de cargas podría ser este:

1 Objeto

El presente cuaderno de cargas tiene por objeto definir las condiciones del contrato para el mantenimiento y explotación integral de las instalaciones generales, según descripción adjunta, para que se garantice la disponibilidad preconizada de la forma más económica.

NOTAS

2 Descripción de la prestación

Instalaciones que incluir en el contrato futuro.

Aquí se enumeran, con el mayor detalle posible, las instalaciones objeto de la prestación. Por ejemplo:

> Generación y distribución de aire comprimido. Incluye compresores, secadores, filtros generales de nave, red y válvulas de corte de vacado y purga, decantadores y purgadores manuales, actuadores neumáticos y eléctricos, accionamientos a distancia y aparatos de control así como la realización de la calibración de contadores ante los organismos competentes.

3 Modos operativos para la explotación y el mantenimiento integral

El ejemplo que nos ocupa podría desarrollarse así:

NOTAS

1

Para la explotación:

- Puesta en funcionamiento y parada de todos los equipos.
- Reconocimiento permanente de las instalaciones que se hayan contratado y aseguramiento de su correcto estado.
- La empresa contratada deberá elaborar un mapa de recorridos de revisión y contrastarlos con el responsable del taller de mantenimiento de la empresa contratante.
- Se tendrán en cuenta todos los aspectos relacionados con el ahorro de energía.

2

Para el mantenimiento preventivo:

- Realización de gamas de mantenimiento preventivo según la descripción de operaciones y frecuencias indicadas en los planes de mantenimiento preventivo de la empresa contratante. Este concepto incluye las acciones correctoras necesarias para dejar las instalaciones en estado de referencia.
- Las gamas de mantenimiento preventivo existentes deben servir de partida. La empresa contratada podrá modificarlas y crear nuevas si lo estima oportuno. Las modificaciones deberán ser validadas por la empresa contratante.

NOTAS

2

(continuación...)

- El sistema informático usado (GMAO) será en todo momento el existente en la empresa contratante en cuanto a programación, edición de órdenes de trabajo, retorno de resultados e intervenciones, explotación de históricos, etc. Para explotarlo, el personal de la empresa contratada deberá formarse en el manejo de dicho sistema, comprometiéndose la contratante a dar dicha formación.

3

Para el mantenimiento correctivo:

- Esta actividad consistirá en la reparación de las anomalías detectadas o denunciadas por terceros. Incluye también las pequeñas mejoras y modificaciones que, en determinados casos, sea procedente realizar.
- Algunas intervenciones pueden efectuarse de forma provisional, en espera de la intervención definitiva en fines de semana o vacaciones, para lo cual, el responsable de la empresa contratante, deberá tomar la última decisión. En todo momento, la empresa contratada mantendrá al día la relación de trabajos e intervenciones pendientes de realizar por aplazamiento temporal.

NOTAS

3

(continuación...)

› Dentro de este capítulo de mantenimiento correctivo están incluidas todas las reparaciones y recuperaciones de elementos y conjuntos que forman parte de las instalaciones que son objeto del futuro contrato. La empresa contratada dispondrá de los medios necesarios para poder ejecutar estas reparaciones.

3 Resultados, indicadores y reuniones para el seguimiento del contrato

En nuestro ejemplo:

1

Reunión mensual:

› Se realizará una reunión al mes entre la empresa contratista y la contratada, en la cual se analizarán los resultados del mes anterior. Para ello, la empresa contratada entregará, con cinco días de antelación a la reunión, un informe donde aparezca de forma clara y precisa la evolución de los trabajos objeto del contrato.

NOTAS

2

Control de la evolución:

Se establecen los siguientes indicadores:

- Porcentaje de mantenimiento preventivo realizado sobre el mantenimiento que se haya programado (objetivo: 98 %).
- Mejoras y modificaciones que se hayan realizado (objetivo: una al mes).

3

Contenido del informe mensual:

Además de esos indicadores, el informe mensual aportará los siguientes datos:

- Puntos críticos de las intervenciones (paradas superiores a diez minutos).
- Planes de acción para las situaciones fuera de objetivos y de los puntos críticos.

4

Informes de trabajo:

- Diariamente, se entregará un parte de trabajo numerado en el que figuren, de manera ordenada, las revisiones realizadas, las gamas de mantenimiento preventivo ejecutadas, los trabajos de correctivo que se hayan realizado y los materiales empleados.
- Asimismo, en dicho parte se dará información precisa de los trabajos pendientes de realizar y las causas que lo justifican.

NOTAS

5

Materiales y piezas de recambio:

- Los materiales que la empresa contratada use comúnmente para el desarrollo de las actividades que son objeto del contrato, correrán a su cargo. Las piezas de recambio que se hayan usado serán responsabilidad de la empresa contratante, realizando el acopio a través del sistema que esté implantado. Si no existiera una determinada pieza de recambio en los almacenes, deberá notificarse al responsable de la empresa contratante para que esta pueda aprovisionarlo.

6

Condiciones técnicas del contrato:

- La empresa contratada deberá conocer, cumplir y hacer cumplir a sus profesionales todas las normas de seguridad e higiene en el trabajo, así como de respeto medioambiental, para lo cual se establecerán los oportunos documentos de responsabilidades que estén aceptadas por ambas partes y que acompañarán al contrato.
- En cuanto al calendario de trabajo, la empresa contratada presentará su organización para asegurar así la asistencia en los días laborables y señalará tantas jornadas de fin de semana o de vacaciones como sean necesarias para garantizar el nivel de calidad exigido en el contrato. Dichas jornadas estarán contempladas en el precio global del contrato.

7

Condiciones organizativas del contrato:

- En lo referente a los medios de trabajo, la empresa contratada deberá mantener una oficina en el interior de las dependencias de la empresa contratante, así como un vestuario propio para el uso por parte de sus trabajadores. Asimismo, dispondrá de un sistema de comunicación que permita su localización inmediata.
- Igualmente, aportará los medios de elevación y transporte (plataforma elevadora, grúa, etc.), herramientas y cualquier otro medio necesario para la realización del trabajo que se contrata.
- Por otro lado, la empresa contratante pondrá a disposición de la contratada un taller de aproximadamente equis m^2. Su mantenimiento, orden, limpieza y teléfono serán responsabilidad económica de la empresa contratada, mientras que la electricidad y acondicionamiento (calefacción, etc.) correrán por cuenta de la contratante. Cualquier incidencia que pueda ocurrir en este sentido será resuelta por los interlocutores de las empresas contratante y contratada, respectivamente.

8

Uniforme de trabajo:

- El personal de la empresa contratada deberá presentarse con una vestimenta adecuada y exclusiva que permita su identificación.

NOTAS

NOTAS

9

Seguro de responsabilidad civil:

- La empresa contratada presentará, al formalizar el contrato, un seguro de responsabilidad civil por una cuantía acorde con el contrato objeto de este cuaderno de cargas.

10

Representantes e interlocutores:

- Tanto la empresa contratante como la contratada nombrarán a una persona cualificada que las represente en todas las tareas y responsabilidades inherentes al contrato final, coordine y controle los trabajos y sean interlocutor válido ante una parte y otra.

11

Competencias profesionales:

- La empresa contratada deberá documentar su experiencia en el campo del mantenimiento, así como la cualificación y experiencia profesional de todo el personal que asignará para desarrollar el contrato que dimane de este cuaderno de cargas. Asimismo, si es necesario, deberá asegurar documentalmente que está homologada para realizar el mantenimiento de instalaciones frigoríficas, ascensores, etc.
- La sustitución o reemplazamiento de personal por parte de la empresa contratada no afectará en ningún caso a la calidad del servicio contratado.

NOTAS

12

Confidencialidad y seguridad:

- La empresa contratada deberá cumplir con los requisitos y normas que sobre confidencialidad y seguridad existan en la empresa contratista, en cuanto a productos fabricados, documentos, etc. (se recomienda incluir los documentos que existan sobre confidencialidad, planes de emergencia y seguridad y riesgos laborales en un anexo a este cuaderno de cargas).

13

Cumplimiento de normas medioambientales:

- La empresa contratada deberá acreditar la posesión del certificado ISO-14 001 de gestión ambiental o, en su defecto, garantizar que estará certificada en un plazo no superior a los doce meses.
- Asegurará también el cumplimiento de la legislación medioambiental, así como de cuantas normas y procedimientos medioambientales existan en la empresa contratante, participando activamente en las auditorías al respecto de esta materia a las que sea sometida la empresa contratante.
- Para desarrollar con éxito estas funciones, dispondrá de un coordinador responsable de las actividades empresariales en cuanto a medioambiente y prevención de riesgos laborales, que se ocupará del correcto cumplimiento de todas normas antes aludidas, proporcionando a sus operarios la formación necesaria.

NOTAS

13

(continuación...)

- Para dar formalidad a todo este apartado, existirá un documento que deberán firmar ambas partes, el cual matizará y sintetizará todo lo relativo al medioambiente y alos riesgos laborales en las dependencias de la empresa contratista.

14

Presentación de ofertas:

- La oferta que presente cada candidato valorará de la mejor manera posible los capítulos expresados en este cuaderno de cargas.
- Asimismo, indicará la reducción de costes (precio) que aplicará cada año, como consecuencia de mejoras de productividad y optimización de los servicios prestados en el contrato.

SELECCIÓN DE PROVEEDORES Y PETICIÓN DE OFERTAS

Estos dos aspectos del proceso para el desarrollo del mantenimiento contratado los desarrollarán los departamentos de compras de la empresa contratante, los cuales deberán estar actualizados en las posibilidades que ofrece el mercado y entregarán a cada proveedor el cuaderno de cargas comentado en el capítulo anterior. Asimismo, deberán establecer un plazo máximo de entrega de las ofertas y la forma de entregarlas (con plica, sobre cerrado, etc.).

EVALUACIÓN DE PROVEEDORES Y CLÁUSULAS COMPLEMENTARIAS

NOTAS

Una vez conocidas al detalle las ofertas y tras haber hecho un cuadro-resumen entre técnicos de compras y de mantenimiento que contemple las características de todos los proveedores ofertantes, se analizarán cada una de estas propuestas y se establecerá un documento de «cláusulas complementarias».

Este documento se hará llegar a cada ofertante para que en el plazo de equis días entregue las posibles modificaciones que deban hacerse a la primera oferta. Posteriormente, los mismos técnicos realizarán una segunda y definitiva evaluación de proveedores y, con ello, escogerán al proveedor más idóneo en lo referente a precio, requisitos técnicos, experiencia, etc.

CONTRATO Y PEDIDO

Una vez elegido el proveedor, será el departamento de compras de la empresa contratante quien, con ayuda de sus técnicos de mantenimiento, elabore el contrato final y realice el pedido correspondiente.

A continuación, presentamos un ejemplo de contrato de mantenimiento integral que puede servir como modelo para esta fase, dividiéndolo en sus respectivas secciones:

NOTAS

Índice del contrato

1. Objeto
2. Alcance
3. Proceso
4. Responsabilidades
5. Formularios
6. Control de registros
7. Anexos

Objeto

Establecer un plan maestro de contrato de mantenimiento en base al procedimiento interno equis, para aplicar en la empresa contratante.

Alcance

Todo el contenido del contrato n.º xxxxx-xxxxxx/x del cliente (contratante), en cuanto a especificaciones técnicas y gestión del personal.

Proceso

1 Cuaderno de cargas:

Se toman las especificaciones técnicas del contratante (cliente), sobre las cuales la empresa contratada debe preparar la información adecuada para todos los empleados afectados por este contrato.

NOTAS

2 Plan de comunicación al personal afectado:

Este plan lo debe presentar el responsable del departamento de mantenimiento y se basa en los siguientes puntos:

- Contenidos más significativos del contrato.
- Gestión documental, que deberá desarrollar la empresa contratada.
- Gestión interna (partes de trabajo, tratamiento de bajas, absentismo, sustituciones, etc.).
- Documentación interna de la empresa.
- Aspectos legales relacionados con la seguridad laboral y el respeto del medio ambiente.

3 Arranque:

El primer día de trabajo, o en su defecto lo antes posible, es preciso que el jefe de planta desarrolle una serie de acciones:

- Entregar al cliente un organigrama de la empresa contratada donde se identifiquen los interlocutores, los responsables de turno y el resto del personal, junto con los puestos que van a ocupar en la prestación que nos ocupa (véase un ejemplo en el gráfico adjunto).
- Entregar a todo el personal afectado una copia de este procedimiento específico tras su lectura.

NOTAS

(continuación...)

- Verificar que el responsable de seguridad de la empresa contratante hace entrega de una copia de las normas internas en seguridad y prevención y riesgos laborales, así como un plan de evacuación de las instalaciones.
- Verificar también que dicho responsable identifica, con la mayor brevedad posible, los equipos de protección individual y los entrega a cada empleado afectado de la empresa contratada, quienes se comprometerán a su uso correcto y a su conservación. Deberá quedar constancia de esta entrega en un registro.
- Asignar taquillas y entregar las tarjetas de entrada a los recintos de la empresa contratante.
- Exigir un orden en el taller que esté asignado a la empresa contratada en cuanto a material, herramientas, bancos de trabajo, repuestos que recuperar, etc.

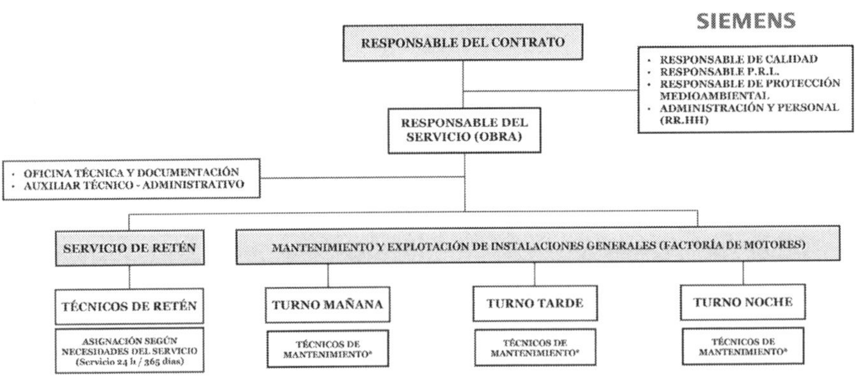

(*) VER «ASIGNACIÓN DE RR.HH.»

4 Seguimiento del contrato:

NOTAS

1

Servicios afectados por el contrato:

- Mantenimiento preventivo.
- Mantenimiento predictivo.
- Mantenimiento modificativo.
- Mantenimiento correctivo.
- Estudio de mejoras y *fiabilización* del parque de maquinaria y equipos relacionados en el contrato y actualizado de manera permanente.
- Engrase y lubricación de todas máquinas e instalaciones del centro afectado por este contrato.
- Gestión y control del inventario de repuestos de maquinaria.

2

Realización del mantenimiento preventivo:

- Se realizará el mantenimiento preventivo, planificado por la empresa contratante en contenido y frecuencia, sobre las máquinas existentes. Es responsabilidad de la empresa contratada elaborar y ejecutar los planes y gamas correspondientes a nuevas máquinas que puedan implantarse (véase un modelo de gama en el gráfico adjunto).
- Toda modificación o mejora que se deba introducir en las gamas por parte de la empresa contratada deberá consultarse previamente con la contratante.

NOTAS

2

(continuación...)

- El cumplimiento del plan de mantenimiento preventivo semanal por parte de la empresa contratada nunca será inferior al 98 % de las gamas acordadas. Para garantizar esto, el jueves de una semana, que llamaremos SMN, y mediante una reunión establecida al efecto entre la empresa contratada y la contratista, se identificarán las gamas que sea preciso ejecutar en la semana SMN + 1 y la posibilidad de disponer de las máquinas implicadas. También se hará un balance del cumplimiento de la semana SMN – 1.
- Además de esto, una vez al mes, la parte contratada comunicará, mediante soporte informático, cómo evoluciona el cumplimiento de este indicador:

$$\text{Porcentaje gamas realizadas} = \frac{\text{Gamas realizadas}}{\text{Gamas previstas}} \times 100\,(\%)$$

También se informará de la duración de las intervenciones y de los repuestos utilizados en ellas.

PLAN DE MANTENIMIENTO PREVENTIVO

PLANTA DE...

LOGOTIPO DE LA PLANTA

EQUIPO: ROBOT ABB-6400 **REFERENCIA:**

SUBCONJUNTO	ELEMENTO	ACCIONES	DURACIÓN	PERIODIC.	ESTADO MÁQUINA	REF. PIEZAS RECAMBIO	VALORES LÍMITE	UTILLAJE NECESARIO	GAMA N.º	TÉCNICO	REALIZADO
BAIE (COFRE)	LÁMPARAS DE SEÑALIZACIÓN	COMPROBAR ESTADO DE LÁMPARAS DE SEÑALIZACIÓN	1 min	2 sema.	M.M.	LÁMPARA TIPO...		Visual	RO-01		
BAIE (RESISTENCIA DE FRENADO)	VENTILADORES	VERIFICAR FUNCIONAMIENTO CORRECTO VENTILADORES DE RESISTENCIAS DE FRENADO	1 min	1 sema.	M.M.			Visual	RO-02		
MANIPULADOR	CONDUCCIONES COMPROBAR ESTADO Y SUJECIÓN DE CABLES FLEXIBLES EXTERNOS		2 min	4 sema.	M.P.			Visual	RO-03		

FECHA DE ELABORACIÓN:

FECHA ÚLTIMA MODIFICACIÓN:

3

Mantenimiento correctivo:

La empresa contratada llevará un registro de todas intervenciones de mantenimiento correctivo superiores a diez minutos. Para ello, rellenará el parte de averías correspondiente, a través del cual conoceremos:

- Los repuestos que se hayan utilizado.
- La duración de las intervenciones correctivas (tiempo de parada de máquinas).
- El número de intervenciones correctivas.

NOTAS

3

(continuación...)

Con estos datos conoceremos la disponibilidad de cada máquina por averías y podremos compararla con la que exige la empresa contratista, junto con los costes de repuestos y su evolución.

Mensualmente, la empresa contratada informará, mediante soporte informático, de cómo van evolucinando estos indicadores a la empresa contratista.

4

Mantenimiento predictivo:

La empresa contratada y la contratante definirán conjuntamente los puntos sobre los que se aplicará el mantenimiento predictivo, planificando las medidas, su duración y los resultados que se desea obtener.

5

Mantenimiento modificativo:

La empresa contratada se compromete, a partir de los datos del mantenimiento correctivo (averías repetitivas y de larga duración) y de los correspondientes al mantenimiento preventivo, a poner en marcha un grupo de análisis de intervenciones para *fiabilizar* y mejorar.

5

(continuación...)

Este grupo tendrá una animación continua dirigida por el jefe de la planta de la empresa contratada, quien documentará los análisis en el formulario de «avería grave» (véase un ejemplo en el gráfico adjunto) y buscará las acciones oportunas, incluyendo las potenciales modificaciones del equipo.

Previamente a cualquier modificación, la empresa contratada deberá entregar un informe justificativo y una estimación de costes. Si se lleva a cabo dicha modificación, también informará de los resultados que se hubiesen obtenido.

NOTAS

ANÁLISIS DE PROBLEMAS

Fecha inicio: OCT-24
Fecha final:

FICHA N.º	HOJA	LÍNEA	OP.	MÁQUINA	CONJUNTO	ELEMENTO	NO RO
21	1	3	130	TODAS			

INTERVENCIÓN				
TIEMPO P.	TURNO	FECHA	H. INICIO	H. FINAL

☐ CALIDAD ☑ PARADA MÁQUINA ☐ BAJA DP

HECHOS CONSTATADOS:
Defecto en el bridaje de la pieza

HISTORIAL:
AFECTA MÁQ. TODAS *CHATARRA* NO
FECHAS
N.º CASOS *TPO PARADA*

PREANÁLISIS
Fallo en el sistema de bridaje del chavetero formado por chaveta y muelle.
El muelle se rompe o se desgasta.

DEFINITIVAS

ACCIONES CORRECTIVAS REALIZADAS
Cambio de fuelle

REPARA: UET

PLAN DE TRABAJO A CORTO PLAZO
Se solicita a Toyoda la mejora del sistema de anclaje de la chaveta.

PLAN DE ACCIÓN Y MEJORAS A LARGO PLAZO

RECAMBIOS NECESARIOS

PLAN DE PREVENCIÓN

	FECHA	PILOTA	URGENTE
AUTOMANT.			☐
MANT. PREV.			☐
MODIFICAR			☐
REPARACIÓN			☐
ASIST. PROV.			☐
FORMACIÓN			☐

ESTADO DE LA DOCUMENTACIÓN TÉCNICA
☐ FALTA ☐ SIN ACTUALIZAR
☐ DEFECTUOSA ☐ SUFICIENTE

Elabora

Verifica: Maria García

ANÁLISIS DE PROBLEMAS

Fecha inicio	OCT-24
Fecha final	

FICHA N.º	HOJA	LÍNEA	OP.	MÁQUINA	CONJUNTO	ELEMENTO	NO RO
21	2	3	130	TODAS			

6

Engrase y lubricación:

Es responsabilidad de la empresa contratada preparar los aceites y grasas para utilizar en las rutas de engrase establecidas. Además, deberá cumplimentar diariamente el cien por ciento de estas rutas.

Mensualmente, y mediante soporte informático, la empresa contratada entregará un dosier de «engrase y lubricación» con los siguientes datos:

- Porcentaje de rutas realizadas.
- Informe de anomalías observadas y acciones tomadas.
- Cantidad de productos utilizados y su evolución mensual.

NOTAS

7

Gestión y control del inventario de repuestos de maquinaria:

La empresa contratada asume íntegramente este apartado hasta la operación de compra de un repuesto, la cual será responsabilidad de la empresa contratante. Para ello, desarrollará el procedimiento específico en un anexo aparte.

Mensualmente, la empresa contratada informará de la evolución de consumos y del nivel de *stocks*.

8

Informe mensual y productividad anual:

La empresa contratada, tal y como se ha descrito en diferentes apartados, entregará a la contratante un informe mensual con indicadores de seguimiento del servicio que se haya prestado y sus resultados a lo largo del tiempo (véase un ejemplo de tablero de seguimiento de indicadores en el gráfico adjunto).

Para el análisis de este informe, se deberán reunir el jefe de planta de la empresa contratada y el jefe de mantenimiento de la contratante. En esta reunión, harán un balance anual o una memoria-resumen, en la que aparecerá un plan de mejora continua de productividad pactado para el siguiente año en cuanto a:

- Costes de repuestos.
- Costes de la instalación
- Coste total del servicio del contrato.

TABLA DE INDICADORES DE SEGUIMIENTO DEL CONTRATO

	MEDIA		RESULTADOS MENSUALES												
INDICADORES	2023	2024	ENERO	FEB.	MARZO	ABRIL	MAYO	JUNIO	JUL./AG.	SEPT.	OCT.	NOV.	DIC.	OBJETIVO 2025
N.º PARADAS / 1 000 PIEZAS															
TASA REALIZACIÓN MP / PROGRAMADO															
N.º AVERÍAS / 1 000 PIEZAS															
ÍNDICE AUDITORÍAS INTERNAS															
COSTE TOTAL MANTTO. (ACUMULADO)															
% COSTES CORRECTIVO / TOTAL (MEDIA)															
COSTE MTTO. CORRECT. (ACUMULADO)															
% COSTE MTTO. / VALOR ACTIVOS															
RENDIMIENTO OPERACIONAL (MEDIO)															
HORAS DE MTTO. PREVEN. / PROGRAMADO															
N.º PROBLEMAS TRATADOS															
% PROBLEMAS RESUELTOS															
N.º REUNIONES COMITÉ SEGUIMIENTO CONTRATO															

9

Turnos de trabajo y efectivos disponibles:

La empresa contratada nombra jefe de planta a una persona para realizar la coordinación con la empresa contratante como único interlocutor, convirtiéndole en responsable de los equipos en planta y de su gestión, así como de los medios que necesiten.

Este responsable garantiza la presencia del personal necesario para dar el servicio que figura en contrato, lo cual asegurará de nuevo, cada vez, en reuniones semanales con el responsable de mantenimiento de la empresa contratante.

9

(continuación...)

En el gráfico adjunto se muestra un ejemplo de cómo asignar recursos por turnos y profesiones, presentado por una compañía en el apartado de organización y recursos de su oferta.

Asimismo, el responsable también se encargará de que todo el personal de la empresa contratada cumpla con las normas de seguridad y de respeto del medioambiente en las instalaciones de la empresa contratante. Además, se asegurará de que todos ellos reciben los planes de formación adecuados para tal fin.

La empresa contratada pone a disposición de la contratante un libro de relevos con la información más significativa en lo relativo a actuaciones, incidencias de máquinas, de personal, etc. Véase un modelo de ejemplo en el gráfico adjunto.

NOTAS

	ASIGNACIÓN DE RR.HH. ADICIONALES AL CUADERNO DE CARGAS DEL MANTENIMIENTO						
	L	**M**	**X**	**J**	**V**	**S**	**D**
TURNO MAÑANA	ELÉCTRICO (1) MECÁNICO (1) ELECTROMECÁNICO (3) FRIGORISTA (1) OFIC. VARIOS (2)	ELÉCTRICO (1) MECÁNICO (1) ELECTROMECÁNICO (3) FRIGORISTA (1) OFIC. VARIOS (2)	ELÉCTRICO (1) MECÁNICO (1) ELECTROMECÁNICO (3) FRIGORISTA (1) OFIC. VARIOS (2)	ELÉCTRICO (1) MECÁNICO (1) ELECTROMECÁNICO (3) FRIGORISTA (1) OFIC. VARIOS (2)	ELÉCTRICO (1) MECÁNICO (1) ELECTROMECÁNICO (3) FRIGORISTA (1) OFIC. VARIOS (2)	ELÉCTRICO (1) ELECTROMECÁNICO (1) FRIGORISTA (1)	ELÉCTRICO (1) ELECTROMECÁNICO (1) FRIGORISTA (DISP.)
TURNO TARDE	ELÉCTRICO (1) MECÁNICO (1) ELECTROMECÁNICO (2) FRIGORISTA (1)	ELÉCTRICO (1) MECÁNICO (1) ELECTROMECÁNICO (2) FRIGORISTA (1)	ELÉCTRICO (1) MECÁNICO (1) ELECTROMECÁNICO (2) FRIGORISTA (1)	ELÉCTRICO (1) MECÁNICO (1) ELECTROMECÁNICO (2) FRIGORISTA (1)	ELÉCTRICO (1) MECÁNICO (1) ELECTROMECÁNICO (2) FRIGORISTA (1)	ELÉCTRICO (1) ELECTROMECÁNICO (1) FRIGORISTA (DISP.)	ELÉCTRICO (1) ELECTROMECÁNICO (1) FRIGORISTA (DISP.)
TURNO NOCHE	ELÉCTRICO (1) ELECTROMECÁNICO (1) FRIGORISTA (DISP.)	ELÉCTRICO (1) ELECTROMECÁNICO (1) FRIGORISTA (DISP.)	ELÉCTRICO (1) ELECTROMECÁNICO (1) FRIGORISTA (DISP.)	ELÉCTRICO (1) ELECTROMECÁNICO (1) FRIGORISTA (DISP.)	ELÉCTRICO (1) ELECTROMECÁNICO (1) FRIGORISTA (DISP.)	ELÉCTRICO (1) ELECTROMECÁNICO (1) FRIGORISTA (DISP.)	ELÉCTRICO (1) ELECTROMECÁNICO (1) FRIGORISTA (1)
TURNO PARTIDO L-V	INGENIERO RESPONSABLE DEL SERVICIO DE MANTENIMIENTO (DISPONIBILIDAD 24 H) AUXILIAR DE GESTIÓN DEL SERVICIO DE MANTENIMIENTO						

NOTAS

5 Auditorías:

Cada seis meses, es recomendable que el responsable del departamento de calidad realice auditorías internas, con el fin de medir el grado de cumplimiento del contrato y el interés del personal de la empresa contratada, así como para evaluar el grado de satisfacción de la empresa contratante.

Entre otros, se auditarán los siguientes puntos:

- Documentación de averías largas.
- Partes de trabajo semanales.
- Documentación del libro de relevos (véase un modelo en el gráfico adjunto).
- Orden y limpieza en el taller.
- Gestión de piezas de recambio y su control.
- Cumplimentación de gamas de mantenimiento preventivo (realización y documentación).
- Plan de reuniones semanales (realización de planes de mejora).
- Calidad de los informes mensuales y de los resultados alcanzados sobre los objetivos.

RAZÓN SOCIAL	LIBRO DE RELEVOS FECHA: _____/______/_____	PROCESO:

TURNO DE MAÑANA

N.º	ABSENTISMO / NOMBRE	CESIÓN	PERMISO	N.º	ABSENTISMO / NOMBRE	CESIÓN	PERMISO

MÁQUINA	N.º	AVERÍAS / INCIDENCIAS	INICIO	TERMIN

TURNO DE TARDE

N.º	ABSENTISMO / NOMBRE	CESIÓN	PERMISO	N.º	ABSENTISMO / NOMBRE	CESIÓN	PERMISO

MÁQUINA	N.º	AVERÍAS / INCIDENCIAS	INICIO	TERMIN

TURNO DE NOCHE

N.º	ABSENTISMO / NOMBRE	CESIÓN	PERMISO	N.º	ABSENTISMO / NOMBRE	CESIÓN	PERMISO

MÁQUINA	N.º	AVERÍAS / INCIDENCIAS	INICIO	TERMIN

NOTAS

Asimismo, se recomienda auditar la cumplimentación de las normas relativas a la prevención de riesgos laborales (seguridad y condiciones de trabajo) y el respeto a la normativa medioambiental.

1

Los **objetivos** de este plan son:

- Asegurar la autonomía del taller en la dinámica del contrato y en el mantenimiento de la calidad de los equipos.
- Verificar que el taller está inmerso en un plan de mejora continua y que existe un seguimiento riguroso de los planes de acción.
- Fijar periódicamente nuevas metas y objetivos.
- Asegurar el respeto del medioambiente y de las condiciones de trabajo.

Los responsables de elaborar contrato se comprometerán a mantener vivo en el tiempo el objetivo de alcanzar estos objetivos a largo plazo.

Las auditorías consistirán en verificar que se están llevando a cabo las tareas que deben realizarse de forma eficaz, según el contrato, y detectar las áreas de conflicto al respecto, a través de un cuestionario del que se extraerá un índice de riesgo o nivel de satisfacción. Este índice de riesgo será motivo de un seguimiento a través de planes de acción correctiva.

NOTAS

2

Como **ejemplo** de modelo de un plan de auditorías internas de seguimiento del contrato, consúltese el modelo de auditoría que ya hemos presentado en el capítulo IX (p. 385 y siguientes).

3

En cuanto a la **realización** de la auditoría, la auditoría es responsabilidad del departamento de calidad de la empresa contratada. La puede realizar como piloto uno de sus técnicos de mantenimiento o el jefe de planta, a quien acompañará el responsable del proceso de la empresa contratante y uno de sus técnicos.

El piloto de la evaluación puntuará cada criterio de la auditoría y cumplimentará en todos los apartados el referencial. Para ello, se basará en las explicaciones recibidas por el jefe de equipo, los profesionales de la empresa contratada y el técnico del proceso, si bien también podrá guiarse por su apreciación personal como experto en estas actividades. Finalizará la evaluación en un documento que recoja las recomendaciones oportunas, con la conformidad de los interesados en el resultado final de la auditoría.

NOTAS

Responsabilidades

1 Operario de mantenimiento:

- Elaboración del parte de trabajo semanal.
- Documentación de las intervenciones.
- Documentación de las averías graves.
- Elaboración de los partes de avería y del cuaderno de relevos (F0920-0).
- Orden y limpieza del taller.

2 Jefe de equipo:

- Verificar que los operarios a su cargo trabajan correctamente, con una inspección final de sus intervenciones.
- Verificar que se respetan las normas de seguridad y medio ambiente.
- Informar al jefe de planta de hechos calificados de graves, avería, absentismos o faltas disciplinarias.

NOTAS

3 Jefe de planta:

- Programar y coordinar al personal de mantenimiento.
- Archivar y controlar los registros de mantenimiento.
- Planificar las actividades de mantenimiento preventivo, así como las acciones preventivas.
- Recoger y analizar los datos recogidos en los informes, y realizar los gráficos de control de la actividad.

4 Responsable del departamento de mantenimiento:

- Elaborar y revisar los contratos con el cliente.
- Realizar, junto con el responsable de calidad, el procedimiento inherente al contrato del cliente.
- Coordinar las peticiones adicionales de trabajo solicitadas por el cliente.
- Abastecer de recursos humanos y materiales al personal de mantenimiento.
- Realizar el plan de comunicación a los operarios.

NOTAS

5 Responsable del departamento de calidad:

- Elaborar, junto con el responsable del departamento de mantenimiento, el procedimiento específico para el contrato de mantenimiento.
- Realizar auditorías periódicas de implantación y cumplimiento de los objetivos definidos por el cliente.

6 Responsable de seguridad y medio ambiente:

- Difundir e informar de los riesgos de la actividad.
- Entregar una copia de las normas de seguridad del cliente y del plan de evacuación.
- Facilitar al personal los EPIS necesarios para la actividad y registrar su entrega.
- Elaborar el plan de seguridad del contrato para entregarlo al cliente y al equipo de la empresa contratada.
- Auditar la aplicación correcta de la normativa vigente de acuerdo con el modelo que ya hemos reseñado.

Formularios

Se utilizarán los formularios propios del cliente, siempre que este disponga de sistemas GMAO para el control de la actividad de mantenimiento:

NOTAS

- Avería grave.
- Acción preventiva.
- Planificación semanal.
- Plan de comunicación.
- Libro de relevos.

Control de registros

La supervisión y control de los resultados del contrato es el último apartado del proceso de desarrollo del mantenimiento contratado. Contendrá la siguiente información:

1 La supervisión al detalle:

Para que se haga cargo de la supervisión del mantenimiento contratado, la organización del servicio de mantenimiento depende fundamentalmente del tipo y dimensión de la empresa contratante, así como de la proporción en que se utilice este tipo de mantenimiento.

Sin embargo, debe quedar claro que esta labor de supervisión y control es necesaria en todo caso, y que debe estructurarse atendiendo a unos requisitos determinados, según los cuales la supervisión debe ser:

NOTAS

- Centralizada.
- Sujeta a procedimientos concretos.
- Dotada de personal específico a los niveles necesarios.
- Completa, es decir, que debe alcanzar todas las facetas de la relación contractual.
- Documentada a través de informes.
- Analizada, para asegurar que cumple lo esperado de su aplicación.

Esto es así por las siguientes razones:

1

Centralizada:

Porque la supervisión y el control se harán mediante la adopción de unas directrices concretas y unitarias, que partirán de un único responsable, interlocutor o coordinador. Estas directrices serán aplicadas por el personal de los departamentos o centros en los que dicha supervisión tenga lugar y afectarán por igual a todos los contratistas implicados.

NOTAS

2

Sujeta a procedimientos concretos:

Un procedimiento estandarizado implica la existencia de especificaciones del modo de efectuar la supervisión. Esto facilita que los resultados de una inspección realizada por diversos supervisores tengan una homogeneidad que permita sacar consideraciones de tipo global de la actuación particular de cada uno de ellos. Esto sería prácticamente imposible si cada uno aplicara criterios propios o procedimientos diversos en sus controles y mediciones.

3

Dotada de personal específico a los niveles necesarios:

Esto es necesario para que la supervisión pueda ser desarrollada en forma idónea, lo que dependerá de la importancia que tenga la contratación desde los puntos de vista de su extensión, aplicación y tipo de contratación.

En una empresa pequeña, con poca proporción de mantenimiento contratado y con sistemas esencialmente de administración, es posible que los propios encargados o jefes de equipo puedan absorber la función de control y supervisión. Si esto sucede, la aplicarán igual que lo hacen con respecto a los trabajos ejecutados por el personal propio.

NOTAS

4

Completa:

La supervisión debe abarcar todas las facetas de la relación contractual que, en términos generales, pueden ser las siguientes:

- Calidad.
- Coste.
- Cumplimiento de plazos.
- Aspectos laborales.
- Seguridad y medio ambiente.
- Administración.
- Normas específicas de cada contrato.

5

Documentada a través de informes:

Para poder disponer de los datos suficientes para tomar las acciones oportunas, la supervisión debe plasmarse en documentos e informes escritos.

Los primeros seguirán unos modelos preestablecidos. Los segundos consistirán en la realización de un informe más general al término de un trabajo importante, al alcanzar alguna fase significativa de un programa amplio, o mensualmente, para ver la evolución de determinados indicadores de control. También se hará un informe anual de los contratantes que tienen contratos integrales o sectoriales renovables, con el fin de obtener datos que avalen su renovación o rescisión. De forma especial, también se puede proceder a la renovación, pero tratando de corregir los eventuales inconvenientes no graves que puedan haberse producido en el ejercicio finalizado.

NOTAS

6

Analizada:

La información precedente será examinada por los responsables de la organización de control que corresponda y resumida para la dirección, a fin de que los criterios sean comunes para todos los interesados en el tema.

Los inconvenientes o fallos encontrados en la ejecución de los trabajos objeto de los contratos, sean de la índole que sean, deben exponerse a los responsables de la empresa contratada con el fin de que los corrijan de forma inmediata. Para ello, es conveniente planificar una reunión cíclica de seguimiento de estos fallos.

Dichos responsables pueden, a su vez, informar sobre los inconvenientes que encuentren para el correcto desempeño de su misión, si consideran que tales cuestiones son responsabilidad de la empresa contratante.

2 Factores que controlar y supervisar:

1

Calidad:

Una primera medida para asegurar la calidad es cerciorarnos de la profesionalidad, preparación y experiencia de los operarios que deben ejecutar el trabajo y de sus mandos directos. Por tanto, una buena selección de estos trabajadores nos dará la garantía de que alcanzar la calidad deseada es posible.

NOTAS

1

(continuación...)

De este modo, el contrato que establezcamos debe contemplar el derecho del contratante a rechazar al personal que considere que no ofrece las suficientes garantías. Teniendo esto en cuenta, es recomendable evaluar al personal a través de criterios similares a los que se muestran en el ejemplo que ya hemos reseñado anteriormente.

En los contratos integrales, la empresa contratada distribuye, supervisa y administra el trabajo. Así, la tarea esencial de la supervisión del contratante consiste en comprobar y aceptar los métodos que dicha empresa contratada utiliza para asegurar la calidad de los trabajos realizados.

En los casos en los que la ingeniería del mantenimiento propia establece la forma de realizar el trabajo, a través de una gama, un diagrama de proceso o un documento similar, se especificarán en él los modos operativos y tolerancias que deben respetarse, así como los momentos en que sea necesario inspeccionar el trabajo antes de proseguir.

2

Costes:

El coste que es preciso considerar para calibrar si se está haciendo un buen mantenimiento contemplará el coste de la acción directa sobre los fallos.

2

NOTAS

(continuación...)

En los casos de contratos integrales, sectoriales y concretos a precio cerrado o similares, el coste es el valor del contrato, que se abonará en alguna de las formas vistas anteriormente:

- En doceavas partes de su valor anual, con previsión fija mensual y posibilidad de ajuste al finalizar el trabajo.
- Al término del contrato o según las condiciones normales de pago de la empresa contratante.

Todo depende de las características y la importancia del trabajo amparado por el contrato o por un pedido.

El control interno consistirá en comprobar los sistemas que la empresa contratada utiliza para la evaluación de su personal y de los materiales que utilice, y también en hacer estudios tendentes a conocer el porcentaje de aprovechamiento del tiempo de presencia por parte de su personal, así como su rendimiento. El objetivo de esto es verificar si el coste del contrato debe modificarse en el futuro para hacer un mejor aprovechamiento de los medios humanos utilizados por la empresa contratada. Para ello, se recomienda que la empresa contratada entregue en la oferta una distribución o asignación de los recursos disponibles por turnos, como ya se mostró anteriormente en este mismo anexo.

La posibilidad de que la empresa contratante haga estudios del tipo mencionado se deberá contemplar en una cláusula específica del contrato.

El coste de fallo o la ponderación del fallo se hará en la misma forma expuesta anteriormente.

NOTAS

3

Caso de trabajos concretos y por administración:

Costes de personal:

Para lo que atañe a los trabajos específicos y por administración, hay que concretar la forma en que se anota el tiempo empleado en cada acción en la que interviene el personal de la empresa contratada.

Un buen sistema para llevar a cabo esta tarea es el «parte diario de trabajo» personal. En él, cada operario informa de las horas que le ha requerido cada trabajo en que ha participado durante la jornada. Estos boletines son procesados para integrar los costes de personal a cada una de las órdenes de trabajo en que el trabajador haya intervenido.

Costes de materiales:

Frecuentemente, la empresa contratante aporta los materiales, por lo que su despacho y subsiguiente cargo a las diversas órdenes sigue el mismo criterio que las entregas al personal propio.

En caso de que la empresa contratada aporte ciertos materiales, deberá facturarlos aparte, justificando la compra.

3

NOTAS

(continuación...)

Costes de materiales:

Hay que tener presente que la empresa contratada que suministre o utilice cualquier tipo de material para los trabajos que tenga asignados debe respetar la normativa de la empresa contratante al respecto. Por ello, deberán entregarse a la empresa contratada las especificaciones correspondientes a los materiales que esta deba o pueda suministrar.

En el caso de que se pretenda contratar un mantenimiento integral, la gestión del almacén de materiales y las piezas de recambio, dicho servicio se puede preparar mediante un documento o contrato en forma de procedimiento de funcionamiento similar al presentado en el anexo adjunto.

PARTE DE TRABAJO		
OPERARIO	***ESPECIALIDAD***	***CÓDIGO***
TRABAJO N.º		**HORAS**
FIRMA OPERARIO	**V.º B.º**	**FECHA**

4

NOTAS

Cumplimiento de los plazos:

El incumplimiento de los plazos previstos tanto para las intervenciones que se hayan contratado como para el programa trazado es una de las causas que generan mayor inquietud, sea en el seno del propio servicio de mantenimiento o sea en sus clientes.

La tarea de supervisar esto debe ser asumida por la empresa contratada, especialmente cuando es responsable de acciones de mantenimiento preventivo y programado. Así, como cabe de esperar, la cumplimentación de unos plazos debe ser motivo de un buen estudio, planificación y preparación del trabajo.

Este estudio podrá ser elaborado por los servicios de ingeniería del mantenimiento propio o por los servicios de la empresa contratada, según se haya pactado en el contrato. Sea uno u otro el caso, la comunicación entre la empresa contratante y la contratada debe contemplarse siempre, a fin de consensuar la forma de realizar actuaciones importantes. Además, disponer de un *planning* de realización de los trabajos facilitará su seguimiento.

En relación con esto, establecer reuniones de frecuencia preestablecida para hacer el seguimiento de los trabajos sirve para considerar la importancia de eventuales desviaciones y para decidir medidas de reconducción, si se consideran necesarias. Posteriormente se comprobará la eficacia de estas medidas. Puede verse una cláusula de ejemplo en el modelo de contrato que ya se ha expuesto.

NOTAS

4

(continuación...)

Es importante que, en estas reuniones, participen todos los responsables de las distintas contratas que intervienen en el trabajo, los cuales deben encargarse de una serie de tareas concretas y perfectamente definidas para así poder determinar claramente las causas de las eventuales desviaciones y a quién incumben sus tareas relacionadas. Esto no significa que la búsqueda de una solución le corresponda «en exclusiva» a cada responsable, sino que considerar el tema en conjunto permite buscar esta solución de forma más efectiva y corresponsable.

5

Aspectos legales y laborales:

Estos factores deben cuidarse con especial atención por las consecuencias que tienen en el clima de trabajo.

En este sentido, hay que considerar dos aspectos esenciales:

Estrictamente laborales:

Debe asegurarse:

- Que los tipos de contratación utilizados son legales.
- Que el personal de la empresa contratada está dado de alta reglamentariamente en su empresa.

NOTAS

5

(continuación...)

Estrictamente laborales:

- Que dicha empresa se halla al corriente de sus obligaciones con respecto a la Seguridad Social.
- Que se cumplen las exigencias de la normativa sobre impacto medioambiental y sobre seguridad, tanto la ley de prevención de riesgos laborales como la normativa interna de las empresas contratante y contratada, si existe. En el anexo adjunto puede verse un modelo de compromiso por ambas partes para asegurar la prevención de riesgos laborales y medioambientales, a través de un control y coordinación de actividades en la empresa.

Sociales:

Los conflictos pueden proceder de las comparaciones que los colectivos interno y externo hacen con respecto al otro en una larga serie de temas. Por ejemplo, el personal de la empresa contratada puede pensar que las condiciones de que dispone el propio servicio de mantenimiento son mejores, que su puesto de trabajo es más estable, que se les tiene en mejor consideración, etc.

NOTAS

5

(continuación...)

Sociales:

O, al contrario, puede pensar que el trabajo atenta contra su economía al reducir las horas extraordinarias, que percibe mejores salarios a pesar de identificarse poco con los intereses de la empresa, etc.

Para evitar estas situaciones, es necesario comentar con los responsables directos del propio personal la motivación de los contratos y su necesidad o conveniencia. Para ello, se profundizará en la idea que el contrato no persigue otros objetivos que la mejora del mantenimiento aplicado, tanto en su aspecto tecnológico como en otros ámbitos.

Las negociaciones de convenios, sean de las empresas contratantes o contratadas, si son conflictivas, pueden resultar en una disminución de la actividad general. O, incluso, si se llega a situaciones mayores de conflicto, existe el riesgo de trasvase de personal, aunque esta es una cuestión que hay que asumir en caso de producirse.

Por otra parte, cabe recordar lo que ya hemos señalado anteriormente: estas cuestiones crearán menos conflictos si el personal contratado realiza trabajos concretos y separados de las actividades del personal propio.

6

NOTAS

Seguridad:

Algunas de las cuestiones que aquí podemos contemplar han sido expuestas en apartados anteriores, tales como la obligación de cumplir tanto de la ley de prevención de riesgos laborales como la normativa específica de las empresas contratante y contratada en esta materia, si es que las tienen, además del respeto al medioambiente.

Sin embargo, aquí queremos apuntar el riesgo que puede suponer para los operarios de la empresa contratada el trabajar en un entorno desconocido para ellos, ya que esto puede traducirse fácilmente en un aumento de accidentes.

La forma de evitar esto es a través de la mejora de la información y un mayor control del cumplimiento de la normativa, aunque esto suponga un incremento de los costes de supervisión.

Este riesgo es menor para los contratos integrales o sectoriales renovables, ya que su larga duración permite a los operarios adaptarse al medio en que ejecutan su trabajo en igual forma en que lo hace el personal propio. De hecho, en bastantes empresas hay operarios externos con una antigüedad muy significativa en sus puestos de trabajo.

Ni que decir tiene que los supervisores deben estar totalmente involucrados en la normativa vigente, lo cual no puede asegurarse si no se comprueba de forma adecuada. De nuevo, recordamos que, en el anexo antes mencionado, se muestra un modelo de procedimiento para asegurar la prevención de riesgos laborales y el respeto del medio ambiente.

NOTAS

7

Administración:

Con «administración» nos referimos al conjunto de normas que facilitan la comunicación entre las empresas contratantes y contratada en su aspecto formal. Estas normas aluden a una serie de aspectos, como, por ejemplo:

- Forma de consignar las horas y materiales empleados.
- Situaciones para las cuales debe redactarse un informe.
- Forma de presentar estos informes.
- Forma de presentar la documentación que haga referencia a la situación de los operarios que trabajan en la planta.
- Forma de presentar las facturas.
- Personas a las que se presentarán eventuales reclamaciones, en uno y otro sentido, y la forma de hacerlo.
- Forma de presentar mediciones, etc.

Es recomendable que la empresa contratante haya definido estos términos en el cuaderno de cargas y tenga establecido un sistema documental para su tramitación, de forma que la información que se transmita entre el contratante y los diversos contratados tenga una homogeneidad que facilite tanto su tratamiento como su globalización.

Cuanto más importante sea la cantidad de mantenimiento contratado utilizado, y a mayor número de empresas contratadas, más necesaria es la normalización administrativa.

NOTAS

8

Normas específicas de cada contrato:

Cada contrato puede incorporar, además de las cláusulas comunes, otras cláusulas específicas del tipo del trabajo que debe desarrollarse, o sobre las relaciones entre la empresa contratante y la contratada. Muchos contratos, por ejemplo, incorporan cláusulas especiales con el fin de destacar la relevancia del tema en cuestión.

En cualquier caso, es importante exigir el cumplimiento de todas las cláusulas del contrato, con la flexibilidad que aconsejan las circunstancias concretas de cada caso, si pretendemos que los propios contratados consideren seriamente su trabajo y su responsabilidad.

1 La supervisión global: auditoría de la contratación:

Verificar la efectividad de la gestión de la contratación exige analizar una gran variedad de factores que, en su conjunto, permiten conocer su aportación a la calidad de los servicios prestados.

Hay que tener en cuenta, por otra parte, que no hay reglas fijas para medir dicha contratación, por lo que todo planteamiento para su análisis debe tener la flexibilidad necesaria para admitir cualquier posible tratamiento individualizado. Sin embargo, el sistema que debemos utilizar consistirá siempre en evaluar el grado de calidad con el que, en la contratación, se aplican los mejores sistemas de organización.

NOTAS

1

Sistema que seguir. Áreas y funciones:

El sistema de valoración que empleamos consiste en la evaluación y el análisis de las áreas de actividad y de sus funciones. Estas son las características esenciales para una correcta gestión de la contratación, que, cuanto mejor aplicadas sean, en mayor medida facilitarán la consecución de estos objetivos.

Las puntuaciones, tanto de las distintas áreas como de las funciones de cada una de ellas, se ponderan y totalizan para conocer la situación de cada área y la del conjunto de la contratación.

El empleo de sucesivos diagnósticos, además, permite conocer si las medidas que se van tomando para corregir las funciones situadas a niveles poco satisfactorios están en la línea requerida o deben replantearse.

2

Diagnóstico global de la contratación en su conjunto:

El diagnóstico global de la contratación será el resultado de la suma de las valoraciones de cada área, en relación con un máximo posible de mil.

NOTAS

3

Análisis de resultados:

Para analizar adecuadamente los resultados de la auditoría, debe tenerse en cuenta que es muy difícil conseguir calificaciones máximas para las funciones de las áreas. Siempre hay posibilidad de mejora.

Por ello, es conveniente fijar para cada una de las diversas funciones el nivel (calificación) que se considere satisfactorio, y que se considerará como exigible para tal función. Si se supera es mejor incluso, pero, en principio, este no es el objetivo prioritario.

Se pueden fijar objetivos más ambiciosos si ya se han alcanzado de forma notable estas cotas exigibles, pero siempre es primordial mejorar las funciones no satisfactorias antes que perfeccionar las bien calificadas.

4

Mejoras:

La introducción de mejoras es una consecuencia de los resultados de la auditoría. En ella, aparecerán los puntos fuertes (funciones calificadas satisfactoriamente) junto a otros débiles, que serán los que deben mejorarse.

En cualquier caso, si queremos gestionar bien la auditoría y conseguir, con ello, los buenos resultados que pueden esperarse de su aplicación, las medidas que deben tomarse serían:

- Estudiadas a fondo.
- Cuantificadas con respecto a los recursos necesarios.

NOTAS

4

(continuación...)

- Jerarquizadas.
- Planificadas.
- Seguidas en su ejecución.
- Controladas en sus resultados.

Además, la repetición de las auditorías de forma periódica permite ver la evolución que experimenta el servicio a lo largo del tiempo, por lo que es recomendable esta práctica.

Anexo 1: modelo de contrato para gestionar el almacén de piezas de recambio

1 Objeto:

Definir el procedimiento que determina la codificación, almacenamiento, mantenimiento y gestión del taller de materiales y piezas de recambio.

2 Alcance:

Talleres de almacén de materiales y piezas de recambio en la empresa contratante.

NOTAS

3 Proceso:

1

Codificación del material:

- **Código del material**:

  Para identificar el material de una manera específica y que no dé lugar a ambigüedades, se debe seguir el sistema que tenga instaurado la empresa contratante. Se respetará este procedimiento hasta la asignación de la nueva codificación.

  Se dará de alta el material antes de su colocación, identificando todos los datos que sean necesarios para su trazabilidad. Además, en función del estudio del material, se diseñará una codificación que se incluirá más tarde al procedimiento.

- **Código de almacén:**

  Se debe disponer de una codificación de las zonas que permita localizar la ubicación del material en un almacén amplio.

  Los almacenes se subdividen en zonas, a las cuales se habrán asignado un número de estanterías. En algunos casos, no existen todas las estanterías físicamente, pero el diseño del almacén puede haber sido concebido con vistas a ampliar las zonas del taller, de ser necesario.

NOTAS

1

(continuación...)

› **Código de almacén**:

Se debe disponer de una codificación de las zonas que permita localizar la ubicación del material en un almacén amplio.

Los almacenes se subdividen en zonas, a las cuales se habrán asignado un número de estanterías. En algunos casos, no existen todas las estanterías físicamente, pero el diseño del almacén puede haber sido concebido con vistas a ampliar las zonas del taller, de ser necesario.

Este es un ejemplo de distribución de zonas con sus códigos:

› **Zona 0**: incluye de la estantería 01 a la 09.

› **Zona 1**: incluye de la estantería 10 a la 29.

› **Zona 3**: incluye de la estantería 30 a la 49.

› **Zona 5**: incluye de la estantería 50 a la 69.

Cada estantería se divide en varios módulos para la colocación de elementos. Se designan por orden alfabético.

Para facilitar la colocación y localización de los materiales, se dispondrá en el taller, en un lugar visible, un plano en el que se definirán las zonas por colores según el tipo de elementos, y se muestra el número de estanterías.

En cada una de las estanterías, en el lateral visible para los operarios, se colocará también un resumen de los elementos localizados en ella, según el módulo.

NOTAS

2

Compra de material:

La empresa contratada usará la base de datos actual de la contratante, que facilitará la información del movimiento de materiales que existen en el almacén.

Para cada material, se han definido unos *stocks* máximo y mínimo, preestablecidos por el cliente. Diariamente, el jefe de planta consultará la base de datos solicitando información sobre los materiales que han alcanzado el *stock* mínimo.

El jefe de planta realizará también un pedido de material al cliente, quien será el responsable de la compra.

El cliente, asimismo, debe de comunicar por escrito los pedidos difundidos y la fecha de entrega prevista por el proveedor.

3

Recepción y ubicación del material:

La empresa contratada es la responsable de la recepción del material. Para ello, se definirán unas estanterías identificadas como «material pendiente de recibir».

Se realizará una inspección visual de los materiales para verificar su buen estado, así como para comprobar que la cantidad identificada en el albarán de entrega se corresponde con lo que se ha entregado en el pedido por el proveedor.

Una vez realizada la inspección, se procederá a la codificación del material, para lo cual se le colocará una etiqueta o pegatina, dependiendo de su aspecto externo.

NOTAS

3

(continuación...)

Tras identificar la codificación del material en cada uno de los elementos, pasaremos a su ubicación en el taller, según los criterios anteriormente definidos.

4

Base de datos del material:

Se revisará la base de datos actual y se estudiará la posibilidad de incluir nuevos campos de información sobre los materiales almacenados.

La identificación de los campos será:

- Denominación.
- Familia.
- Marca del fabricante.
- Determinación de escalón de utilización superior e inferior.
- Máquina(s) donde se encuentra, por cantidad instalada.
- *Stock* mínimo y máximo.
- Referencia.
- Ubicación en el taller.
- Asociación a elementos equivalentes.

Los materiales deben ser localizables desde cualquiera de los campos de la base de datos.

5

NOTAS

Petición y entrega del material:

- Petición de un material **no urgente**:

  Si se dispone de soporte informático, la petición se realizará a través de él; si no es así, se deberá cumplimentar un formulario donde se identifique de manera clara e inequívoca el elemento que se haya solicitado.

  El personal de la empresa contratada localizará los materiales que se hayan pedido y los colocará en las estanterías identificadas como «material pendiente de entregar».

  El reparto de material se realiza una vez al día, en el turno que se determine, y sus operarios lo dejarán en el arcón correspondiente al peticionario.

- Petición de un material **urgente**:

  Se determinará con el cliente el modo más eficaz de realizar la entrega de material.

- Petición urgente **sin apoyo informático**:

  Se trata de los casos en los que una persona ajena a la gestión del almacén necesita disponer de un material urgentemente.

  Gracias a que las zonas se identifican en el taller, se podrá acceder a un material sin necesidad de conocer cuál es la ubicación exacta del elemento en el soporte informático. Cabe recordar que, como se mencionó anteriormente, dentro del recinto del taller existirá un plano de situación y, a su vez, en las zonas delimitadas en este plano, se puede disponer de un croquis de las estanterías donde se identifiquen los tipos de elementos que están almacenados. No obstante, y dada la evolución actual de la informática, estos casos suelen ser cada vez más raros de ver.

NOTAS

6

Devolución de material:

Se fijará un plazo máximo para ejecutar la salida de material.

El receptor final deberá documentar de inmediato si detecta que hay que devolver un material al almacén, sea por un fallo de pedido o sea porque se ha detectado un problema. La empresa contratada informará urgentemente de esto al servicio de compras para no lanzar la compra del repuesto. También se dará de alta el repuesto devuelto en el almacén, como si se tratara de un repuesto nuevo.

Además, se documentará tanto en papel (si es preciso) como en el sistema informático el seguimiento de repuestos que salgan del almacén para repararse, así como las pruebas o talonado. En esta situación, será responsabilidad de la empresa contratada llevar un preciso control de las bajas temporales de los elementos, algo para lo cual elaborará informes periódicos. Estos informes, en principio, se fijarán mensualmente y comprobarán el estado de las bajas temporales de recambios.

4 Responsabilidades:

1

Peticionarios:

Pedirán el material y, en el caso de devoluciones, indicarán al taller la causa mediante un documento.

NOTAS

2

Responsable de taller:

Asumirá las siguientes tareas:

- Recibir e inspeccionar el material.
- Ubicar el material.
- Preparar el material para repartir según los pedidos que se hayan recibido.
- Consultar diariamente el flujo de material de salida y elaborar las peticiones correspondientes al departamento de compras del cliente.
- Gestionar las devoluciones e informar de las causas al cliente.

3

Jefe de planta:

Hará una inspección mensual del correcto estado del almacén.

5 Control de los registros:

Documento	Referencia	Responsable de archivo	Modo de archivo	Tipo de archivo	Nombre de archivo
Petición de material	Cliente	Jefe de planta	Cronológico	Archivador	
Devolución de material	Cliente	Jefe de planta	Cronológico	Archivador	
Petición de material a compras	Cliente	Jefe de planta	Cronológico	Archivador	

NOTAS

Anexo 2: prevención de riesgos laborales

1 Compromiso con la seguridad laboral:

La empresa adjudicataria cumplirá las disposiciones de la normativa general y autonómica sobre la prevención de riesgos laborales y salud laboral. De forma especial, asumirá los siguientes compromisos:

- En el plazo máximo de tres meses, evaluará los riesgos que pudieran afectar a sus operarios en las dependencias de la empresa contratante, en el desempeño de las funciones propias del servicio contratado y en las condiciones concretas que se dan en sus instalaciones y dependencias.
- Del mismo modo procederá respecto a los posibles riesgos que afecten al personal de la empresa contratante, como consecuencia de las operaciones o trabajos que deba realizar su personal en los talleres o dependencias de la contratante.
- Los trabajadores de la empresa contratada que presten servicios en las dependencias de la contratista tendrán la formación necesaria en materia de prevención de riesgos a la que se refieren los dos apartados anteriores. Independientemente de esto, deberán entregarse a cada operario de la empresa contratada o adjudicataria las «instrucciones preventivas de riesgos laborales y protección personal», por escrito y en cada puesto de trabajo.

NOTAS

(continuación...)

- La empresa contratada dispondrá de equipos de protección colectiva y dotará a sus operarios de los equipos y prendas de protección personal debidamente homologados, exigidos o recomendados para cada puesto de trabajo.
- Los trabajadores de la empresa contratada, mientras permanezcan en las dependencias de la contratante desarrollando su actividad laboral y en el caso de se produjese una emergencia, colaborarán con los equipos de intervención propios de la empresa contratante en las funciones que se le asignen dentro del plan de emergencia.
- La empresa contratada estará facultada y homologada para emitir las certificaciones e informes relativos a salud e higiene laboral que sean requeridos por los organismos públicos o que solicite la empresa contratante, sobre el estado de las instalaciones o equipos objeto de su mantenimiento.
- El cumplimiento de cuanto se detalla en los apartados anteriores se formalizará en un documento elaborado entre las dos partes.

NOTAS

2 Coordinación de actividades empresariales:

1

Contenidos:

- Actividad contratada.
- Empresa contratante.
- Responsable de la seguridad contratada.
- Empresas subcontratadas por la contratada: encargados de la relación entre las empresas.
- Obligaciones de la empresa contratante.
- Área de ejecución de la actividad contratada (incluyendo una breve descripción).
- Encargados de la relación entre ambas empresas (tanto por la contratada como por la contratante).
- Obligaciones de la empresa contratada:
    - Cumplir y hacer cumplir a sus trabajadores la reglamentación vigente en materia de prevención de riesgos laborales, así como aquellas que sean de aplicación por motivo de la actividad.
    - Cuidar del orden y la limpieza de la zona de trabajo.
    - Evacuar los desechos en lugares destinados a tal fin.
    - Gestionar adecuadamente los residuos.
    - Delimitar el área de trabajo.
    - Informar y obtener autorización de la empresa contratante para cualquier producto químico que vaya a utilizar.

NOTAS

1

(continuación...)

- Cumplir la reglamentación vigente del uso, envasado, etiquetado y almacenamiento de productos químicos.
- Respetar las especificaciones de la empresa contratante respecto a trabajos con riesgo de incendio o explosión.
- Los medios que utilicen serán propios y estarán en perfecto estado, cumpliendo la reglamentación vigente. La utilización de medios de la empresa contratante requerirá autorización expresa.
- Los movimientos de cargas en el entorno se comunicarán con anterioridad a la empresa contratante.

2

Antes del comienzo de las actividades:

La empresa contratada contará con su propio «plan de seguridad» para el desarrollo de sus actividades.

Además, proporcionará, tanto a la contratante como al resto de las contratadas que estén afectadas, la información e instrucciones adecuadas sobre los riesgos que puedan originar a terceros durante la realización de su actividad. Independientemente de esto, también debe tener en cuenta todos los medios que la ley exige y las medidas de protección y prevención correspondientes.

NOTAS

3

Durante la ejecución de las actividades:

Se informará con antelación suficiente, tanto a empresa contratante como a las contratadas afectadas, de aquellos riesgos no considerados o imprevistos que puedan originarse durante el desarrollo de la actividad. La actividad que pueda generar estos riesgos no podrá realizarse hasta que la empresa contratante haya recibido la autorización.

En el caso de que las empresas contratadas estimasen necesaria la colaboración de la contratante para adoptar medidas especiales en materia de prevención de riesgos laborales, se dirigirán al servicio de prevención de la contratante a través de su representante. Esto puede hacerse antes o durante la ejecución de las actividades.

Además, cuando la actividad contratada sea una obra de construcción o una implantación de equipos concretos y exista un coordinador designado por la contratante en materia de seguridad y salud, será su función coordinar las actividades antes descritas.

Anexo 3: anexos

NOTAS

- **Anexo I**: identificación de riesgos generales y específicos.

  Debe conocerse:

  - El sistema para comunicar una alarma (teléfono o pulsador de alarma).
  - La situación de los extintores en su zona de trabajo y su manejo.
  - La señal de alarma, prevista en la empresa para transmitir la orden de evacuación.
  - El itinerario de salida prioritario.
  - El itinerario de salida alternativo.
  - La zona de concentración prevista para su puesto de trabajo.

  Debe proponerse:

  - Mantener en todo momento el orden y la calma.
  - No hacer uso de los ascensores.
  - No volver a recoger objetos olvidados.
  - Seguir la instrucciones del centro para la evacuación del edificio.
- **Anexo II**: plano de acceso y viales.
- **Anexo III**: plano de ubicación de la actividad a desarrollar.
- **Anexo IV**: plan de emergencia.
- **Anexo V**: permiso de fuego.

NOTAS

Declaración responsable

Este documento, que autoriza a realizar trabajos en los que exista posibilidad de riesgo de incendio (de soldadura, con radial o soplete, en redes de tuberías de gas, etc.), tiene por objeto:

- Prevenir posibles accidentes en trabajos puntuales con riesgo de incendio o explosión que se realicen en las dependencias del ministerio responsable del medioambiente.
- Evitar que los incendios lleguen a producirse, adoptando medidas que impidan la coexistencia simultánea de los elementos que lo producen: comburente, combustible y fuente de ignición.
- Proteger y controlar todos los puntos donde se realicen trabajos con riesgo de incendio o explosión, ya sea por el ordenante, el ejecutante, el responsable de la seguridad de la operación o el servicio de prevención y protección.

El encargado de medioambiente de cada caso en concreto expedirá el permiso de fuego sobre un documento para cada trabajo de este tipo que se vaya a realizar.

El documento se firmará diariamente por el ordenante, por el responsable de seguridad de la operación y por el ejecutante de los trabajos.

INSTRUCCIONES OBLIGATORIAS DE SEGURIDAD

ANTES DEL TRABAJO

☐ 1. - Verificar que los aparatos están en perfecto estado, (tensión adecuada, buen estado del equipo oxiacetilénico, mangueras, etc...).

☐ 2. - Retirar, proteger ó cubrir con mantas ignífugas, materiales ó instalaciones combustibles ó inflamables, en particular aquellas que estén detrás de tabiques próximos al lugar de trabajo. Eventualmente, regar el suelo y las mantas ignífugas.

☐ 3. - Si el trabajo se hace sobre depósitos de combustible ó inflamables, ha de asegurarse una desgasificación efectiva.

☐ 4. - Tapar aperturas, grietas, fisuras, etc. que puedan transmitir el incendio.

☐ 5. - Apartar a distancia, el material combustible o inflamable, del recorrido de los conductores que se traten.

☐ 6. - Tener conocimiento de la situación de los sistemas de alarma y de los medios de extinción adecuados, tales como extintores de polvo ó CO2, en casos concretos se montará una instalación de agua próxima al punto de trabajo.

☐ 7. - Designar una persona formada en medidas de seguridad.

☐ 8. - Establecer y firmar permiso de fuego.

Fig. 1 EXPLOSION DEBIDA A UN DESGASAJE INCOMPLETO

Fig. 2 INFLAMACION AL CONTACTO CON CONDUCTOS INVISIBLES RECALENTADOS

DURANTE EL TRABAJO

- 9. - Vigilar proyecciones incandescentes y los puntos donde éstas caen.
- 10. - Colocar objetos calientes solo sobre soportes que no sean afectados por el calor ni susceptibles de propagación.

Fig. 3 LAS PROYECCIONES DE PARTICULAS INCANDESCENTES SON PELIGROSAS HASTA MAS DE DIEZ METROS

DESPUES DEL TRABAJO

- 11. - Inspeccionar lugar de trabajo y locales adyacentes así como los alrededores que pudieran ser afectados por las partículas calientes de proyecciones o por transmisión de calor.
- 12. - Mantener vigilancia rigurosa 2 horas después de terminado el trabajo, (numerosos incendios se declararon a las 2 horas siguientes de la terminación del trabajo).

Si la vigilancia no pudiera estar garantizada, terminar todas las operaciones de puntos calientes un mínimo de 2 horas antes del fin del trabajo. Si es posible, confiar este servicio a la Vigilancia, para que nombre una persona que realice rondas periódicas.

CONSIGNAS

(1) Jefe de realización ordenante (Jefe o Inspector de obra, Responsable de E. I. ó Mex).

(2) En casos en que para ejecutar un trabajo, se contrate una empresa del exterior, salvo prescripción contraria reflejada en el contrato de las dos empresas, la que ejecuta el trabajo debe garantizar el máximo de precauciones a tomar en el local donde se vaya a realizar el trabajo, así como en los alrededores, sobre todo con productos inflamables o susceptibles de facilitar una explosión o la propagación del incendio.
Siempre corresponderá a la empresa ejecutante, establecer contacto con los Servicios de Prevención de Incendios de la Empresa que contrata el trabajo y de común acuerdo establecer las medidas de seguridad.

(3) El ordenante de la ejecución, recogerá las firmas de las partes interesadas. Se recomienda que cada uno de los firmantes, reciba el ejemplar de PERMISOS DE FUEGO con las firmas completas.
Si el trabajo es superior a un día, se deberá firmar la continuidad día a día en el ejemplar nº 1 situado en el puesto de trabajo.

IDENTIFICACIÓN DE RIESGOS GENERALES Y ESPECÍFICOS		
ESTADO DEL RIESGO: *CONTROLADO CON:*		
PELIGROS	PROTECCIONES EXISTENTES	MEDIDAS DE PROTECCIÓN Y PREVENCIÓN
Relativos al tráfico rodado en interior del edificio	• Señalización de tráfico • Limitación de velocidad	• Respetar las normas del código de circulación • Respetar la señalización existente • Estacionar en lugares permitidos por el servicio de protección
Relativos a peatones (atropellos)	• Señalización pasos peatones	• Extremar el cuidado • Respetar la señalización existente
Choques en el transporte de materiales, con instalaciones fijas	• Accesos y pasillos adecuados	• Examinar las limitaciones de anchura y altura en el traslado y transporte de materiales
De origen eléctrico	• Instalaciones según reglamento electrotécnico de baja tensión	• Respetar las instalaciones • Queda prohibido utilizar las instalaciones sin autorización expresa del ministerio de medioambiente.
Relativos a instalaciones de fluidos (a presión, etc.)	• Instalaciones según reglamentos y normativa	• Respetar las instalaciones • Queda prohibido utilizar las instalaciones sin autorización expresa del ministerio de medioambiente.
Relativos a instalaciones de combustibles	• Instalaciones según reglamentos y normativa	• Respetar las instalaciones • Queda prohibido utilizar las instalaciones sin autorización expresa del ministerio de medioambiente.
Incendio	• Detección automática de humos y llamas • *Sprinklers* • Extintores manuales	• Respetar el procedimiento de fuego • Respetar las consignas sobre utilización de líquidos inflamables
Explosión	• Detección automática de gases explosivos	• En caso de vertido de líquidos inflamables, abrir las puertas y ventilar bien la sala

ANEXO 4.
INTRODUCCIÓN AL ANÁLISIS DEL MANTENIMIENTO PREDICTIVO

INTRODUCCIÓN

NOTAS

En primer lugar, aunque ya hemos reseñado estas cuestiones con anterioridad, vamos a recordar las distintas **políticas de mantenimiento** que se pueden aplicar en la industria.

Como ya sabemos, podemos diferenciar dos grandes grupos: mantenimiento preventivo y mantenimiento correctivo.

A su vez, el **preventivo** se divide en:

- **Mantenimiento sistemático:** se efectúa según una muestra establecida en el tiempo, ya sea en número de piezas realizadas o en número de horas de funcionamiento. La parada programada para realizar este tipo de mantenimiento puede suponer demasiado coste en materiales y paradas regulares.
- **Mantenimiento condicional:** está subordinado a un tipo de acontecimiento predeterminado en el tiempo. Sus grandes ventajas son la optimización de los costes de materiales, que se reemplazan antes de la ruptura en el momento justo, y el aumento de la productividad, que permite la programación de las paradas.

El mantenimiento **correctivo**, en cambio, se efectúa después del fallo e implica un coste elevado en mano de obra, pérdida de producción y seguridad.

Pero, en cualquier caso, para todo tipo de mantenimiento, partimos de una situación de origen que consiste en definir el **estado de referencia** de la máquina. Es decir, el conjunto de medidas de todas las tecnologías que reflejan el estado de comienzo o puesta en marcha y funcionamiento

NOTAS

de una máquina o de una instalación industrial, después de que sus propias características hayan sido optimizadas.

Los objetivos que se van a perseguir tras esta evaluación inicial son:

- Suprimir cambios inútiles de piezas.
- Reducir los tiempos de parada necesarios para la aplicación del mantenimiento preventivo.
- Eliminar las paradas largas.
- Dominar con anticipación las derivas de calidad.
- Optimizar los *stocks* de piezas de recambios.
- Poner en evidencia los problemas de diseño de los equipos y máquinas.

Este tipo de mantenimiento se realizará durante la recepción técnica de los medios y después de una operación de mantenimiento correctivo o preventivo.

Durante la recepción técnica de los medios, se intentará:

- Asegurar la perennidad potencial de las características de fiabilidad, mantenibilidad y disponibilidad del medio.
- Validar las características de las máquinas con referencia al cuaderno de cargas.
- Validar los dosieres técnicos, valores significativos y campos de reglaje.
- Conocer, igualmente, las características y las referencias del medio.

NOTAS

Esto se consigue mediante una elección de parámetros y valores significativos para las máquinas, que después se medirán por su demanda o puesta en referencia.

Después de una operación de mantenimiento correctivo se asegura que la acción conserva tanto los valores y parámetros en los campos establecidos como que mantiene las referencias de los medios de producción. Es decir, que la máquina conserva el estado de referencia.

Igualmente, después de una operación de mantenimiento, tanto correctivo como preventivo, conviene verificar que no existen variaciones de ciertos parámetros significativos del medio.

Los problemas detectados pueden ser de desequilibrio o desalineación, fallos en rodamientos, correas, engranajes, acoplamientos, juegos mecánicos, resonancia de estructura, etc.

EL MANTENIMIENTO PREDICTIVO

El **mantenimiento predictivo** se basa en la anticipación a las averías, es decir, en detectar un defecto antes de que sea importante. El método consiste en establecer una vigilancia periódica o continuada, según el proceso, realizando una serie de mediciones de cuya evolución se puede predecir la vida útil de la máquina.

Los requisitos que este tipo de mantenimiento debe cumplir son:

NOTAS

- Detectar todas las anomalías y averías que estén en estado incipiente y que se presenten en las máquinas, sin interrumpir su funcionamiento.
- Analizar las posibles causas de las perturbaciones y proponer las intervenciones de forma justificada.
- Si se estima que existe la necesidad de parada, esta debe ser inequívoca y concreta para no encarecer la intervención.
- Evitar paradas imprevistas de los equipos.
- Colaborar con otras áreas, especialmente en la producción, para mejorar la coordinación y el flujo de información.

La viabilidad del mantenimiento predictivo depende de que las anomalías o fallos de un equipo industrial tengan una fase inicial detectable. Así, controlando la evolución de estos defectos, se puede determinar cuál es el momento oportuno para actuar.

VENTAJAS DEL MANTENIMIENTO PREDICTIVO

- Permite organizar y planificar de forma racional los trabajos que implican las revisiones y reparaciones.
- Reduce el número de horas invertidas en las intervenciones, ya que se actúa solo en el momento más adecuado.
- Mejora la calidad y la fiabilidad de las revisiones o reparaciones, al realizarse estas sin urgencia.

NOTAS

(continuación...)

- Reduce el consumo de repuestos, pues permite reparar el fallo antes de que este afecte a otras partes de la máquina.
- Maximiza la vida útil de los elementos, al no ser estos sustituidos hasta que no presenten síntomas de claro deterioro.
- Asegura una mayor fiabilidad en el funcionamiento mecánico y operacional de las máquinas.
- Evita un gran número de averías imprevistas en la maquinaria y equipos opcionales.
- Facilita conseguir la producción planificada, gracias al aumento de la fiabilidad.
- Minimiza los costes del mantenimiento, ya que reduce:
  - Costes en los repuestos
  - Costes de mano de obra.
  - Costes derivados de mejorar el mantenimiento.
  - Costes originados por situaciones de emergencia.
- Permite planificar paradas en momentos oportunos tanto para la producción como para el mantenimiento.
- Reduce el tiempo de parada, ya que se conoce exactamente qué órgano es el que falla.
- Permite seguir la evolución de un defecto en el tiempo.
- Optimiza la gestión del personal de mantenimiento.
- Requiere una plantilla de mantenimiento más reducida.

NOTAS

(continuación...)

- La verificación del estado de la maquinaria, tanto realizada de forma periódica como de forma accidental, permite confeccionar un archivo histórico del comportamiento mecánico y operacional, muy útil para:
  - Conocer con exactitud el tiempo límite de actuación que no implique el desarrollo de un fallo imprevisto.
  - Tomar decisiones sobre la parada de una línea de máquinas en momentos críticos.
  - Confeccionar formas internas de funcionamiento o compra de nuevos equipos.
  - Conocer el historial de actuaciones, para ser utilizado por el mantenimiento correctivo.
  - Facilitar el análisis de las averías.
  - Facilitar el análisis estadístico del sistema.

INCONVENIENTES DEL MANTENIMIENTO PREDICTIVO

- No es viable en equipos inaccesibles a las operaciones de control.
- Si se retrasan las actuaciones programadas por el mantenimiento predictivo, baja mucho su efectividad, al degradarse los equipos.
- El incumplimiento de los programas de verificaciones periódicas conduce al mantenimiento correctivo, lo que provoca:
  - Reducción de la disponibilidad de los equipos.

NOTAS

(continuación...)

- Pérdidas de producción.
- Retrasos en los programas de producción y, en consecuencia, pérdidas económicas.
- Elevados costes de reparación.
- Incremento de las situaciones de emergencia.

› Es necesario un personal mucho más cualificado.

TÉCNICAS DEL MANTENIMIENTO PREDICTIVO

Aunque existe un gran número de técnicas, las más empleadas son las siguientes:

› **Análisis del aceite**: consiste en efectuar análisis periódicos de las características del aceite. Se puede decidir el cambio según su estado, pero no según su frecuencia. Con el mismo análisis, es posible obtener información adicional, como el contenido de partículas metálicas, contaminantes, etc.

› **Vibraciones:** es uno de los métodos básicos del mantenimiento predictivo. Existen en él dos niveles diferenciados:

- Medidor de vibraciones: da un valor global del desplazamiento o velocidad de la vibración. Cuando la vibración sobrepasa el valor preestablecido, la máquina debe revisarse.

NOTAS

(continuación...)

- Analizador de vibraciones: la vibración se descompone según su frecuencia. Si se analiza el nivel de vibración en cada una de las frecuencias, se puede determinar la causa de la anomalía.

› **Termografía:** se emplea para conocer los puntos calientes de las instalaciones. Es un método muy práctico para averiguar si existen falsos contactos en instalaciones eléctricas tanto de alta como de baja tensión. Este método sustituye al reapriete de contactos eléctricos en paradas, realizado en el mantenimiento preventivo.

› **Temperatura:** consiste en hacer un seguimiento de la temperatura global de algunas máquinas. Con ello, se pueden detectar problemas en engranajes, rodamientos, fricciones, purgadores, etc. Las mediciones se pueden efectuar tanto con termómetros de contacto como por infrarrojos.

› **Ultrasonidos:** es un sistema empleado para detectar fugas en válvulas y purgadores. En vez de desmontar periódicamente los purgadores para ver su estado, se puede hacer una revisión con el proceso en marcha. Solo se desmontarán aquellos purgadores que den valores altos de ultrasonidos. Este tipo de revisión suele ir acompañada de una medición de temperatura para detectar bloqueos o suciedad en el purgador.

› **Sonómetro o estetoscopio:** se emplea para localizar ruidos en cajas de engranajes, rodamientos, etc.

› **Estroboscopio:** es un haz de luz a diferentes frecuencias. Se utiliza para ver el estado de acoplamientos, engranajes y demás en máquinas en movimiento.

NOTAS

(continuación...)

- **Endoscopio:** muy útil para observar rincones de muy difícil acceso.
- **Medidor de espesores (ultrasonidos):** sirve para efectuar el seguimiento de los espesores de depósitos, tuberías, etc., que tienen un proceso de corrosión generalizada por ácidos u otros productos químicos.
- **Líquidos penetrantes:** sirve para detectar grietas en ejes, tuberías, etc.
- **Fugas eléctricas:** consiste en hacer un seguimiento de los miliamperios de fuga de algunos motores, que permite ver el estado del aislamiento.

CONTENIDOS EXTRA

Siguiendo el siguiente código QR podrás acceder a la página web del autor, en donde podrás descargarte algunos de los contenidos extra que hay en este libro.

De igual modo, si has adquirido este libro en plataformas como Amazon, nos ayudaría mucho tu voto mediante estrellas y que nos des tu opinión. De entrada, ¡muchas gracias!

Made in the USA
Monee, IL
10 September 2026

62771014R00286